甘肃省国家公园建设发展报告

Report on the Construction and Development of National Park in Gansu

甘肃省林业和草原局　上海大学　组　编
张旭晨　主　编
吴明红　高建玉　副主编

人民邮电出版社
北　京

图书在版编目（CIP）数据

甘肃省国家公园建设发展报告 / 甘肃省林业和草原局，上海大学组编 ; 张旭晨 主编. -- 北京 : 人民邮电出版社，2024. -- ISBN 978-7-115-65157-0

Ⅰ. S759.992.42

中国国家版本馆 CIP 数据核字第 202499HK62 号

内 容 提 要

本报告基于对甘肃省国家公园建设发展的长期实地调研与理论研究，以生态文明建设与可持续发展理念为指导，全面梳理了甘肃省国家公园建设的历程与现状，旨在为国内外国家公园建设与管理提供有益的参考与借鉴。内容上，本报告深入探讨了国家公园建设的战略规划、生态保护、旅游资源开发、社区参与及利益共享等核心议题，同时结合甘肃省独特的地理、文化与生态特点，对国家公园在平衡地方经济发展与生态保护方面的作用进行了深入分析。此外，本报告还关注了国家公园管理体制创新、生态旅游产品开发、环境教育与公众参与等方面的实践进展。本报告适合关注生态保护、旅游管理、区域发展等领域的研究者、政策制定者及从业人员阅读。

◆ 组　　编　甘肃省林业和草原局　上海大学

主　　编　张旭晨

副 主 编　吴明红　高建玉

责任编辑　林舒媛

责任印制　王　郁　胡　南

◆ 人民邮电出版社出版发行　　北京市丰台区成寿寺路 11 号

邮编　100164　　电子邮件　315@ptpress.com.cn

网址　https://www.ptpress.com.cn

固安县铭成印刷有限公司印刷

◆ 开本：787×1092　1/16

印张：15.5　　2024 年 11 月第 1 版

字数：344 千字　　2024 年 11 月河北第 1 次印刷

定价：199.00 元

读者服务热线：(010)81055410　印装质量热线：(010)81055316

反盗版热线：(010)81055315

广告经营许可证：京东市监广登字 20170147 号

《甘肃省国家公园建设发展报告》编委会

主　　编　张旭晨

副 主 编　吴明红　高建玉

编委成员　蔡　轲　赵　龙　唐　量　李世阳　孙昊宇　段晓笛　傅　晶
王佳俊　党　琪　李进军　廖空太　裴　雯　朱高红　董众祥
黄晨翔　王学福　付得合　刘万年　靳继军　郭生祥　董万涛

编写人员　高腾洋　滑子龙　孙　悦　张　宇　童丹青　蒙岱均　袁　昊
梅婧婷　邹佳乐　隆振恒　杨紫微　钱梓涵　袁奇琛

序 言

国家公园建设是生态文明建设的关键着力点，也是保护自然生态、传承文化遗产、促进绿色发展的有力手段。2021 年，习近平总书记在《生物多样性公约》第十五次缔约方大会领导人峰会上强调，为加强生物多样性保护，中国正加快构建以国家公园为主体的自然保护地体系，逐步把自然生态系统最重要、自然景观最独特、自然遗产最精华、生物多样性最富集的区域纳入国家公园体系。因此，不断总结当前国家公园建设的经验对于推动国家公园事业迈上新台阶具有非常重要的意义。

甘肃这片土地拥有悠久的历史与灿烂的文明。千百年来，这里见证了中华民族的兴盛与繁荣，也孕育了丰富多样的自然生态。然而，随着经济飞速增长和人口不断增加，生态环境承受着巨大的压力，生态文明建设的重要性日益凸显。

国家公园体制的构建，是我们探索建设中国特色自然保护地体系的一项重大举措，也是全面推进生态文明建设的重要组成部分，更是生态文明体制改革的一项重大制度创新。甘肃省国家公园建设作为西北地区国家公园建设的代表，对于推动区域生态保护和绿色发展具有极其重要的示范意义。在习近平生态文明思想的引领下，甘肃省国家公园建设取得了显著的成绩，许多生态保护项目和绿色产业发展成果引人瞩目，成为甘肃省的亮丽名片。然而，我们也要清醒地认识到，甘肃省国家公园建设仍面临许多挑战，需要我们不懈努力。

本报告秉承科学的态度，力求全面、客观地反映甘肃省国家公园建设所取得的成绩以及存在的问题等实际情况。报告内容涵盖国家公园发展的重点领域和措施，包括加强自然生态系统保护修复、开展自然教育和生态体验、探索投融资和特许经营实践，以及加强宣传教育和国际交流合作等。我们也意识到，这份报告并非最终的答卷，而是一个新的起点。我们希望通过这份报告引起更多人对甘肃省国家公园建设的关注和关心，鼓励更多人积极参与其中，为保护生态环境、建设美丽中国贡献自己的一份力量。本报告汇聚了众多专家学者的智慧，凝聚了无数生态环保工作者的心血，旨在为国家公园的建设和发展提供参考和借鉴。

最后，我要向所有参与撰写本报告的专家学者表示诚挚的感谢。正是你们的辛勤工作和专业精神，才使得这份报告得以如期完成。同时，我也要感谢各界人士对本报告撰写的大力支持和积极配合。

希望《甘肃省国家公园建设发展报告》能够为甘肃省国家公园建设的进一步开展提供重要

参考，激发更多有识之士关注和参与的热情。让我们共同迈向更美好的明天，共同创造绿色、美丽的未来！

甘肃省林业和草原局党组书记、局长

2024年6月

前言

《甘肃省国家公园建设发展报告》对甘肃省国家公园建设发展情况进行了全面梳理和深入分析，总结了甘肃省在国家公园建设和发展中取得的重要成就和积累的宝贵经验，同时指出了当前面临的挑战和存在的问题。

本报告分为总报告、分报告、案例篇等部分。报告首先介绍了甘肃省国家公园建设的背景及意义，总结了甘肃省在国家公园建设工作中，尤其是在管理体制、运行机制、生态保护、社区协调发展、矛盾冲突处置、实施保障、宣传交流等方面的丰富经验，同时也总结了甘肃省国家公园建设存在的问题并提出了相应的解决路径；随后详细阐述了甘肃省国家公园建设的重点领域和措施，包括加强自然生态系统保护修复、开展自然教育和生态体验、探索投融资和特许经营实践、加强宣传教育和国际交流合作等。本报告还强调了信息化管理平台建设和入口社区建设的重要性，以及拓展社区共管模式的必要性。

本报告指出，甘肃省国家公园建设在生态保护、资源管理和社区发展等方面取得了显著的成绩，然而在新的发展阶段仍然存在一些亟待解决的问题。甘肃省仍需强有力的管理依据，亟待国家公园相关法律法规的发布，以及更加科学和系统的规划，以确保国家公园建设在整个区域的协调性和连贯性。此外，有关部门进行顶层设计应该充分考虑生态保护的长期性和复杂性。这些都对甘肃省国家公园的可持续发展提出了新的要求和挑战。目前，甘肃省一些地区仍面临生态环境恶化的风险。因此，要进一步优化保护地的布局，加强对生态脆弱地区和关键生态功能区的重点保护，确保生态系统的原真性和功能完整性。

同时，本报告强调需要推进国家公园的高质量发展。高质量发展是当前国家公园建设的重要目标，这要求在保护自然生态的前提下，充分挖掘生态资源的潜力，促进绿色产业的发展和升级，推动经济结构的转型升级，实现经济发展和生态保护双赢。在推进国家公园高质量发展的过程中，要坚持创新驱动和绿色发展，加强科技创新，提高资源利用效率，推动产业的绿色转型发展。本报告强调，建设美丽中国，国家公园建设是重要抓手和体现。甘肃省国家公园建设注重生态保护和经济社会发展的良性循环，推进自然生态保护、促进人与自然和谐共生，为推进美丽中国建设提供生态支撑。

本报告为我们全面了解甘肃省国家公园建设的现状和未来发展趋势提供了重要参考，旨在推动甘肃省国家公园建设不断取得新的成就，为实现美丽中国的愿景贡献智慧和力量。

目 录

Ⅰ总报告

Ⅱ分报告 祁连山国家公园（甘肃片区）

Ⅲ分报告　大熊猫国家公园（甘肃片区）

Ⅳ分报告　若尔盖国家公园（甘肃片区）

Ⅴ案例篇

Ⅰ 总报告

第一章　甘肃省国家公园建设概况

摘要：甘肃省国家公园建设具有重要意义，作为中国国家公园建设的一部分，在维护生态安全、满足人民美好生活需要、传承中华优秀传统文化、促进全球生物多样性治理等方面发挥重要作用，同时在生态保护和社区生计之间提供了和谐共生的发展模式。目前，甘肃省国家公园包括已经正式设立的大熊猫国家公园和祁连山国家公园，以及正处于积极创建阶段的若尔盖国家公园。甘肃省国家公园位于三大高原和三大自然区域的交会处，生态格局复杂多样，包括森林、草原、冰川、湿地、荒漠、农田等生态系统。其生态地位重要，涵养水源、保持水土、保护生物多样性等功能关键。拥有丰富的自然景观，包括高山、冰川、森林、湖泊等，以及多个自然遗产地和生物多样性丰富的生态系统。甘肃省在国家公园建设工作中，在管理体制、运行机制、生态保护、社区协调发展、矛盾冲突处置、实施保障、宣传交流方面都积累了丰富经验，同时也总结了存在的问题并提出了相应解决路径。

关键词：管理体制　生态保护　自然教育　生态体验　投融资　特许经营　宣传教育　国际交流合作　信息化管理平台　入口社区建设　社区共管模式　保护与发展

一、甘肃省国家公园建设背景及意义

习近平总书记在致第一届国家公园论坛的贺信中指出："中国实行国家公园体制，目的是保持自然生态系统的原真性和完整性，保护生物多样性，保护生态安全屏障，给子孙后代留下珍贵的自然资产。这是中国推进自然生态保护、建设美丽中国、促进人与自然和谐共生的一项重要举措。"国家公园是国家、人民、民族和人类命运共同体利益的最大公约数。国家公园至少具有 4 个层面的意义：就国家治理而言，它是生态文明建设的核心载体，在维护国家生态安全中发挥主导作用；就人民而言，它是最美丽的国土，是人民向往的美好物质和精神生活的重要组成部分；就中华民族而言，它是世代传承的无价遗产，是中华民族伟大复兴中国梦的华彩乐章；就人类命运共同体而言，它将在保护地球生物和文化多样性、缓解气候变化危机方面发挥重要作用。

人与自然和谐共生是中国国家公园的最大亮点。中华文化源远流长，中国自古以来就具有天人合一的哲学基础。以管子的"人与天调，然后天地之美生"、庄子的"天地与我并生，而万物与我为一"为代表，在中华传统文化中，自然和人、自然和文化从来都不是二元分裂的，而是一个有机统一的整体。

甘肃，古属雍州，地处黄河上游，东接陕西，南控巴蜀、青海，西倚新疆，北扼内蒙古、宁夏，是古丝绸之路的锁匙之地和黄金路段。它像一块瑰丽的宝玉，镶嵌在黄土高原、青藏高原和内蒙古高原上。甘肃海拔大多在1000m以上，为崇山峻岭所环抱。北有六盘山、合黎山和龙首山，东有岷山、秦岭和子午岭。境内地势起伏、山岭连绵、江河奔流，地形相当复杂。这里有直插云天的皑皑雪峰、一望无垠的辽阔草原、辽阔无边的戈壁瀚海、郁郁葱葱的次生森林。

甘肃省自然资源丰富，是我国重要的生态屏障地区，但同时其国家公园边界内外的人口密度极高，这要求甘肃省必须统筹考虑生态保护与社区生计。因此，甘肃省国家公园建设在坚持生态保护第一的前提下，积极寻求生态保护与社区生计良性互动，构建人与自然和谐共生的治理模式，这也是中国国家公园建设的重要探索。甘肃省积极开展国家公园建设工作，具有以下重要意义。

1. 牢记“国之大者”，践行习近平生态文明思想

党中央、国务院高度重视甘肃省国家公园建设，习近平总书记先后多次对甘肃省生态保护作出重要指示。建设国家公园，是以习近平同志为核心的党中央站在中华民族永续发展的战略高度作出的一项重大决策，目的是保持自然生态系统的原真性、完整性，保护生物多样性，筑牢生态安全屏障，逐步把自然生态系统最重要、自然景观最独特、自然遗产最精华、生物多样性最富集的部分纳入国家公园体系，严格保护、世代传承。推进国家公园建设是甘肃省践行习近平生态文明思想的重大举措，对于加强自然生态系统保护，维护生物多样性，建设美丽中国，促进人与自然和谐共生具有重大意义。

2. 建立整体性保护机制，筑牢国家生态安全屏障

甘肃省是国家重点生态功能区之一，具有维护黄土高原、青藏高原、内蒙古高原和陇南山地生态平衡，阻止腾格里、巴丹吉林、库木塔格三大沙漠南侵，保障黄河、长江、河西走廊内陆河和青海湖水源补给的重要功能。开展甘肃省国家公园建设，创新生态保护管理体制机制，整合优化现有保护地，增强生态系统连通性，统筹跨区域生态保护与建设，实施整体保护、系统修复、统一管理，更加有效地保护甘肃省自然生态系统的原真性、完整性，对于完善区域生态服务功能、构筑国家生态安全屏障具有重要意义。

3. 促进生物多样性保护，维护生态平衡

甘肃省是我国生物多样性保护优先区域、世界高寒种质资源库和野生动物迁徙的重要廊道，是多种珍稀濒危野生动植物的重要栖息地和分布区。长期以来，大熊猫、雪豹、白唇鹿等濒危野生动物的栖息地生态发生变化，导致生物多样性保护面临较大压力。设立甘肃省国家公园体系，整合相关区域和各类保护地，有效修复高原山地生态系统，打通野生动物活动迁徙廊道，增强大熊猫、雪豹等珍稀动物栖息地的适宜性、连通性，保护和恢复野生种群，对于保护生物多样性、维护生态平衡具有重要意义。

4. 提高生态服务效能，增加民生福祉和促进社会稳定

甘肃省国家公园所在地区以传统农牧业和种植业为主要产业，经济结构单一，农牧民群众增收渠道窄，生态保护与经济发展、民生改善的协调联动机制不够健全。甘肃省统筹保护与利

用的关系，转变传统农牧业生产方式，健全生态保护补偿机制，实施生态移民，推进绿色发展；创新体制机制，解决跨地区、跨部门的体制性问题，对国家重要自然资源资产实行最严格的保护，强化山水林田湖草沙系统保护与修复；充分发掘和利用历史遗迹、民族传统、民间技艺等丰富文化内涵，开展自然教育和生态体验，促进生态保护与民生改善协同联动，促进乡村振兴和经济社会持续健康发展，形成人与自然和谐发展新格局。

5．强化自然资源统一管理，促进有效保护和永续利用

甘肃省不仅拥有优越的自然条件，还通过开展国家公园体系建设，落实自然资源的权利主体，推动自然资源的保护和监管，将各类自然资源的质量、数量全面摸清，并通过合法手段公示明确，将保护责任落实到每一个产权人或使用权人身上，分类施策、强化管理，破解管理机构重叠、多头管理问题，解决生态环境破坏乱象，这对促进有效保护和永续利用具有重要意义。

二、甘肃省国家公园建设特色

（一）甘肃省国家公园建设历程

21世纪初，相关部门和地方政府开始在国家公园建设方面进行积极探索。2006年，云南省迪庆藏族自治州通过地方立法首先成立了普达措国家公园，将三江并流国家级重点风景名胜区的关联区域拟定划为中国较早的国家公园，但鉴于当时当地立法机关没有批设国家级公园的权限，云南省于2008年才被正式列为国家公园建设试点省，普达措国家公园由此成为国内第一个由原国家林业局审批、原省林业厅主管的拟定国家公园。随后，黑龙江伊春汤旺河国家公园经原环境保护部和原国家旅游局联合批准于2008年10月挂牌拟定成立。这一时期，各部门和地方政府自发开展国家公园建设。2013年，党的十八届三中全会首次提出建立国家公园体制。国家公园建设作为生态文明战略中的一项重大举措，需要真正落到实处，中央及相关部门从政策、法规等方面全面积极推进国家公园发展。2015年，《建立国家公园体制试点方案》发布后，国家陆续开展了三江源、祁连山、武夷山等10个国家公园试点建设。

1．甘肃省国家公园建设总体情况

2017年，《建立国家公园体制总体方案》出台，国家公园体制的顶层设计初步完成。在这之后，甘肃省率先进行了大熊猫国家公园（甘肃片区）和祁连山国家公园建设试点工作（见图1）。2018年，国家成立了统一的国家公园管理机构，国家公园体制建设迈入新阶段，甘肃省也相继设立大熊猫国家公园（甘肃片区）管理局和祁连山国家公园管理局。2019年，《关于建立以国家公园为主体的自然保护地体系的指导意见》发布，这标志着自然保护地进入全面深化改革的新阶段。2020年，国家开展自然保护地整合优化，并于2021年正式宣布设立大熊猫国家公园等5个第一批国家公园。在大熊猫国家公园正式获批成立后，甘肃省积极开展相关工作，在实践中

不断学习发展，建设国家公园体系，不断完善大熊猫国家公园（甘肃片区）建设管理，持续推进祁连山国家公园的批建工作，并积极筹备若尔盖国家公园（甘肃片区）建设。

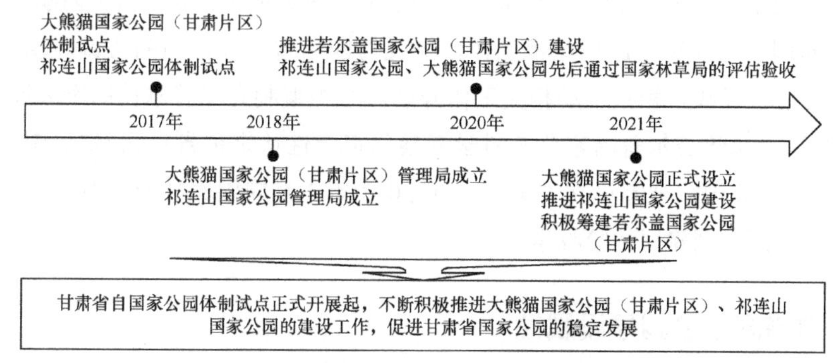

图1 甘肃省国家公园建设基本情况

2. 大熊猫国家公园建设

2017年，自开展大熊猫国家公园体制试点以来，甘肃省严格按照《大熊猫国家公园体制试点方案》，扎实推进大熊猫国家公园体制试点任务，不断巩固生态治理成效，全面完成管理体制创新、科学系统布局、制度标准建立、生态保护修复、强化科技支撑、推动共建共享、加强宣传推介等方面的试点工作，按期完成体制试点任务，达到预期改革目标，并于2020年底通过国家林业和草原局组织的国家公园体制试点评估验收。国务院于2021年9月同意设立大熊猫国家公园。2021年10月12日，习近平总书记在《生物多样性公约》第十五次缔约方大会领导人峰会上宣布，中国正式设立三江源、大熊猫、东北虎豹、海南热带雨林、武夷山等第一批国家公园。

3. 祁连山国家公园体制试点

2017年，自决定开展祁连山国家公园体制试点以来，甘肃省委、省政府牢记“国之大者”，坚持以习近平生态文明思想为指导，深入学习贯彻习近平总书记关于国家公园建设的系列重要指示批示精神，铁腕整治祁连山生态环境被破坏问题，高位推动祁连山国家公园体制试点建设，全力构筑国家西部重要生态安全屏障，基本完成试点任务，达到预期改革目标，并于2020年9月通过国家林业和草原局组织的第三方评估验收，具备正式设立祁连山国家公园的条件。

2021年以来，甘肃省深刻把握国家公园建设的政治性、严肃性和重要性，对标第一批设立的5个国家公园，认真落实中央关于建立以国家公园为主体的自然保护地体系的决策要求和国家林业和草原局的安排部署，深化拓展祁连山国家公园体制试点成果，积极推动落实国家公园建设重点工作任务，不断巩固祁连山生态治理成效。

4. 若尔盖国家公园（甘肃片区）创建

2021年10月，甘肃省委、省政府印发的《甘肃省黄河流域生态保护和高质量发展规划》提出：“积极推进若尔盖国家公园建设，实施甘南黄河上游水源涵养区治理保护项目，打造全球高海拔地带重要的湿地生态系统和生物栖息地。”2021年甘肃省政府工作报告提出“构建以祁连山、大熊猫、若尔盖（甘肃）国家公园为主体的自然保护地体系”，若尔盖国家公园（甘肃片区）筹备工作正式启动。2021 年以来，甘肃省强化责任担当，狠抓落实，积极推进若尔盖国家公园（甘肃片区）筹备工作。甘肃省政府牵头成立了若尔盖国家公园（甘肃片区）创建工作领导小组，领导小组积极向国家林业和草原局汇报工作，加强与四川省相关部门的协调联动，科学设定国家公园范围和功能区界线，积极推动相关工作开展，组织编制完成若尔盖国家公园（甘肃片区）“两报告一方案”（《拟建若尔盖国家公园科学考察与符合性认定报告》《若尔盖国家公园社会影响评估报告》《若尔盖国家公园设立方案》），于 2023 年 3 月向国家林业和草原局报送了若尔盖国家公园（甘肃片区）创建评估验收申请。

（二）甘肃省国家公园建设属性

1. 国家代表性

甘肃省是我国重要的生态安全屏障，保有大量重要的受人类活动干扰较小的自然生态系统和荒野，孕育着丰富的生物多样性，在维持我国乃至亚洲生态安全中发挥了重要作用，其中国家公园所在位置更是典型生态区域的核心部分，其生态系统的国家代表性突出，包括寒温带山地针叶林生态系统、温带荒漠草原生态系统、高寒草甸生态系统、青藏高原草地生态系统、高寒湿地生态系统、典型草原（克氏针茅草原）、荒漠草原（沙生针茅草原）、高寒草甸（嵩草草甸等）、荒漠（猪毛菜荒漠等）。甘肃省国家公园区域是黄河、河西走廊内陆河和青海湖的重要水源产流地，野生动物迁徙的主要廊道和珍稀濒危物种的重要栖息地，具有维护青藏高原生态平衡及阻止腾格里、巴丹吉林和库木塔格三大沙漠南侵的重要作用。若尔盖区域独特的地理和气候条件造就了全球面积最大、最原始、保存最完整的高寒泥炭沼泽湿地，其面积约 50 万公顷，泥炭储量约 19 亿吨。若尔盖区域内的高寒泥炭沼泽湿地生态系统是青藏高原区域性水循环、碳循环的“交融场”“动力池”“晴雨表”，在调控温室效应、应对全球气候变化方面发挥着重要作用，保护和科研价值突出；河流、湿地、草地等生态系统的变化过程和空间格局具有大尺度生态过程的典型性，它们是揭示若尔盖区域地形地貌、气象、水文、土壤、植被等之间关系，反映人类活动的宏观生态效应的天然实验室。

根据原《国家公园设立规范》的附录——《全国主要伞护种、旗舰种名录》，大熊猫国家公园（甘肃片区）有野生大熊猫 110 只，有国家一级保护野生动物 19 种、国家二级保护野生动物 74 种、国家一级保护野生植物 4 种、国家二级保护野生植物 63 种。祁连山国家公园的伞护种、旗舰种有林麝、马麝、野牦牛、白唇鹿、黑颈鹤和雪豹等 6 种。雪豹等顶级食肉动物的存在构成了区域生态系统完整的食物网。祁连山国家公园有野生脊椎动物 28 目 80 科 401 种，国家一级重点保护野生动物 25 种，国家二级重点保护野生动物 71 种；高等植物 98 科 1487 种，国家二级重点保护植物 20 种，被列入《濒危野生动植物种国际贸易公约》的兰科植物 3 种，被列入《中国生物多样性红色名录》的濒危物种 7 种。若尔盖国家公园（甘肃片区）共记载野生高等植物 37 目 84 科 1317 种（含亚种、变种、变型），其中蕨类植物 15 科 32 种、种子植物 69 科 1285 种；野生动物 780 种，包括鱼类 23 种、两栖类 8 种、爬行类 7 种、鸟类 276 种、兽类 82 种、昆虫384种，其中黑颈鹤、雪豹、林麝3个物种被列入《全国主要伞护种/旗舰种名录》。若尔盖国家公园（甘肃片区）的珍稀濒危特有物种聚集程度高，具有极高的科研和保护价值。

甘肃省国家公园具有丰富的自然景观，是我国青藏高寒地区典型的自然景观富集区，同时还拥有具有北亚热带生物资源的自然景观区。冰川雪山、森林草原、丹霞丘陵、沼泽湿地、绿洲沃野，一处处野性十足而张扬的美景在祁连山交相辉映。祁连山国家公园拥有国家代表性的自然生态系统，拥有中国特有和重点保护野生动植物种的集聚区。若尔盖国家公园（甘肃片区）拥有如黄河首曲等自然景观，在黄河流域文化的发源、传承与发展过程中具有重要的作用。祁连山国家公园是红色爱国教育的重要基地，现有红色文化12处；是裕固族、藏族、回族、土族、哈萨克族、蒙古族、汉族等民族文化的交会地，形成了特有的“祁连山文化圈”，现有非物质文化遗产（以下简称非遗）七大类56项；是甘青文化区——河西走廊和青藏高原东北部的重要交界地带，拥有极为丰富的历史文化资源，现有重要古遗址、遗迹18处；是东西方文化跨大陆交流的重要区域，现有代表性宗教建筑8处。若尔盖草原是安多藏族文化的聚集区，安多藏族文化与若尔盖自然景观相映，形成了独特的自然人文景观。安多藏区的宗教、历史、艺术等方面的遗迹和遗址分布广泛，为安多藏族文化的传承与研究提供了丰富的文化资源。

2. 生态重要性

依据《全国重要生态系统保护和修复重大工程总体规划（2021—2035年）》，祁连山国家公园位于青藏高原生态屏障区，属于祁连山冰川与水源涵养国家重点生态功能区。由于祁连山的存在，我国西北干旱荒漠地带呈现出绿岛景观，孕育了森林、草原、荒漠、冻原、农田、水域、冰川和雪山等生态系统，为雪豹、白唇鹿、马麝、黑颈鹤等珍稀濒危动物提供栖息环境，是具有重要生态意义的典型生态系统代表，发挥着水源涵养、防风固沙、土壤保育、气候调节、水土保持等重要的生态功能，养育着河西走廊、河湟谷地、柴达木盆地及黑河下游绿洲地区。祁连山国家公园内形成了以森林、草原、灌丛、荒漠为主的植物群落；以雪豹、黑颈鹤、岩羊和盘羊等为代表的高原动物群落；以高山沼泽、高山湖泊、河滩地带、高原灌丛、湿地生物等为主体的复合生态群落，重要生态系统面积达378.44万公顷，占祁连山国家公园总面积的75%。公园内，植被指数、植被生产力得到提高，各流域水质状况良好，优势乔木树种碳密度增加。各监测站点数据显示，祁连山国家公园内的森林生态系统具有强大的水土保持功能和林区水源涵养功能，草地生态系统的生物量、物种丰富度指数、香农多样性指数、优势度指数、均匀度指数均实现增长。大熊猫国家公园（甘肃片区）是大熊猫等多种珍稀濒危野生动物赖以生存的自然生态环境，同时具有丰富的植被生态。海拔1000m以下为常绿落叶阔叶混交林带，主要为次生灌丛及人工林，仅存部分原始林，主要树种为栎类、油桐、化香、漆树、棕榈等。海拔1000～1700m为落叶阔叶林带，大多为次生林，主要树种为栎类、山杨、桦、槭等。海拔1700～2900m为针阔叶混交林带。海拔2900～3500m为针叶林带，主要为冷杉、云杉、柏、铁杉等组成的针叶纯林。海拔3500m以上为高山灌丛草甸，大部分岩石裸露，散生有高山绣线菊、竹类等灌丛，间断有成片的苔草草地。大熊猫国家公园内各生态系统功能稳定，以寒温性常绿针叶林群落、山地草原群落、高寒草甸群落、荒漠群落为主的植物群落均为处于较高演替阶段的植物群落。保护物种种群稳定且数量持续增加。大熊猫、雪豹种群明显扩大，黑颈鹤种群数量呈增长趋势。甘肃省国家公园维持大面积自然生态系统结构和大尺度生态过程的完整状态，地带性生物极为富集，大部分区域保持原始自然风貌，生态系统服务功能得到优化。

3. 管理可行性

经过多年试运行，大熊猫国家公园（甘肃片区）管理机构实行省政府与国家林业和草原局（国家公园管理局）双重领导、以省政府为主的管理体制。大熊猫国家公园甘肃省管理局履行国家公园范围内生态保护、自然资源资产管理、特许经营管理、科研监测、社会参与管理和宣传推介等职责，负责协调与当地及周边的关系，下设保护站，承担一线调查监测工作。

目前，甘肃、青海两省立足各自保护地管理机构现状，分别建立了规范、统一、高效的国家公园管理体制。其中，甘肃省初步建立了祁连山国家公园省级管理局、分局、保护站三级管理体制。祁连山国家公园建立了国家主导区域联动、山水林田湖草沙系统保护综合治理、生态保护与民生改善协调发展的运行机制，取得了丰硕可观的试点成果。目前的管理体制和运行机制能够保障国家公园的有效运转。

而筹建的若尔盖国家公园（甘肃片区）区域内的土地为国家和集体所有，集体土地占若尔盖国家公园（甘肃片区）面积的85.51%，自然资源资产产权清晰。同时，保护管理部门已与辖区内各草地使用单位签订共管协议。依据协议，已有的保护管理部门对辖区内草地和自然资源进行统一管理和使用。甘肃尕海 - 则岔国家级自然保护区、甘肃黄河首曲国家级自然保护区、甘肃玛曲青藏高原土著鱼类省级自然保护区的土地均为国家和集体所有。省公安厅森林公安局尕海—则岔分局和省公安厅森林公安局黄河首曲分局由省级部门和地方政府直属。目前，已经建立了以高原森林、草甸、湿地、野生动物为主要保护对象的各类自然保护地 5 个，其中自然保护区 3 个（甘肃黄河首曲国家级自然保护区、甘肃玛曲青藏高原土著鱼类省级自然保护区、甘肃尕海 - 则岔国家级自然保护区）、自然公园 2 个（甘肃省碌曲县则岔石林地质公园和则岔省级森林公园）。3 个自然保护区都基本建立了保护局—保护站—保护点三级保护管理体系，制定了较为全面的规章制度，建设了一定的办公、科研监测、野生动物救护等方面的基础设施，为国家公园建设奠定了基础。现有管理人员和技术人员易于统筹，为机构组建和管理运行提供了人才队伍。

（三）甘肃省国家公园生态格局及生态地位

1. 生态格局

甘肃位于黄土高原、青藏高原、内蒙古高原三大高原和西北干旱区、青藏高寒区、东部季风区三大自然区域的交会处，总土地面积达 42.58 万平方千米。甘肃地域狭长，地质地貌、气候类型复杂多样，除海洋生态系统外，森林、草原、荒漠、湿地、农田、城市等六大陆地生态系统均有发育。自然因素影响大、干旱范围广、水土资源不匹配、植被少而不均、承载力低、修复能力弱是甘肃生态的基本特征。

甘肃省国家公园基于特殊的地理位置和自然条件，形成了较为分明的生态格局。南部沿省界从西北到东南的带状区域，依次分布有祁连山、甘南高原、“两江一水”（白龙江、白水江、西汉水）流域，该区域降水量大，植被较茂密，是甘肃省的主要林区与草原区，也是河西内陆河和黄河、长江等大江大河的重要水源补给和涵养区，承担着水源涵养、生物多样性保护等多种生态功能，是重要的生态屏障区，也是生态保护的重点区域。北部沿省界从西北到东南是河西三大内陆河流域的中下游，该区域降水量小，植被稀疏，西北部有库木塔格、巴丹吉林、腾格里三大沙漠和沙尘暴策源区分布，是典型的生态脆弱区，也是生态治理的重点区域。位于南北两区之间的是城市和农业集中分布区，该区域社会经济活动频繁、能量流动旺盛、处在丝绸之路经济带甘肃黄金段的内核位置，是复杂系统、多样生态的交错区，也是生态优化的重点区域。

2. 生态地位

甘肃省国家公园地处长江、黄河上游，是全国水土流失治理和防沙治沙的重点区域，其生态建设是确保西部大开发战略实施，涵养补给黄河水源、根治长江水患、实现下游地区经济社会可持续发展的有效保障；是改善恶劣气候环境、促进北方地区经济社会发展的重要阵地；也是《全国主体功能区规划》确定的“两屏三带”全国生态安全战略格局中“青藏高原生态屏障”“黄土高原—川滇生态屏障”“北方防沙带”的重要组成部分，甘肃省国家公园建设对确保西北乃至全国生态安全具有非常重要的作用。

甘南高原是黄河上游重要的水源补给区。甘南高原降水量大，水资源丰富，大面积的湿地、草地和森林孕育了众多河流，这些河流每年向黄河补水 65.9 亿立方米——占黄河源区年径流量的 35.8%、黄河总径流量的 11.4%。该区域是黄河的重要水源补给区，直接影响黄河径流的稳定。

甘肃境内“两江一水”流域气候温和、雨量充沛、森林面积较大，是长江主要支流嘉陵江重要的水源涵养和补给区；区域内滑坡、泥石流等自然灾害多发，水土流失严重，是长江上游主要的水土流失防治区；此外，该区域生物多样性丰富，是国宝大熊猫的主要栖息地之一，是重要的生物多样性保存区。

河西走廊北部是防风固沙生态屏障区。甘肃省沙化土地（包括沙漠、戈壁）的总面积为 11.92 万平方千米，占全省土地总面积的 28%，列全国第五位。沙化土地绝大部分分布在河西走廊北部地区（占 98%），风沙线长约 1600km，主要风沙口有 846 处，全国八大沙漠中的腾格里、巴丹吉林、库木塔格三大沙漠在此均有分布。该地区是我国沙尘暴主要策源区之一，也是全国防沙治沙的重点区域。

祁连山是内陆河水源涵养和补给区，位于我国地势一级阶梯和二级阶梯的过渡带以及青藏、黄土、内蒙古三大高原的交会地带。海拔 2500 ～ 3500m 有森林分布，海拔 3600m 以上有多年冻土，海拔 4400m 以上有终年积雪，海拔 5000m 以上有现代冰川。祁连山冰雪、降水和地下水所形成的径流汇成 56 条河流，形成石羊河、黑河、疏勒河三大水系，每年以 75 亿立方米的水资源支撑着甘肃省河西地区及黑河下游内蒙古地区经济社会的可持续发展，对阻止巴丹吉林、腾格里、库木塔格三大沙漠合拢和抵御风沙东扩发挥着重要作用，其特殊的复合生态系统，对确保河西走廊及内蒙古西部生态安全具有重要意义。

（1）自然景观地位

大熊猫国家公园地处亚热带与暖温带的交会地带，海拔落差大，最高处可达4000m以上，最低处不到600m。其自然景观丰富多样：既有空旷的高山草甸、挺拔的冷杉林，又有亚热带的常绿阔叶林和茶园。春季，当山下已是百花盛开、满目绿色时，山上仍是春寒料峭、白雪皑皑。夏季，当城市里骄阳似火、酷热难耐之时，保护区内则是林木遮天蔽日、清凉舒爽。秋季，保护区层林尽染，笔墨难写其意，丹青难画其魂。初冬，晶莹剔透的雾凇挂满树梢，正是“忽如一夜春风来，千树万树梨花开”。要是赶上一场大雪，则山河银装素裹，分外妖娆，美不胜收。

祁连山国家公园是我国典型青藏高寒地区自然景观富集区，由一系列西北至东南走向的高山、沟谷和山间盆地所组成，其平均海拔达4000m以上，最高山峰疏勒南山团结峰海拔达5808m，山间盆地和宽谷平均海拔达3000m以上。谷地是野生动物的乐园，也形成了祁连山山连着山的独特美景。独特的气候造就了多样的环境、丰富的水源、一片片适宜人类和野生动物生存的天地，以及壮丽的自然景观。祁连山国家公园甘肃片区的自然景观主要包括马牙雪山、透明梦柯冰川、七一冰川、天祝三峡、冰沟河景区。

若尔盖国家公园（甘肃片区）的自然景观主要为千姿百态的石林地质遗迹、苍劲挺拔的山峰、碧波荡漾的尕海湖、蜿蜒曲折的黄河首曲湿地、宽阔雄浑的高原草场，它们共同构成了一幅辽阔壮美、极富特色的高山草原自然景观图。则岔区域石林峰林、峰丛、溶洞等溶蚀地貌广泛分布，峰峦叠嶂，雄伟壮观，谷底云杉、柳树、柏木等生长茂密，悬崖峭壁的石缝中，云杉、冷杉郁郁葱葱，山顶白雪皑皑、岩石裸露，形成了独具特色的地质遗迹景观。尕海湖被誉为“高原上的一颗明珠”，湖面浩浩荡荡、一望无际，黑颈鹤、天鹅等珍禽遍布湖边草滩，每年春秋季都有数以万计的候鸟到此歇脚，繁衍后代，经此迁徙，因此尕海湖素有“鸟类乐园”的美称。湖边山花烂漫，水草丰美，天蓝水碧，天水相连，阳光、溪流、湖泊、珍禽、青山，构成一幅迷人的壮丽画面。黄河从巴颜喀拉山发源后，自青藏高原一路向东南进入玛曲境内，遇到四川北部高山的阻挡，河水掉头流向西北，形成了罕见的180度大转弯，重新回归青海省。因此玛曲被称为“黄河首曲”。黄河在这片广袤且平坦的高原上，形成了多如牛毛的小支流，它们蜿蜒穿行，不但提供了丰富的水源，还滋养了丰茂的牧草，引来成群的牛羊，为这湿地草原增添了更富动感的景观。雪山与湖泊相交错，景观独特。河曲马场库坝区绿树成荫，鸟语花香，碧波荡漾，水天一色，是观光、摄影的极佳胜地。在齐哈玛镇南部的河谷地带，著名的齐哈玛黄河吊桥横跨南北，此地山清水秀，被称为黄河首曲的“小江南”，河谷内分布着玛曲县最大的柳属河谷灌丛，是观赏首曲日出（采日玛日出）的最佳地带。采日玛日出是黄河首曲最迷人的景观，旭日从无垠的绿色“地毯”上一跃而起，又大又圆，万道霞光穿透晨雾，照亮绿茵茵的草原，使人豪情倍增。高山草甸是公园内最大的自然景观，偌大的草场秀丽而宁静，宽阔而雄浑。黑白相间的牛羊、蘑菇状的帐篷随处可见，山坡上灌木丛星星点点，点缀着高山草甸。则岔区域森林多分布于阴坡、草甸多分布于阳坡，森林与草甸界限分明、交错分布，形成了难得的高原特色景观。

（2）自然遗产地位

甘肃省国家公园具有典型且完整的沟弧盆系统的地质记录。按照原国土资源部发布的《地质遗迹调查规范》对地质遗迹的分类，祁连山国家公园的典型地质遗迹主要有6个，划分为基础地质和地貌景观两大类，地层剖面、岩石剖面、岩土体地貌、冰川地貌4类及层型、变质岩剖面、碳酸钙盐岩地貌、现代冰川遗迹4亚类。分布于祁连山国家公园（甘肃片区）的七一冰川、透明梦柯冰川都是典型的冰盖冰川遗迹，具有突出的美学价值，也是价值极高的自然遗迹。若尔盖国家公园（甘肃片区）内的地质主要有白龙江复背斜轴及两侧断裂带侵入岩体剖面、碌曲县郎木寺丹霞地貌、则岔喀斯特岩溶地貌、黄河首曲水体地貌、尕海湖水体地貌。

（3）生物多样性地位

甘肃省国家公园生物多样性丰富，有陆生脊椎野生动物1059种、国家重点保护陆生野生动物201种（其中一级保护动物56种，二级保护动物145种）、省级重点保护野生动物41种。这里分布有高等植物5207种（包括亚种和变种），隶属243科1216属；有国家重点保护野生植物46种和9类（27种），其中一级保护野生植物3种和1类（2种），二级保护野生植物43种和8类（25种）。

三、甘肃省国家公园建设经验

（一）管理体制、运行机制经验

1. 管理机构特点

大熊猫国家公园体制试点期间，大熊猫国家公园（甘肃片区）建立了省级管理局、分局、保护站三级管理体系：结合2018年甘肃省机构改革，设立了大熊猫祁连山国家公园甘肃省管理局，与省林业和草原局合署办公，由省林业和草原局局长兼任管理局局长，内设国家公园管理处；2019年，依托甘肃白水江国家级自然保护区管理局组建了白水江分局；2020年，依托陇南市林业和草原局组建了大熊猫裕河分局；分局设保护站，负责辖区内大熊猫等野生动物的野外生态及种群动态研究、野外救护、森林草原防火、日常管护等工作。

大熊猫国家公园设立后，按照中央编办和国家林业和草原局工作要求，甘肃省林业和草原局会同省委编办研究提出《大熊猫国家公园甘肃省管理局机构设置方案》，按照中央编办召开“第一批国家公园管理机构设置工作视频会议”精神，修改完善《大熊猫国家公园甘肃省管理局机构设置方案》。

祁连山国家公园依托祁连山国家级自然保护区管理局、盐池湾国家级自然保护区管理局两个县级机构分别组建大熊猫祁连山国家公园甘肃省管理局张掖分局、酒泉分局，制定并印发了各分局的“三定方案”，细化明确分局管理职能，健全完善业务科室，系统布局28个基层保护站、175个管护站，调整充实管护人员，明确管护职责，推动构建形成省级管理局、分局、保护站三级管理模式，全面提升祁连山国家公园自然资源管护基础保障水平。执法层面依托省森林公安局祁连山分局、盐池湾分局分别组建大熊猫祁连山国家公园甘肃省管理局张掖综合执法局、酒泉综合执法局，目前，两个综合执法局已挂牌成立，相关工作已全面开展。同时，研究提出《祁连山国家公园张掖、酒泉综合执法局权力清单》《祁连山国家公园张掖、酒泉综合执法局执法工作方案》，深化拓展资源环境综合执法工作实践，推动综合执法体制改革走深走实。设立甘肃省国家公园监测中心，作为甘肃省国家公园建设的科研监测业务支撑单位。将省市双重管理的祁连山国家级自然保护区 22 个保护站和 18 个森林公安派出所全部上划省林业和草原局管理，其中 16 个保护站被划入国家公园范围，初步解决了管理体制“两张皮”的问题。

若尔盖国家公园（甘肃片区）则吸收上述两个公园管理机构的经验，按照“一个公园一套机构”“实行管理局—管理分局两级管理”的原则和要求，结合甘肃实际情况，初步提出了若尔盖国家公园甘肃省管理机构设置建议。拟设置若尔盖国家公园甘肃省管理局及所属碌曲分局、玛曲分局，负责若尔盖国家公园（甘肃片区）管理工作，实行国家林业和草原局与甘肃省政府双重领导、以甘肃省政府为主的管理体制。

2. 自然资源管理模式

2019 年 9 月，甘肃省自然资源厅联合省林业和草原局对白水江片区的土地资源资产、森林资源资产、草原资源资产、水资源资产、矿产资源资产及生态系统服务功能进行了价值评估，形成了《大熊猫国家公园白水江片区自然资源资产价值评估报告》。配合自然资源部统一组织开展大熊猫国家公园自然资源统一确权登记工作，完成了大熊猫国家公园（甘肃片区）资料收集、底图制作、数据核实等相关工作。全面完成祁连山国家公园自然资源资产负债表编制任务，为科学评估国家公园自然资源资产价值、落实自然资源有偿使用制度奠定了基础。全面落实《关于统筹推进自然资源资产产权制度改革的指导意见》，在张掖市肃南县开展自然资源资产产权制度改革试点，制定并印发了《肃南县自然资源资产产权制度改革试点实施方案》，试点成效显著。省政府印发了《甘肃祁连山国家级自然保护区内林草“一地两证”问题整改落实方案》，省林业和草原局牵头对总面积为 566.88 万亩重叠的森林、草原进行了重新确权颁证，祁连山国家级自然保护区内林草“一地两证”问题整改工作全面完成。

3. 协同管理机制

大熊猫国家公园体制试点期间，甘肃省建立了上下联动、部门配合、局省会商、专家会诊的工作协调推进机制。省政府印发了《关于加快推进中国大熊猫国家公园甘肃园区有关工作的通知》（甘政办发电〔2016〕62 号），成立了由分管副省长任组长，以省林业和草原局、省编办、省发改委等 19 个省直相关部门和陇南市政府相关负责人为成员的大熊国家公园（甘肃片区）建设协调领导小组，其主要负责统筹协调大熊猫国家公园（甘肃片区）总体方案的编制工作，研究确定大熊猫国家公园（甘肃片区）的范围、管理体制、政策措施和实施方案，指导、推动、督促重大工作措施落实。该协调领导小组办公室设在甘肃省林业厅（2019 年机构改革后更名为省林业和草原局），负责日常工作。甘肃省林业厅成立了国家公园筹备工作协调推进领导小组及办公室，其负责统筹协调落实国家公园体制试点中涉及林业的各项工作任务，研究确定国家公园（甘肃片区）的范围、总体规划，推进行业管理体制的整合设置，指导、推动有关重大政策措施的落实。陇南市及武都区、文县政府，白水江、裕河自然保护区管理局也成立了相应领导小组和办公室。由国家林业和草原局（国家公园管理局）牵头，成立了大熊猫国家公园协调工作领导小组，与川陕甘三省建立了体制试点“四方会商”机制。甘肃省邀请中国科学院、中国林业科学院、北京大学等国内科研机构和高校的院士、专家组建大熊猫国家公园体制试点白水江片区顾问专家咨询组，在全国率先成立大熊猫祁连山国家公园（甘肃片区）科技创新联盟。依据甘肃省政府办公厅印发《大熊猫国家公园体制试点白水江片区 2019—2020 年重点工作任务清单》确定的 39 项重点工作任务，全面完成勘界定标、本底调查、规划编制、生态移民、生态环境整治等各项试点任务。大熊猫国家公园设立后，配合国家林业和草原局建立大熊猫国家公园局省联席会议机制，提出甘肃省联席会议机制成员建议名单。

为进一步加速推动公园建设，甘肃省在跨省协调方面采取以下举措。一是在省级层面成立了由甘肃、青海两省分管副省长任组长的祁连山国家公园体制试点工作协调推进领导小组，召开了协调推进领导小组会议，并不断健全协同管理机制和监管机制，发挥跨省协调机制优势，合力推动祁连山国家公园体制试点。二是充分发挥祁连山国家公园体制试点工作协调推进领导小组作用，健全祁连山国家公园体制试点联席会议制度，不断加强与青海省在自然资源监测、国家公园标桩立界、资源环境综合执法和国家公园宣传科普方面的交流合作。三是主动与青海省相关部门协调对接，协同推进祁连山国家公园体制试点评估反馈意见整改情况和验收评估相关工作，推动形成齐抓共管的工作合力。四是结合祁连山国家公园体制试点工作，探索开展跨区域、跨部门联合执法。

4. 管理监督制度办法、技术规范体系

2017 年 5 月，甘肃省委办公厅、省政府办公厅印发《甘肃省生态文明建设目标评价考核办法》（甘办发〔2017〕34 号），建立了省级生态文明建设考核目标体系。2020 年 3 月，甘肃省配合大熊猫国家公园管理局编制了《大熊猫国家公园监测和评估指标体系》《大熊猫国家公园监测系统建设专项规划》，制定并印发了《大熊猫国家公园监督检查暂行办法》。为了加强执法监督，结合森林公安体制改革工作精神，甘肃省委编办会同省林业和草原局就国家公园范围内实行生态环境保护综合执法、建立统一执法机制等问题，依托省森林公安局白水江分局组建了大熊猫祁连山国家公园甘肃省管理局白水江片区综合执法局，其隶属大熊猫祁连山国家公园甘肃省管理局，主要负责白水江片区的资源环境综合执法工作。森林公安体制改革后，原甘肃省森林公安局白水江分局移交省公安厅管理，保留白水江片区综合执法局牌子，其承担的白水江片区资源环境综合执法工作职责不变。为进一步完善社会监督机制，甘肃省协调领导小组办公室制定并印发了《大熊猫国家公园白水江片区社会监督管理办法（试行）》，规范和强化了白水江片区监管工作，保障了社会公众的知情权、参与权、监督权。甘肃省林草、民政、自然资源、测绘等部门会同国家林业和草原局（国家公园管理局）公园办、规划院，联合开展祁连山国家公园范围勘界调查，与相关地方政府共同提出了《祁连山国家公园甘肃片区范围和功能区勘界方案》（以下简称《勘界方案》），先后经省祁连山国家公园体制试点工作协调推进领导小组会议、省政府常务会议和省委常委会会议审议通过后上报国家林业和草原局，目前《勘界方案》已纳入《祁

连山国家公园总体规划》。借助专业院所技术力量，甘肃省历经5个月的外业调查和内业汇总，编制完成《祁连山国家公园甘肃片区总体规划（2017—2035年）》，于2018年8月8日经专题论证会审议通过，为国家林业和草原局编制《祁连山国家公园总体规划》提供了依据。依托祁连山国家公园（甘肃片区）科技创新联盟成员专家团队优势，甘肃省结合祁连山国家公园（甘肃片区）实际，积极推动祁连山国家公园体制试点相关专项规划和方案编制工作。甘肃省已编制完成《祁连山国家公园甘肃片区生态体验和环境教育专项规划》《祁连山国家公园甘肃片区特许经营管理办法》等48个专项规划和制度方案。

在管理制度上，大熊猫国家公园体制试点期间，甘肃省配合编制了《大熊猫国家公园总体规划（试行）》，指导大熊猫国家公园体制试点工作，组织编制了《大熊猫国家公园白水江片区总体规划》《大熊猫国家公园体制试点白水江片区专项规划、方案（纲要）》，以及《大熊猫国家公园白水江片区大熊猫栖息地生态系统保护与修复专项规划》《大熊猫国家公园白水江片区科研体系与科普宣教展示基地建设专项规划》《大熊猫国家公园白水江片区生态体验和环境教育专项规划》《大熊猫国家公园白水江片区珍稀濒危野生动植物抢救性保护性专项规划》《大熊猫国家公园白水江片区一般控制区生态产业发展专项规划》《大熊猫国家公园白水江片区周边区域产业发展、基础设施和公共服务体系建设专项规划》等6个专项规划，于2019年12月上报大熊猫国家公园管理局审核。经大熊猫国家公园管理局批复，甘肃省协调领导小组办公室印发了《大熊猫国家公园白水江片区一般控制区生态产业发展专项规划（试行）》《大熊猫国家公园白水江片区周边区域产业发展、基础设施和公共服务体系建设专项规划（试行）》2个专项规划，其余4个专项规划被大熊猫国家公园管理局纳入大熊猫国家公园相关专项规划。甘肃省组织编制了《大熊猫国家公园白水江片区大熊猫野外种群遗传档案实施方案》《大熊猫国家公园白水江片区专题文化活动方案》《大熊猫国家公园白水江片区宣传工作方案》等17个工作方案，其中13个方案上报大熊猫国家公园管理局审核批复并正式印发。大熊猫国家公园设立后，甘肃省配合四川、陕西两省共同编制了《大熊猫国家公园总体规划（2022—2030年）》，经反复沟通调整，三省就总体规划内容达成一致，联合会签后正式将其报送国家林业和草原局审定。甘肃省还组织编制了《大熊猫国家公园甘肃片区总体规划（2022—2030年）》，该规划已通过评审并上报国家林业和草原局。

（二）生态保护经验

依据《大熊猫自然保护地巡护技术规程》《大熊猫国家公园白水江片区自然资源管护责任制度》《大熊猫祁连山国家公园甘肃省管理局白水江分局自然资源管护制度》《大熊猫国家公园白水江片区生态公益性管护员管理办法》，白水江分局配合大熊猫国家公园管理局制定并印发了《大熊猫国家公园野外巡护管理办法（试行）》，以规范巡护工作。白水江分局设置了70条巡护线路，巡护线路长350km，职工每年巡护出勤15 120人次。裕河分局设置了99条巡护线路，巡护线路长970km，职工每年巡护出勤15 680人次。巡护人员每天填写巡护日志，实现对大熊猫国家公园（甘肃片区）主要区域的全覆盖。大熊猫国家公园（甘肃片区）持续实施天然林资源保护、退耕还林还草等重点工程，进一步强化工程管理，提高工程实施效果。依托文化旅游提升工程和重点生态功能区转移支付项目，通过采取人工造林、补植补造、平茬复壮、修枝割灌、封山育林、人工管护修枝等措施，加强大熊猫栖息地生态保护和修复。2017 年以来，共完成植被恢复 2767 公顷，封山育林 6166.7 公顷，建设大熊猫迁徙生态廊道 2 处，森林有害生物防治面积达 66.7 公顷，片区退化和被破坏的植被基本得到恢复。制定了《甘肃、四川、陕西三省大熊猫国家公园资源环境联合执法行动方案》，组织开展了白水江片区自然资源环境综合执法专项行动，打击森林及野生动植物资源违法犯罪专项行动，依法查处资源环境违法行为，有效杜绝非法猎杀和经营利用野生动物等事件的发生，切实加强自然资源和生态环境保护。甘肃省文旅厅会同相关部门和陇南市，大力开展以整治环境、清理垃圾、美化风貌为重点的景区全域无垃圾行动，有力促进了国家公园生态环境改善。

祁连山国家公园推进天然林保护、森林生态效益补偿、退耕还林还草、“三北”防护林、湿地保护等重点生态工程，持续开展山水林田湖草沙综合治理、祁连山生态环境综合治理等工作。制定《祁连山国家公园甘肃片区自然资源管护责任制度（试行）》，明确管护内容、靠实管护责任、完善管护体系，层层签订管护目标责任书，严格执行巡护制度，不断健全监管机制，提升硬件水平。搭建国家公园现代化信息监测网络，实现区域内局、站、点、重要卡口、道路之间的互联互通、远程定位、远程可视化操控和远程监督监测，着力构建“三防”体系，强化自然资源监管，实现国家公园范围监测全覆盖。相继开展“利剑”“春雷”“绿剑”“昆仑”等专项打击行动，依法查处破坏森林和野生动植物资源的违法行为，切实加大野生动物和自然资源保护力度，共查办各类案件 100 余起，同时，与青海省森林公安局、新疆维吾尔自治区森林公安局在签订警务合作协议的基础上，多次共同开展联合执法检查、秋季巡护执法、禁牧区联合执法检查等专项行动，有效震慑了违法犯罪活动。祁连山国家公园生态系统质量稳步提升，生物多样性得到有效保护，基础设施建设进一步完善，生态环境持续向好。

（三）社区协调发展经验

1. 社区共管机制

白水江分局按照大熊猫国家公园管理局《关于推进大熊猫国家公园集体所有自然资源合作保护协议签订工作的通知》精神，积极推进白水江片区集体所有自然资源合作保护协议的签订工作。截至 2023 年 6 月底，白水江分局已与 69 个行政村签订协议，确定保护面积 6.35 万公顷（均位于一般控制区），其占集体土地总面积 8.21 万公顷的 77.3%。裕河分局与 39 个行政村签订协议，确定保护面积 3.37 万公顷，其占集体土地总面积 4.47 万公顷的 75.4%。2020 年，省财政厅下达重点生态功能区转移支付资金 730 万元，主要用于推进祁连山国家公园范围内 74 个行政村社区的宣传、公共服务设施建设、清洁能源替代、就业培训等方面的工作。

2. 生态补偿机制

甘肃省政府出台了《甘肃省陆生野生保护动物造成人身伤害和财产损失补偿办法》，文县政府制定了《文县陆生野生保护动物造成人身伤害和财产损失补偿试行办法》《文县陆生野生保护动物造成人身伤害和财产损失补偿工作实施方案》，二者对陆生野生保护动物造成人身伤害和财产损失相关的政府补偿作出了明确规定。白水江分局积极争取中央财政保险保费补贴项目，每年投入资金348.99万元，为15.75万公顷森林投保，为遭遇自然灾害及林业有害生物危害的投保林地提供林地恢复及有害生物防治资金补助，增强了白水江片区林地抵御灾害风险的能力。甘肃省制定了《大熊猫国家公园白水江片区国家公园内居民长效生态补偿机制方案》，明确了补偿范围、标准、领域、主客体等内容。2018年，甘肃省完成公益林区划落界工作，白水江片区内符合公益林区划界定办法的公益林已全部纳入森林生态效益补偿补助范围；下达落实农民管护补助资金，用于集体林的管护工作。2016—2020年，国家实施了新一轮草原奖补政策，继续实行禁牧补助和草畜平衡奖补两项政策，提高了禁牧补助和草畜平衡奖补标准。甘肃省财政厅每年向白水江片区涉及的2个县（区）下达资金1387万元，其中武都区1114万元、文县273万元。奖补政策直接增加了社区居民的收入。

甘肃省发改委等10个部门制定并印发了《甘肃省贯彻落实〈建立市场化、多元化生态保护补偿机制行动计划〉实施方案》，完成生态补偿立法研究工作，积极争取国家发改委将甘肃省列为生态综合补偿试点省份。一是制定《甘肃省流域上下游横向生态保护补偿试点实施意见》，重点在祁连山地区黑河、石羊河流域开展上下游横向生态补偿试点，健全落实资源有偿使用和生态补偿机制，目前已落实首期奖补资金3500万元。二是2018年甘肃省公益林区划落界完成后，将国家公园范围内符合公益林区划界定办法的林地全部区划界定成公益林，符合标准的公益林全部纳入森林生态效益补偿补助范围。三是坚持“生产生态有机结合、生态优先”的基本方针，落实草原禁牧和草畜平衡制度，每年下达祁连山国家公园（甘肃片区）8个县（区、场）禁牧、草畜平衡奖补资金4.15亿元，通过大力发展饲草产业，引导牧区发展舍饲，推动草原畜牧业转型升级、提质增效。四是对于国家公园范围内适宜开展生态补偿的湿地，积极进行补偿，对于酒泉分局片区的盐池湾党河湿地，按每人每年1.6万元的标准进行湿地生态效益补偿。

3. 生态公益岗位机制

白水江分局借助天保、公益林、草原、湿地等工程项目，设置生态管护公益岗位，组织制定了《大熊猫国家公园白水江片区社会服务公益岗位设置方案》《大熊猫国家公园白水江片区生态公益性管护员管理办法》，组织当地居民通过从事公益岗位工作，参与国家公园建设。在祁连山国家公园（甘肃片区）内共选聘生态护林员1202名；优先安排原住居民对试点区域内河流水源地、林地、草地、湿地、野生动物进行日常巡护。依据国家公园相关单位和部门提出的《祁连山国家公园生态公益管护岗位设置需求方案》，组织编制《祁连山国家公园甘肃片区生态公益管护岗位设置方案》《祁连山国家公园甘肃片区社会服务公益岗位设置方案》。

4. 社区转型发展形式

通过发展符合大熊猫国家公园功能定位的生态产业，积极探索产业转型方式。据初步统计，白水江分局、裕河分局指导社区居民种植水果（坚果）2574.4公顷、中药材8924.5公顷、茶叶62 998.2公顷、其他经济作物278公顷、食用菌3.9公顷，蜜蜂养殖1074户，扶持生态旅游企业1家、乡村旅游接待户22家、生态文化产品生产销售点3处、其他接待服务点2处。为提高社区参与积极性，白水江分局在社区实施大熊猫栖息地水源保护项目，开展太阳能灭虫灯和黏虫板安装、水源地垃圾回收设施建设、水源地管理培训以及节能改造等工作，从根本上减少了水源污染，促进了人与自然和谐共生。2020 年，甘肃省下达大熊猫国家公园体制试点工作经费 270 万元，其中文县 180 万元，武都区 90 万元，专门用于推进国家公园范围内社区（村）共建，完成文县和武都区共 33 个行政村社区共建工作，社区共建内容主要包括社区（村）宣传、公共服务设施建设、清洁能源替代、就业培训等。在国家公园周边打造入口社区和特色小镇，发展绿色生态产业，提升接纳农牧业人口转移和产业集聚的能力，将生态移民与乡村振兴相结合，统筹落实各扶持项目和政策，研究编制《祁连山国家公园甘肃片区周边区域产业发展、基础设施和公共服务体系建设专项规划》，引导公园周边人民群众生产生活方式转变和经济结构转型。

5. 社会参与模式

甘肃省制定了《大熊猫国家公园白水江片区吸引社会资金和国际资金参与国家公园建设方案（试行）》《大熊猫国家公园白水江片区接受社会捐赠管理办法（试行）》《大熊猫国家公园白水江片区志愿者服务管理办法（试行）》《大熊猫国家公园白水江片区社会监督管理办法（试行）》《社会组织和个人合作管理大熊猫国家公园白水江片区办法（试行）》《大熊猫国家公园白水江片区国际交流合作方案（试行）》《甘肃省国家公园社区共管共建方案（试行）》《国家公园甘肃省片区社会参与机制实施方案（试行）》等，不断引导社会力量为国家公园建设做出贡献。文县政府完成了铁楼乡、范坝乡、碧口镇 3 个特色小镇规划，加强了大熊猫国家公园周边特色小镇建设。裕河分局辖区原裕河镇风屏村茶叶加工专业合作社转型成为陇南臻怡澜悦茶业开发有限公司，聘用当地居民，带动社区 158 户居民通过茶叶采买加工增收。非政府组织通过开展项目合作、提供技术服务等参与白水江片区建设。白水江分局与世界自然基金会合作，制定《乡村社区集体林内农户自留林薪柴管理办法》和《乡村生活垃圾及社区河道管理办法》；与北京山水自然保护中心合作，在文县碧口镇李子坝村开展“协议保护项目”，探索以社区为主体的森林管理机制。

甘肃省先后制定《社会组织及个人参与祁连山国家公园甘肃省片区建设管理办法》，吸引企业、公益组织和个人参与国家公园生态保护、建设与发展，鼓励社会资本认领、承担生态恢复治理项目；研究制定《祁连山国家公园甘肃片区志愿者服务管理办法》，建立完善志愿者招募、注册、培训、服务、激励制度；组织制定《祁连山国家公园甘肃片区周边区域产业发展、基础设施和公共服务体系建设专项规划》《国家公园甘肃片区社会参与机制实施方案（试行）》，鼓励社会力量参与国家公园建设，通过国家公园建设为周边区域发展提供更多动力。

6. 特许经营管理办法

甘肃省积极推进大熊猫国家公园特许经营工作，组织起草了《大熊猫祁连山国家公园甘肃省管理局特许经营管理办法》《大熊猫祁连山国家公园甘肃省管理局特许经营管理模式》《大熊猫祁连山国家公园甘肃省管理局特许经营收入管理办法》，相关内容纳入了大熊猫国家公园管理局制定的《大熊猫国家公园特许经营管理办法》；组织编制了《大熊猫国家公园政府购买服务专门化目录》，并上报大熊猫国家公园管理局审核；制定并印发了《大熊猫国家公园白水江片区原生态产品认定管理办法（试行）》。配合大熊猫国家公园管理局制定并印发了《大熊猫国家公园特许经营管理办法（试行）》，相关工作正在积极推进。制定《祁连山国家公园甘肃片区特许经营管理办法》，不断规范祁连山国家公园（甘肃片区）特许经营活动，保障国家利益、社会公共利益以及特许项目经营者的合法权益；组织编制《祁连山国家公园甘肃片区特许经营项目规划》，减少对自然资源的直接利用，促进周边区域民生改善，实现园区可持续绿色发展，推动国家公园建设与农牧民增收致富、转岗就业、改善生产生活条件相结合。

（四）矛盾冲突处置经验

2021年以来，甘肃省按照国家林业和草原局工作安排，扎实推动国家公园内突出问题和矛盾风险处置，压实责任、分类调处，确保问题见底、解决见效。

1. 人工商品林调整方面

甘肃省按照《国务院关于同意设立大熊猫国家公园的批复》，为加快推进大熊猫国家公园甘肃片区相关工作提出了具体措施包括对大熊猫国家公园内突出问题和矛盾风险进行全面调查和系统梳理，在充分调研并征求地方意见的基础上，研究提出了基本农田、人工商品林等重点矛盾冲突问题的处置意见。截至目前，大熊猫国家公园（甘肃片区）内882公顷零散分布的永久基本农田和2734公顷耕地继续按耕地管理；1840公顷人工商品林逐步转为生态公益林。

2. 矿业权分类退出方面

依据《甘肃省人民政府办公厅关于开展全省各级各类保护地矿业权分类处置的意见》，陇南市政府制定了《陇南市各级各类保护地矿业权分类处置实施办法》《陇南市各级各类保护地矿业权分类退出工作方案》，积极推进白水江片区矿业权退出工作。按照“共性问题统一尺度、个性问题一矿一策”的原则，制定矿业权退出方案和水电站处置方案，积极推动矛盾冲突问题解决，大熊猫国家公园范围内11宗矿业权已分类退出10宗，剩余1宗探矿权已制定退出方案，按时限要求退出。祁连山国家公园原有115宗矿业权，截至2023年8月已全部销号退出并完成生态恢复治理。

3. 水电站处置方面

大熊猫国家公园按照《甘肃省人民政府办公厅关于水电站生态环境问题整治工作的意见》，对白水江片区水电站生态环境问题进行了整治。对于建成运营的水电站，分枯水期、丰水期两个时段核定了水电站最小下泄流量值。省生态环境厅已组织水电站环境影响后评价工作，会同省水利厅印发了《关于切实做好全省水电站环境影响后评价的通知》（甘环发〔2019〕221号），对7座水电站开展综合评估，分类确定处置意见，使其运行到截止年限退出。对祁连山国家公园范围内保留运行的14座水电站，均已分别制定了处置方案。按照《甘肃省人民政府办公厅关于印发甘肃祁连山国家级自然保护区水电站关停退出整治方案的通知》（甘政办发〔2017〕203号）精神，加强督促检查，确保水电站按规定运行至截止年限退出，并做好生态恢复治理。

4. 生态移民搬迁方面

陇南市政府组织制定了《大熊猫国家公园白水江片区核心保护区居民迁移安置方案》，计划将核心保护区内的 147 户、515 名原住居民进行搬迁安置。已搬迁 158 户 627 人，其中核心保护区 87 户 330 人，一般控制区 71 户 297 人。目前，陇南市正在积极争取相关政策项目支持，逐步搬迁核心保护区剩余的 60 户 185 人。

祁连山国家公园（甘肃片区）已实施移民搬迁 266 户 846 人，现有常住人口 9095 户 33 174 人，其中核心保护区目前剩余 674 户 2090 人，一般控制区剩余 8421 户 31 084 人。相关市县均制定了核心保护区生态移民搬迁方案，在群众自主自愿的前提下，积极稳妥开展核心保护区现有居民的搬迁工作。

5. 基本农田调整

祁连山国家公园（甘肃片区）现有永久基本农田 229 个板块 1117.44 公顷，其全部位于一般控制区。甘肃省林业和草原局建议“将祁连山国家公园甘肃片区内 1 公顷以上的永久基本农田 27 个板块 409.07 公顷，以开‘天窗’的方式调出祁连山国家公园；1 公顷以下的永久基本农田 202 个板块 708.37 公顷转为生态用地”。

6. 建制村镇调整

祁连山国家公园（甘肃片区）涉及天祝、肃南两县 7 个建制乡镇、24 个建制村，总面积达 5106.97 公顷。甘肃省林业和草原局建议“将祁连山国家公园甘肃片区内 7 个建制乡镇、24 个建制村调出祁连山国家公园”。

（五）保障机制实施经验

1. 基础设施建设

大熊猫国家公园和祁连山国家公园体制试点以来，中央财政通过中央预算内文化保护传承利用工程项目资金、国家重点生态功能区转移支付资金和中央财政国家公园专项补助资金等渠道，大力支持祁连山国家公园建设。2020 年，中央财政依托林业草原生态保护恢复资金设立“国家公园专项补助”。2018 年至 2021 年，国家累计投入祁连山国家公园建设资金 14.73 亿元（2018 年 4.09 亿元、2019 年 3.77 亿元、2020 年 4.15 亿元、2021 年 2.72 亿元），其中，中央资金 14.22 亿元，省级资金 0.51 亿元，相关资金统筹用于国家公园勘界立标、自然资源调查监测、生态保护补偿与修复、野生动植物保护、自然教育与生态体验、保护设施设备运行维护等方面。

2. 资金管理

甘肃省管理局向大熊猫国家公园管理局上报了《甘肃省整合财政资金用于大熊猫国家公园建设和管理方案》，制定并印发了《大熊猫国家公园白水江片区社会捐赠管理办法（试行）》《大熊猫国家公园白水江片区吸引社会资金和国际资金参与国家公园建设方案（试行）》，积极吸引社会力量参与大熊猫国家公园建设。国家公园投资渠道主要有中央预算内文化保护传承利用工程项目资金（发改委）和中央财政国家公园专项补助资金（财政）。按照相关要求，甘肃省国家公园分别建立项目储备库，对入库项目实行动态管理，及时更新项目及建设内容；严格按照《国家公园体制试点建设项目管理办法》，全面落实项目管理主体责任，对在建项目实施跟踪监督管理，确保资金到位、按期完工，不断提升项目建设管理规范化、科学化水平。

3. 科研与人才队伍建设

甘肃省林业和草原局组织编制了《大熊猫国家公园白水江片区以大熊猫为核心的生物多样性监测技术体系建设实施方案》《大熊猫国家公园白水江片区自然资源智慧监测与管理物联网系统建设方案》，新建了自然资源监测专网、自然资源智慧监测管理平台、野生大熊猫视频监测点、物联网环境监测站等，形成“天空地”一体化监测体系。祁连山国家公园依托中国科学院西北生态环境资源研究院建立甘肃省祁连山生态环境研究中心，支持兰州大学发挥综合性大学多学科优势建立祁连山研究院，开展“祁连山涵养水源生态系统与水文过程相互作用及其对气候变化的适应研究”等科研项目。兰州大学共发表论文 53 篇，出版《祁连山生态系统保护修复理论与技术》等专著 2 部。

在人才方面，组建祁连山国家公园体制试点顾问专家咨询组，其参与国家公园体制试点相关规划编制、法规标准制定、生态保护研究、生态修复、技术方案论证工作，配合开展相关调研、体制机制创新研究等工作。整合省内外 20 余个科研院所、高校、相关企业等部门和领域的科技资源优势，在全国率先成立大熊猫祁连山国家公园（甘肃片区）科技创新联盟，组织该联盟成员单位开展学术研讨交流，联合申报科技计划项目，支持联盟理事单位开展“祁连山国家公园生态治理成效评估及可持续发展模式研究”“祁连山区牧草新品种引进与草畜平衡技术研究与应用”等科研项目。

（六）宣传交流经验

1. 科普宣传

建立国家公园宣传平台，持续开展宣传报道。甘肃省林业和草原局加强同甘肃日报社、省广电总台、中国甘肃网等省属重点媒体合作，通过报纸、广播电视、网络等载体，紧紧围绕国家公园体制试点重点工作，宣传报道典型做法和经验。同时，联合中国日报积极进行对外宣传报道，重点宣传近年来白水江片区通过不断开展技术优化，在野生大熊猫实时监测与智能识别技术方面取得的新突破，宣传大熊猫国家公园是人与野生动物和睦共存、人与自然和谐共处的典范。

运用制作宣传专题片、开展专题报道等方式，大力宣传甘肃祁连山保护区生态环境问题整改成效。2018 年，第三届丝绸之路（敦煌）国际文化博览会期间，“国家公园与生态文明建设”高端论坛在敦煌举行。省委宣传部协调相关媒体，策划拍摄大型纪录片《祁连山国家公园》；积极谋划并协调制作单位，拍摄纪录片《我们的国家公园》。祁连山国家公园选送作品在《秘境之眼》“2021 年精彩影像点赞活动”中获得三等奖。围绕国家公园体制试点重点工作，宣传报道典型做法和典型经验，接受中央广播电视总台《朝闻天下》节目专题采访，介绍祁连山国家公园建设进展情况，在《中国绿色时报》发布祁连山国家公园体制试点成效专题报道。制作国家公园宣传册、宣传片，宣传甘肃省国家公园建设成果。试点开展以来，甘肃日报社及其新媒体共发表相关报道近300篇，省广播新闻中心、电视新闻中心等共播报重点新闻稿件60余条，新甘肃、视听甘肃、中国甘肃网结合微博、微信客户端制作发布相关信息800余条。依托各级国家公园管理机构开展形式多样的宣传活动：张掖分局、酒泉分局先后开展“植树节”“爱鸟周”“湿地日”等系列宣传活动30余次，制作各类宣传展板400余块，在微信公众号推送信息1000余条，微信公众号矩阵阅读量达15万人（次）；酒泉分局利用现有展览馆，适时面向社会公众和中小学生开展自然环境教育体验活动，2017年以来共开展自然体验活动134场次。

2. 自然教育

甘肃省林业和草原局在白水江分局新建了自然宣教中心、自然教育基地，建立了大熊猫科学研究基地、5处生态定位观测站（点），改造了动植物博物馆、野生动物固定监测展示中心、保护站宣教室以及展示系统等，实现了巡护监测成果在展示系统中实时播放。目前，白水江动植物博物馆被列为当地中小学科普教育基地，每年开展大规模的科普宣教活动20余次。2020年7月，大熊猫国家公园白水江自然教育基地、大熊猫国家公园碧口生态体验小区分别被大熊猫国家公园管理局命名为首批大熊猫国家公园自然教育基地、首批大熊猫国家公园生态体验小区。制作大熊猫国家公园（甘肃片区）宣传画册，并拍摄大熊猫国家公园（甘肃片区）综合宣传片。

酒泉分局先后被评为甘肃省科普教育基地、甘肃省科普教育基地先进集体、酒泉市科普教育基地、北京林业大学自然保护区学院科研教育基地、甘肃农业大学林学院教学实习基地、兰州大学生命科学学院科研教学实践基地、中国科学院寒区旱区环境与工程研究所冻土圈科学国家重点实验室 - 盐池湾科研实验基地，被甘肃省林业和草原局及世界自然基金会确定为祁连山雪豹盐池湾保护基地。张掖分局先后获得“甘肃省生态文明教育基地”“国家生态文明教育基地”“全国林业科普基地”“全国环保科普教育基地”“甘肃省科普教育基地”等称号。同时，积极推动祁连山国家公园周边区域可持续发展。目前张掖市已被列为“国家可持续发展议程创新示范区”候选城市，将为祁连山国家公园试点提供良好的周边环境。

甘肃省在认识到创建国家公园的重要性的基础上，根据国家公园自身资源优势提出了公园建设的愿景，定下了发展目标，给未来工作指明了方向，并且在明确总体要求的前提下，提出了甘肃省国家公园建设的主要任务以及更加细致的规划方案。这些任务和方案从整体上将甘肃省国家公园建设的主要路线具体化，为国家公园建设提供了风向标，有助于稳步推进三大国家公园建设工作，同时为我国国家公园规划体系建设积累了一系列可复制、可借鉴、可推广的经验。

（七）建设经验总结

1. 准确把握要求，清晰定位目标

在大熊猫国家公园、祁连山国家公园和若尔盖国家公园体系建设过程中，甘肃省委、省政府及相关部门深入学习习近平新时代中国特色社会主义思想，贯彻落实党中央重大决策部署和

习近平总书记重要指示批示精神。甘肃省根据三大国家公园自然资源优势与建设要求，有针对性地提出各自目标定位，明确未来工作开展方向。国家公园管理目标主要包括：保护自然生态系统的完整性和原真性，保护生物多样性，保护生态安全屏障，以及给子孙后代留下珍贵的自然遗产。

2. 明确主体任务，专项管理重点

甘肃省国家公园体制试点实施方案首先以问题和目标为导向明确主体任务，如划定国家公园范围、创新管理体制机制、保护生态系统、协调社区发展等。在国家公园建设过程中，甘肃省对于重点领域、薄弱环节作进一步细化规范指导，制定相应的专项规划与方案。专项规划与方案是国家公园战略规划、总体规划在特定领域的细化，也是政府审批、核准重大项目，安排投资和财政支出预算，制定特定领域相关政策的依据。

3. 科学保护生态，丰富治理措施

保护生态是国家公园建设的首要目的。面对破坏严重的园区生态，甘肃省相关部门集思广益，科学把握山水林田湖草沙生命共同体的内在规律，对冰川、湿地、森林、草原等进行整体保护、系统修复，并且制定了丰富多样的治理措施，如实施天然林保护、退耕还林还草、河湖和湿地生态保护修复、水土保持、野生动植物保护、水资源保护、中小河流综合治理、森林和草原防火等重大生态工程。这些措施有效改善了生态环境，保护了生物种群。

4. 稳定社区发展，引导居民参与

“人”“园”同心是国家公园实现高质量发展的关键。甘肃省在国家公园创建过程中，高度重视园内及周边存在的大量社区居民，积极推动社区生产生活方式转型；实施生态移民，优先安排符合条件的居民从事生态公益岗位、社会服务公益岗位相关工作；妥善处理历史遗留问题，探索建立国家公园内工矿企业有序退出机制。

四、存在问题与解决路径

（一）存在问题

世界上自然保护区的发展经验告诉我们，自然保护区作用的发挥很大程度上依赖于当地居民的拥护和支持，传统的“孤岛”和“堡垒”式的封闭管理模式受到挑战，单一的保护目标与当地社区的经济发展明显脱节。甘肃省国家公园地处经济欠发达的地区，当地居民的生存大多依赖自然资源。国家公园的设立会导致居民的生产生活受到影响，引发国家公园与社区的矛盾。

从政策层面看，相关法律法规和协调机制尚相对滞后。国家公园是中国自然保护事业发展过程中形成的新保护地模式，目前尚无专项法律法规。在各地建立国家公园的积极性空前高涨的形势下，出台管理法规迫在眉睫。

从管理层面看，国家公园责权分离，职责不清。国家公园与自然保护区、风景名胜区、森

林公园等保护地和林场经营区交叉或重叠，导致管理难度增加。同一保护区域建立了具有不同行政层级、隶属不同系统的多个管理机构。

从经济层面看，国家对国家公园建设的投入不足。世界各地的国家公园建设都是以提供公共产品为主的公益性事业。国家公园一旦建立，就会产生费用。目前，对于拟建国家公园的自然保护区，各级政府已将相关人员的工资、公务费用纳入财政预算，这些投入虽然不能满足需求，但为维持自然保护区的日常管理提供了最基本的保障。

从社会层面看，当地社区居民、保护主体和利用主体三者未形成利益共同体，难以避免将农村集体林和一些村庄划入国家公园范围，然而，由于直接经营者不同程度地忽视甚至损害保护主体和当地社区的利益，这在一定程度上挫伤了保护主体和当地社区居民的积极性。应尽快建立生态保护和经济效益的互补和协调机制。

甘肃省国家公园建设虽然取得了一定成绩，但仍然存在一些代表性的矛盾和问题。例如，张掖分局现有天保公益林面积 1193.73 万亩，林地“一张图”数据库与国土“三调”数据对接融合后，公益林面积减少 424.92 万亩，这导致自收自支人员、企业职工和长期临聘人员的工资发放面临巨大压力。祁连山国家公园依托原有自然保护区的工作人员和基础设施设立，其 172 个资源管护站大多远离城镇，由于缺乏专项资金支持，部分资源管护站办公和生活用房等基础设施陈旧，加之用于垃圾处理、旱厕改造、污水处理等的设施无法纳入地方政府规划，职工生产生活多有不便。划定祁连山国家公园范围时，从整体上划定的 22 个保护站中有 6 个保护站未纳入国家公园范围，因而这 6 个保护站很难获得国家公园建设项目的支持。

又如，裕河分局管辖面积大、东西跨度长，涉及陇南市文县、武都区两个县区 7 个乡镇、39 个行政村。按照工作职责，承担着监测巡护、森林防火、资源管护、宣传教育、林业有害生物防治、野生动物疫源疫病监测等日常工作，工作量大面宽，任务十分繁重，需要大量的工作经费。裕河分局管护站（点）均为原省级自然保护区或国有林场设施，缺乏投入和维护。部分管护站房屋已倾斜垮塌，职工只能租住民房。裕河分局辖区内资源环境综合执法工作由省森林公安局白水江分局组建起来的白水江片区综合执法局负责，但省森林公安局白水江分局无林业行政案件执法权，同时由于机构改革时，各级森林公安局统一转隶到了公安系统，加之裕河分局基层单位均为事业单位，无行政执法主体资格，故园区内的行政执法工作难以开展。园区林地面积大，人均管护面积超过 5000 亩，且大部分地方山大沟深，交通不便，基础设施、监测手段落后，巡护车辆缺乏，目前，全分局无工作车辆，资源管护较为艰难。园区内生态补偿机制尚未建立，仅靠天保工程、公益林补偿，补助标准低、资金投入少，生产经营设施（茶场、药场各一家）退出难。

（二）解决路径

1. 规范管理机构设置

应明晰各种管理模式下国家公园管理机构的性质、级别、内设部门、直属机构、分级管理机构、人员整合方式等要害问题，以充分展现国家公园的主导地位，顺应机构改革趋势，以促进管理体制的合理化。

2. 健全法律制度体系

依法颁布有利于促进各国家公园间法律适用关系的上位法，进一步增强各国家公园条例办法的法定效力。在此过渡期内，国家公园主管部门与监管部门应共同制定指导性意见，明确不同管控分区的具体管控要求。此外，及时颁布国家公园条例、规划等管理办法，从而为条例和规划的制定、上报、审批等提供法治依据。进一步明确国家公园管理部门、监管部门、审批部门、各级地方政府的权责，持续强化合作，全面整合多方力量，以保障国家公园的各项职能得以有序履行。

3. 完善资金保障长效机制

需着重加大财政拨款力度，合理规范拨付渠道，保障拨付目的地合理使用。中央政府及各省级政府应按照事权划分划定出资，以保障国家公园的建设和运行。将生态系统评价纳入项目考核体系，建立保护成效与资金投入相挂钩的机制，以确保将有限的资金优先用于解决亟须解决的问题。应完善社会捐赠机制，吸引社会资本为国家公园的建设提供有力支持。持续加强自然教育与宣传，提升国家公园的社会影响力，成立基金委员会集中接受社会捐赠。推广特许经营模式，积极开发特色入口社区，将优美的生态环境与丰富的自然资源转变为市场竞争力，逐步增强经济活力。

4. 强化治理能力建设

应加大人才引进力度，完善人才激励机制和考核机制。按照专业化导向，尽快解决国家公园管理机构的编制空缺问题，逐步改善专职人员的学历结构和年龄构成。加强对现有人员的培训，提升其业务能力。同时，需加大社会参与程度，缓解编制不足的压力。推广灵活引进政策，突破人才使用障碍。鼓励推广购买服务模式，迅速有效满足实际需求。完善志愿者服务机制，调动公众积极性。此外，要充分利用先进技术成果和基础设施条件，推动治理体系朝着标准化、信息化、智能化和专业化方向发展，提升治理能力和效率，依托科技的力量不断推动国家公园建设。

5. 完善空间布局

建议合理调整国家公园边界。应充分考虑打破行政区划的限制，尽快制定整合方案。在过渡期间，要持续完善跨省或跨市县的联动保护机制。将镇村建成区、永久基本农田等保护价值不高且存在尖锐矛盾的区域按相关政策规定移出国家公园，以提升国家公园的原真性和管理效果。

第二章　甘肃省国家公园建设发展概述

摘要：中国国家公园体制作为生态文明建设和美丽中国建设的重要制度创新，其在保护生态和实现永续发展方面具有重要意义。甘肃省国家公园建设经历了探索和积累阶段，初步明确了概念内涵、发展历程和未来趋势，为中国的自然保护工作奠定了基础。然而，甘肃省国家公园建设仍面临挑战，需要突出顶层设计，摆脱历史困境，整合和优化自然保护地的空间格局，细化分类和分级制度以适应不同地区的保护需求。推进甘肃省国家公园的高质量发展需要社会各界共同努力，形成自然保护共识。甘肃省国家公园的政策导向和发展趋势涉及生态系统整体性保护、文化特征保护与传承、空间布局和规划设计技术等方面。甘肃省国家公园发展建设措施包括加强自然生态系统保护修复、厘清甘肃省国家公园资源产权和管理事权、加强自然教育和生态体验、开展投融资和特许经营实践探索、加强宣传教育和国际交流合作、推进信息化管理平台建设、开展入口社区建设以及拓展社区共管模式。甘肃省强调保护与发展的平衡，采取各种措施促进国家公园生态产业发展和自然资源保护。

关键词：中国国家公园体制　生态文明　自然保护　战略定位　发展目标　甘肃省国家公园建设

一、中国国家公园的发展战略和政策导向

国家公园体制是中国在生态文明建设和美丽中国建设中进行的一项具有重大意义的制度创新。它体现了中国对于自然保护和生态建设的高度重视，中国将国家公园作为主要保护形式，形成了一套全新的自然保护地体系。这个新型体系对于保障生态文明的发展和中华民族的永续发展具有重要的里程碑意义，并在国际上具有显著的标志性。

（一）中国国家公园的发展战略

中国国家公园建设是生态文明体制建设的一部分，自2012年党的十八大提出“美丽中国”理念以来，中国生态文明建设取得了显著成效。自2015年起，国家陆续出台了一系列指导性文件，如《生态文明体制改革总体方案》《建立国家公园体制总体方案》《关于建立以国家公园为主体的自然保护地体系的指导意见》及《国务院关于国家公园空间布局方案的批复》（国函〔2022〕101号），推动了生态文明建设，构建了产权明晰、多方参与、激励与约束并重、系统完整的生态文明体制建设制度体系。中国国家公园体制作为新型自然保护地体系的重要管理机制，起步虽晚，但具备了较高的起点、扎实的基础和明显的后发优势。

中国国家公园的核心功能是落实将生态保护置于首位的理念，实现最严格的保护，其他功

能都必须以生态保护为基础。坚持生态保护优先，统筹兼顾保护与利用，实现国家公园的整体性保护、系统性修复和综合性治理。中国国家公园涵盖了类型多样的自然生态系统，拥有丰富的物种多样性。中国的自然保护地总面积占据陆地国土面积的 18.3%，其涵盖了大面积的自然生态系统，保护了众多重点保护野生动植物，为保护生物多样性和共建地球生命共同体做出了重要贡献。

中国国家公园建设还面临着土地权属和利益问题。因为国家公园通常位于生态环境较好但经济欠发达的偏远地区，社区居民对当地的自然资源有较高依赖性，土地权属复杂且涉及多方利益。在此背景下，中国国家公园建设采取了全民共建共享机制，鼓励政府、企业、社会组织和公众参与国家公园的生态保护和管理利用，形成多方力量协同合作、共同促进国家公园建设与发展的长效机制。同时，国家公园强调公益性理念，提供生态系统服务功能，开展生态旅游和自然教育等活动，让公众享受国家优质的生态产品和服务。

中国国家公园建设是中国生态文明建设的重要组成部分，通过建立统一、规范、高效的管理体制和全民共建共享机制，实现生态保护与经济社会协同发展，为构建美丽中国和推动生态文明建设做出了重要贡献。

（二）中国国家公园的生态保护与文化融合

中国生态保护思想经历了从单一物种保护到复合生态系统整体性保护的发展，并在理论上由保护生物学过渡到人与自然耦合生态系统理论。在国家公园建设和发展中，人与自然耦合生态系统理论成为重要的理论基础，将人与自然看作一个有机的复合系统。国家公园的重点保护对象从物种、种群及栖息地扩展到大尺度的生态系统功能和格局，国家公园同时关注“经济 - 社会 - 生态”复合生态系统。解决人地关系矛盾成为国家公园建设共识，国家公园建设以“天人合一”为自然保护思想，倡导人与自然和谐相处。

国家公园不仅是受保护的自然生态系统，还承载着较高的文化价值。文化特征保护与传承成为国家公园建设需考虑的重要议题。应将蕴含特色地方文化、历史文化、民族文化和传统文化的保护地发展成具有国家代表性和中国特色的国家公园，打造自然与文化相结合的综合性景观。

国家公园空间布局涵盖多个层面，需要综合考虑规划尺度、保护对象、生境质量和管理策略。在制定国家公园空间布局方案时，应综合评估中国自然地理格局和生态功能格局，遴选出代表国家形象、具有全球价值和国民认同度高的国家公园候选区。未来，国家公园建设需要与国家公园体制改革、自然保护地整合优化、国土空间规划相衔接，清晰明确国家公园的发展目标和建设规模，为维护国家生态安全、建设美丽中国提供生态支撑。

国家公园规划设计技术包括全过程规划技术、保护地优先区域识别技术和边界分区划定优化技术。这些技术用于界定未来活动空间、区域边界，协调土地利用和自然资源管理，将为国家公园的建设和管理提供有力的工具支持。

国家公园法制法规体系的建设需要从法律法规、制度机制和标准规范 3 个方面入手。在法律法规方面，当前正在制定的《国家公园法（草案）》将成为新型自然保护地体系建设的重要法律基础。立法是规范公民行为和协调相关利益主体利益分配的关键途径，因此，推进自然保护地和国家公园的立法工作是当前和未来建设完善自然保护地法治体系的重要任务。在制度机制方面，需要综合考虑国家公园的设立和管理流程，相关制度机制主要包括以下5个方面：国家公园的评估设立与规划设计制度、资源产权与统一管理制度、用途管制与特许经营制度、社区协调与公众参与机制，以及监测评估与政策保障制度。国家公园建设应坚持共建共享的理念，发挥其生态系统服务价值和长远效益，通过社区协调和公众参与机制实现全民公益性目标，实现利益共享，提高发展的可持续性。在标准规范方面，我国已经制定了一系列国家标准，包括国家公园设立、考核评价、监测和总体规划技术等方面的标准，形成了国家公园标识、资源调查评价、勘界立标、功能分区等方面的行业规范，这些标准和规范对于指导自然保护地体系整合以及国家公园的设立、管理和保障具有重要意义。未来，国家需要进一步完善国家公园建设和运营各环节，推进国家公园的发展。国家公园法制法规体系的完善将有助于确保国家公园的合理运作，促进自然保护和可持续发展的有机结合，有利于保护珍贵的生态资源和促进人与自然和谐共生。

完善国家公园的生态价值实现机制应专注于建立价值评估标准体系、推进生态资源资本化，并积极探索实现路径。评估国家公园的生态系统服务和自然资本价值是实现生态价值的关键工作。为了全面了解资源状况，应加快建立国家公园的生态环境与经济综合核算体系，提升评估结果的可比性，以便对生态价值进行动态监测。国家公园生态价值实现的逻辑是通过“生态资源—生态资产—生态资本—生态产品”的转化路径，实现生态资源的可交易、可使用、可运营。生态产品根据公益性程度和供给消费方式可分为公共性生态产品、经营性生态产品和准公共性生态产品3类。国家公园可建立生态产品清单，按此分类备案。对于公共性生态产品，如自然环境和生态安全产品，由于产权难以界定且消费关系不明确，可采取政府主导的方式实现其价值，如财政转移支付和补贴等。对于农林物质、游憩、文化和康养服务等经营性生态产品，由于产权明晰，可以通过市场机制实现生态产业化和产业生态化的投资经营和交易，也可通过生态标签等方式提高品牌附加值，促进其生态价值的实现。对于准公共性生态产品，则需要政府与市场相结合，通过规制或管控来创造市场需求，可采取生态指标和产权交易、资源产权流转等方式实现其价值。构建国家公园生态价值实现机制需要政府、市场和社会共同参与，形成合力，以促进生态价值的最大化。

二、甘肃省国家公园建设战略定位和发展目标

建立以国家公园为主体的自然保护地体系，是贯彻习近平生态文明思想的重大决策，是推进自然生态保护、建设美丽中国、促进人与自然和谐共生的一项重要举措。作为同时开展3个国家公园建设的省份，甘肃省委、省政府贯彻习近平总书记关于国家公园建设的系列重要指示批示精神，按照中央的决策要求和国家林业和草原局的安排部署，严格按照《建立国家公园体制总体方案》《关于建立以国家公园为主体的自然保护地体系的指导意见》《祁连山国家公园体制试点方案》《大熊猫国家公园体制试点方案》，牢牢把握“一个目标”（建成统一规范高效的中国特色国家公园体制），扎实推动“两个结合”（坚持“摸着石头过河”和顶层设计相结合、坚

持问题导向和目标导向相结合），着力实现“三个转变”（国家公园建设从打好基础向提升质量转变、从形成框架向制度建设转变、从试点探索向全面推进转变），紧紧围绕“四个原则”（保护优先、永续利用；创新体制、系统保护；统筹协调、和谐共生；政府主导、多方参与），建立健全“五个机制”（协同管理机制、资源监管机制、资金保障机制、社区共管机制、社会参与机制），扎实开展祁连山、大熊猫两个国家公园建设工作，积极推动若尔盖国家公园（甘肃片区）创建工作。甘肃省国家公园建设的战略定位如下。

1. 强化甘肃省国家公园的基础设施属性

国家公园建设是在原本自然和近自然的生态系统的基础上，通过主动保护，维持其原生状态或恢复退化了的自然生态系统，效费比非常高，比起破坏了再来恢复（有些地方一旦被破坏，甚至永远不可能恢复），其成本要低得多。设立国家公园是迄今为止最为有效的保护生物多样性的方式，在生态保护及生物多样性维持方面，自然保护地起到了不可替代的历史性作用。如同公路、铁路和博物馆、广场一样，自然保护地也是绿色基础设施，是公共利益的体现，是国民经济发展和社会建设必不可少的生态空间和绿色屏障，在保障国家安全方面有基础性作用。

2. 完善甘肃省国家公园体制

国家公园是国家直管单位。在甘肃省的国家公园建设实践中，必然存在跨部门和跨行政区域的全局性统筹问题，需要做好顶层设计，理顺管理体制和运行机制，实现整体最优。完善体制的关键在于合理划分事权，明确重要自然生态空间的产权、管理权、使用权和监督权，在人、财、物方面做出合理安排，从整体入手，全面系统地保护生物多样性，实现自然资源的有效保护和合理利用，继承自然保护区 60 多年来的管理经验，消除不合时宜的弊端。

建设国家公园的目的是保护重要的自然生态系统的原真性和完整性，因而必须对国家公园实行整体保护、严格保护。《生态文明体制改革总体方案》提出：“国家公园实行更严格保护，除不损害生态系统的原住民生活生产设施改造和自然观光科研教育旅游外，禁止其他开发建设，保护自然生态和自然文化遗产原真性、完整性。”作为生态空间保护体系的重要实体单元类型，国家公园要围绕“保护”这一核心目的，实现以下目标：

（1）保护重要的景观特征、地质和地貌，为子孙后代留下自然遗产；

（2）提供具有调节性的生态系统服务，例如减缓气候变化的影响；

（3）保护具有国家重要文化、精神和科研价值的自然生态和自然美景；

（4）根据其他的管理目标，为居民和当地社区带来利益，实现国家公园社区发展功能；

（5）根据其他的管理目标，提供休闲娱乐的机会，实现国家公园游憩功能；

（6）协助开展具有较低生态影响程度的科研活动，进行与自然保护地价值相关和一致的生态监测工作，实现国家公园科研功能；

（7）采用具有可调整性的管理策略，从长远来提升管理的有效性和质量；

（8）帮助提供教育机会；

（9）帮助获得公众对保护工作的支持。

为实现上述目标，甘肃省国家公园建设的相关指标应为：

（1）自然景观和生物多样性得到有效保护；

（2）物种数量保持稳定，重要物种种群数量增加；

（3）生态系统的生产和服务功能不断完善，关键生态系统、传统历史文化得到有效保护；

（4）核心区保持原真性并提供自然基线，保育区实现生态修复，游憩区负责科普展示；

（5）社区居民生活水平逐步提高；

（6）自然保护地布局合理，最大限度地减少生态空缺；

（7）国家公园、自然保护区等自然保护地在体系中定位明确，在功能上既各有侧重又相互关联；

（8）实现国家公园功能分区构建，形成可持续发展的网络体系。

三、甘肃省国家公园发展建设重点领域和措施

（一）甘肃省国家公园发展建设重点领域

（1）完整的自然保护地体系：永久性保护重要自然生态系统的完整性和原真性，使所有的野生动植物得到保护，生物多样性得到保持，文化得到保护和传承。

（2）稳定的资金投入体系：解决未持续稳定投入的问题，确保以财政投入为主的投入机制；解决国家级自然保护区主要依赖地方投入的问题，形成以国家投入为主、地方投入为补充的投入机制。

（3）统一高效的管理体系：解决跨部门管理的问题，形成高效统一的管理体系。

（4）完善的科研监测体系：瞄准国家公园自身资源与相关科研项目设置，服务于国家公园保护管理与国际科研平台搭建。

（5）人才保障体系：以中央编制为主，配备负责国家公园的建设和管理的人员，以确保国家公园公益性的实现。

（6）科技服务体系：整合国家公园现有优秀的研究团队和建设团队，建立国家公园研究服务机构，加快国家公园体制研究步伐。

（7）有效的监督体系：构建职能部门相互协作，以及社区居民与公众积极参与的监督体系。

（8）公众参与体系：倡导横向协作，多方参与，完善志愿者服务，使公众在体验国家公园自然之美的同时，培养爱国情怀，增强环境保护意识。

（9）特许经营制度：通过特许经营方式，在游憩区适当建立游憩设施，使公众充分享受自然保护的成果。

（二）甘肃省国家公园发展建设措施

1. 加强自然生态系统保护修复

全力推进生态保护工作规范化、科学化，加大野外巡护和监测工作力度，建立完善自然资

源管理责任制，把自然资源管护责任分解落实到站点（中心）人头，落实到山头地块，做到全覆盖管理。以分局保护站（中心）为单位建立野外巡护信息化管理平台，加强日常巡护监测管理，加强对巡护监测信息的收集管理，确保责任落实到位；建设完善野生动物救护体系与自然灾害防控体系，加强野生动物救护、森林和草原防火、地质灾害防治、疫源疫病和有害生物灾害防治工作，有效提升国家公园生态保护管理水平；继续实施天保工程等生态保护修复措施，坚持自然恢复为主、人工修复为辅，在园区范围内规划实施一批低质低效林改造、补植补造、水土保持等生态项目，使园区逐步恢复成为适宜大熊猫、雪豹等珍稀濒危动物生存的自然生态系统。

2. 厘清甘肃省国家公园资源产权和管理事权

国家公园资源产权制度主要包括国家公园的自然资源所有权制度、自然资源使用权制度、自然资源经营权制度等。根据《自然资源统一确权登记办法（试行）》，国家公园可作为独立自然资源单元进行登记，因此应对国家公园内的水流、森林、山岭、草原、荒地、滩涂等自然资源的所有权统一进行确权登记，通过确权登记明确各类自然资源的种类、面积和所有权性质。在国家公园资源产权制度下，对国家公园内全民所有和集体所有的产权结构进行科学确定，合理分割并保护所有权、管理权、经营权等，使不同权属的土地及自然资源边界清晰，相关权责明确。对于国家公园内全民所有的自然资源产权，由中央政府统一行使或由中央政府和省级政府分级行使；对于集体所有的自然资源产权，可通过征收、流转、出租、协议等方式进行管理。在中国国家公园体制下，自然保护地事权划分遵循“分级分类，划分事权，整合机构，明确职责”原则，以明确中央事权与地方事权。

3. 加强自然教育和生态体验

以各分局自然博物馆、各分局公众自然教育中心和特色生态体验区为依托，充分利用优越的生态环境、丰富的自然资源，挖掘丰厚的历史积淀、独特的人文底蕴，选择具有典型性和代表性的内容组织开展特色自然教育活动，开设自然教育课堂，制定自然教育和户外体验教案，针对社区居民、访客、学生等开展自然教育和体验；充分利用野外监测、巡护资料，开展线上自然教育，宣传各个国家公园的保护管理工作。结合野外巡护工作，充分考虑安全需要，探索在指定线路开展巡护体验。加快推进分局解说系统建设，增加设置解说牌，编写解说出版物，规划建设智慧解说系统，通过培训交流建立专业化的解说队伍；在现有的自然教育设施的基础上，逐步改造和完善自然教育展示基地、自然教育解说中心、户外自然教育展示点、自然教育解说小径等设施；规划建设生态体验小区，合理设计体验路径，精心打造体验节点；结合公园自然资源、生态环境和民俗文化等的实际情况，积极开发生态体验项目，加强生态体验。不断扩大甘肃省国家公园的影响力，创造具有自身特色的自然教育活动品牌。

4. 开展投融资和特许经营实践探索

坚持生态保护优先、合理利用的基本原则，主动寻求与企业、社会团体和金融资本合作，为国家公园的保护、建设、发展筹措资金，减轻国家财政负担；结合各分局自身实际，开展自然教育、生态体验以及以推广原生态产品为主的特许经营实践探索，促进国家公园生态产业发展和生态产品品牌开发，研究制定特许经营管理办法，进一步规范经营活动；严格遵循分区管控要求，在不损害生态系统的前提下，在一般控制区内依法实行特许经营，合理确定特许经营内容和项目，适度发展文化创意产业和具有当地特色的绿色产业，培育国家公园品牌，带动园区及周边区域走生态优先、绿色发展之路。

5. 加强宣传教育和国际交流合作

积极主动发声，提高社会认知度，加强与央视网、新华社等中央主流媒体的战略合作，深度挖掘白水江园区的宣传题材，进一步优化网站、微信栏目设置，提高信息采编质量，丰富网站内容，提升网站影响力，通过深入持久的宣传，提高公众对国家公园的认知度；积极与国内外其他国家公园、第三方机构开展交流与合作，学习优秀的管理经验、保护经验等，通过参与多种形式的合作交流活动，促进自身科研能力的提升；与高等院校、科研院所及非政府组织建立合作关系，落实具体合作事项，使其能够为国家公园生态保护、资源管理、社区发展等提供技术支持。

6. 推进信息化管理平台建设

依托实力雄厚的企业或科研单位，加快推进智慧国家公园建设，按照规定的标准和要求，统一规划、统一管理、统一制式、统一标准、统一平台、按权限使用的原则，积极整合现有的监测监控设施，加强对已建成监测监控系统的营运管理和维修维护，加强监测监控数据的储存管理、研究分析和开发应用，为日常管理决策提供支持，提高信息化管理水平。

7. 开展入口社区建设

建设入口社区不仅可以连接国家公园管理机构和地方政府，更是破解“保护与发展”难题的关键。国家公园管理机构应继续加强与地方政府的联系，共同做好大熊猫国家公园、祁连山国家公园入口社区及自然教育、生态体验小区建设管理，不断完善社区公共服务基础设施，合理利用公园自然资源，优化空间布局，最终形成“点上聚居、线上旅游、面上保护”的人与自然和谐共生格局，让保护和发展相得益彰。

8. 拓展社区共管模式

一方面，引导社区群众参与生态保护，体现社区共管共建成效。分局应结合乡村振兴战略、森林生态效益补偿等政策，设置生态管护岗位，吸纳当地原住民担任生态管护员，参与建设国家公园，为公园建设提供必要的支撑；对管护岗位人员进行专业技术能力培训，使其承担动植物保护、巡护监测、自然灾害预警等综合职责；建立原住民生态保护业绩与收入挂钩机制；社区共管委员会每年定期召开社区发展管理会议，为社区发展出谋划策，鼓励社区群众深度参与保护管理工作，真正让国家公园的自然资源持续地服务于社区发展建设，实现自然资源的有效保护和社区的和谐发展。另一方面，促进绿色产业升级，建设服务型社区。下一步，分局将积极争取项目和资金，开展社区支援与扶持项目，依托当地社区的资源优势，重点发展低消耗、更符合生态规律、可持续发展的绿色产业，鼓励发展具有当地特色的农林产业，推进国家公园绿色品牌认证，拓宽特色农产品的销售渠道，帮助社区改善经济状况，助力乡村振兴、服务群众增收。

四、甘肃省国家公园发展展望

国家公园体制是一项重大的制度创新，对于生态文明和美丽中国建设具有全局性、统领性和标志性意义。构建以国家公园为主体的新型自然保护地体系是中国探索建设中国特色自然保护地体系的重要里程碑，对于生态文明建设和中华民族永续发展至关重要。习近平总书记指出："中国实行国家公园体制，目的是保持自然生态系统的原真性和完整性，保护生物多样性，保护生态安全屏障，给子孙后代留下珍贵的自然资产。"这句话阐述了国家公园建设的主要目的，为中国国家公园体制建设指明了方向。

甘肃省国家公园建设从永久保护珍贵自然遗产、提升全民公益性、促进绿色发展、应对全球气候变化、拓宽全球视野及顺应人类文明发展趋势 6 个着眼点出发，考虑适应未来发展需要的国家公园规划和建设方向，科学构建国家公园空间分布格局。

甘肃省国家公园建设，是对西北地区国家公园建设特点的全面展示，涉及概念内涵、发展历程、发展优势和发展趋势等方面。在中国国家公园体制建设刚刚起步的阶段，未来为确保国家公园建设顺利推进，甘肃省需要注重顶层设计，有序摆脱保护管理的历史困境；同时，还应进一步优化自然保护地的空间格局，细化并完善自然保护地的分类和分级制度，持续推进国家公园的高质量发展。

在推进国家公园体制建设的过程中，主管单位需要继续加强与各方的合作，充分发挥政府、市场与社会的积极作用；同时，要坚持科学规划，保护生态环境和生物多样性，促进区域经济的可持续发展。通过持续努力，甘肃省国家公园建设工作将为推动生态文明建设和美丽中国建设做出积极贡献。

Ⅱ 分报告

祁连山国家公园（甘肃片区）

第三章　祁连山国家公园自然资源管护现状

摘要：高效的管理机构与机制有助于落实推进国家公园体制试点任务，有助于高效管护国家公园内自然资源。本报告主要阐述了祁连山国家公园的建设意义以及现有的规划体系，从祁连山国家公园（甘肃片区）的管理机构与机制两个方面，深入研究国家公园内自然资源管护模式，分析发现祁连山国家公园（甘肃片区）采用4级垂直管理体制，形成了“统一事权，分级管理”的模式，管理机制主要包括协同管理、自然资源资产管理、分区管控以及保护宣传等。本报告还针对现有模式总结归纳特色经验，同时从规划制定、公众参与、法律建设方面提出建议，为祁连山国家公园自然资源管护提供参考。

关键词：祁连山国家公园　自然资源管护　管理机构与机制

一、引言

甘肃，地处黄土高原、青藏高原、内蒙古高原三大高原交会处，承担着“三阻一涵养[1]”的特殊功能，是我国西部重要的生态安全屏障，在全国生态安全格局中具有至关重要的战略地位。习近平总书记多次赴甘肃考察调研，数次作出重要指示，为甘肃发展把脉定向、指路领航。通过调研甘肃省国家公园建设情况，我们了解到，近年来甘肃省委、省政府牢记习近平总书记殷切嘱托，以习近平生态文明思想为指导，深入贯彻习近平总书记视察甘肃重要讲话重要指示批示精神，把建设山川秀美新甘肃、筑牢西部生态安全屏障作为重大政治任务和历史责任，高标准、高质量推进现代化国家公园示范省建设。可以看到，甘肃省委、省政府在国家公园建设路径、国家公园管理层面积极探索、不断革新，努力建立生态保护新体系，迈入现代化管理新阶段。

祁连山国家公园位于青藏高原东北部，地跨甘肃、青海两省，其中祁连山和盐池湾两个自然保护区纳入国家公园的面积为283.07万公顷，占甘肃片区面积的82.29%。具体而言，祁连山保护区的总面积为198.72万公顷（含位于青海省区域的15.96万公顷），下设22个保护站，其中有16个涉及国家公园，剩余6个分布在与国家公园主体不连通的5片独立区域，占地8.44万公顷，整体没有纳入国家公园范围，但这5片区域经多年保护管理，生态保护价值较高，按照自然保护地完整性和原真性原则，目前由甘肃祁连山国家级自然保护区管护中心管理。祁连山保护区划入国家公园甘肃片区的面积为156.07万公顷，占保护区总面积的78.54%。盐池湾保护区的总面积136万公顷，下设6个保护站。盐池湾保护区共纳入祁连山国家公园的面积为127万公顷，占保护区总面积的93.38%，保护区内的6个保护站全部纳入国家公园。

1　三阻一涵养：即阻止腾格里和巴丹吉林两大沙漠汇合，阻挡沙漠切断河西走廊，阻隔沙漠向青藏高原南侵，涵养长江、黄河和河西走廊内陆河。

祁连山国家公园具有丰富的自然资源，如草地资源、森林资源、湿地资源、野生动植物资源、矿产资源等，是我国西部重要生态安全屏障和黄河流域重要水源产流地，也是我国重点生态功能区和生物多样性保护优先区域。2017 年 9 月 1 日，《祁连山国家公园体制试点方案》提出在祁连山开展国家公园体制试点。祁连山国家公园建设的重要任务之一是保护管理好珍贵的自然资源。那么，如何高效管护这些自然资源呢？本报告通过调研祁连山国家公园（甘肃片区）现有的规划体系、管理机构以及管理机制，分析总结甘肃省对祁连山国家公园自然资源进行管护的特色经验并提出相关建议。

二、自然资源管护现状

自然资源的管护离不开国家公园的建设，两者是不分彼此的关系。国家公园的建设是一个复杂、漫长的过程，要想对自然资源实行有效保护，就需要制定细致、周到的规划，需要分工明确的机构去协作落实，需要强有力的科技手段去支撑运行。

（一）规划引领发展——祁连山国家公园规划体系建设现状

1. 祁连山国家公园建设意义

建设祁连山国家公园，一是有利于维护青藏高原生态平衡，阻止腾格里、巴丹吉林和库木塔格 3 个沙漠南侵，维持河西走廊绿洲稳定，以及保障黄河和内陆河径流补给；二是有利于调动全社会参与生态保护的积极性，改善西部野生动植物栖息地环境，兼顾生态保护与地方发展；三是有利于解决全民所有自然资源资产多头管理、所有者和监管者职责不清等问题，构建归属清晰、权责明确、监管有效的国家公园管理体制，依法实行严格保护；四是有利于促进西部地区生态平衡和经济社会可持续发展，为维护全球生态安全做出积极贡献。

2. 祁连山国家公园规划体系

祁连山国家公园体制试点开展以来，甘肃省依托专业院所技术力量，结合祁连山国家公园（甘肃片区）的实际情况，积极推动体制试点相关规划和方案编制工作，目前已编制完成《祁连山国家公园甘肃片区总体规划（2017—2035 年）》《祁连山国家公园甘肃片区生态体验和环境教育专项规划》《祁连山国家公园甘肃片区周边区域产业发展、基础设施和公共服务体系建设专项规划》等多个专项规划方案。

同时，为了进一步具化规划内容，甘肃省发布了《国家公园甘肃片区自然资源统一确权登记实施方案》《肃南县自然资源资产产权制度改革试点实施方案》《祁连山国家公园甘肃片区范围和功能区勘界方案》《甘肃省贯彻落实〈建立市场化、多元化生态保护补偿机制行动计划〉实施方案》《祁连山国家公园甘肃片区生态公益管护岗位设置方案》《祁连山国家公园甘肃片区社会服务公益岗位设置方案》等协同规划方案。这些方案具有更强的针对性、适用性，如《祁连山国家公园甘肃片区周边区域产业发展、基础设施和公共服务体系建设专项规划》指明了公园周边人民群众生产生活方式转变和经济结构转型方式；《国家公园甘肃片区社会参与机制实施方案（试行）》鼓励了社会力量参与国家公园建设，通过国家公园建设为周边区域释放更多发展动力；《祁连山国家公园甘肃片区特许经营项目规划》规范了祁连山国家公园（甘肃片区）特许经营活动，保障了国家利益、社会公共利益以及特许项目经营者的合法权益。

从上述内容可以看出，甘肃省建立了相对完整的祁连山国家公园规划体系，为实现国家公园体制建设目标提供了重要支撑，管理机构可以依据不同层级的规划对国家公园范围内的自然资源资产进行保护和管理，确保国家公园建设管理策略能够科学落地和实施。

（二）机构落实管理——祁连山国家公园管理机构与机制设置

1. 祁连山国家公园管理机构

国家公园管理机构建设是体制试点的重要任务，甘肃省在试点工作中不断探索国家公园管理机构建设的新路径，根据《祁连山国家公园体制试点方案》提出的“按照精简、统一、高效的原则，依托现有机构整合组建祁连山国家公园管理机构”的任务，整改祁连山国家公园（甘肃片区）现有管理机构类型多、人员身份复杂等问题。目前，祁连山国家公园采用 4 级管理体制，即祁连山国家公园管理局（加挂国家林业和草原局驻西安专员办）、省级管理局、分局、保护站（见图 1）。

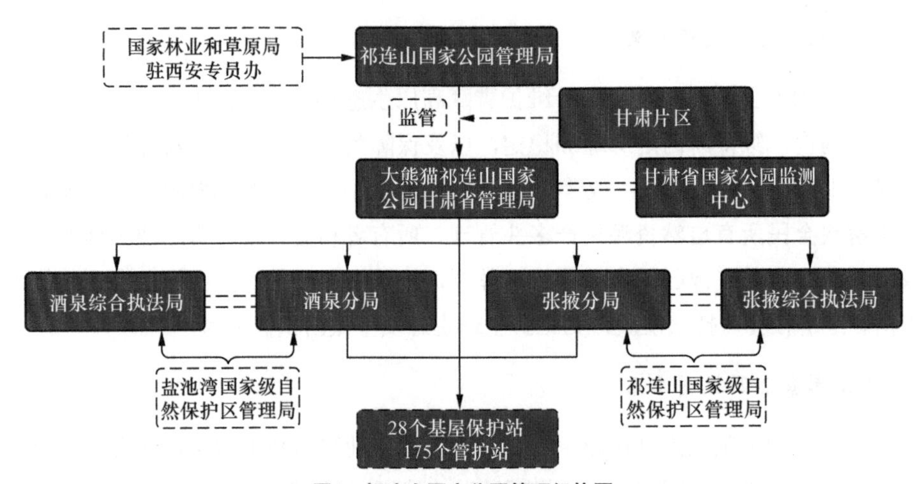

图1　祁连山国家公园管理机构图

具体而言，祁连山国家公园在省林业和草原局加挂了大熊猫祁连山国家公园甘肃省管理局牌子，内设国家公园管理处，由省人民政府与国家林业和草原局（国家公园管理局）双重领导，以省政府为主，并由国家林业和草原局（国家公园管理局）对国家公园管理工作开展派驻监督；依托盐池湾国家级自然保护区管理局、祁连山国家级自然保护区管理局 2 个县级机构分别组建大熊猫祁连山国家公园甘肃省管理局酒泉分局、张掖分局，各管理分局下设若干个保护站；依托省森林公安局盐池湾分局、祁连山分局分别组建了大熊猫祁连山国家公园甘肃省管理局酒泉综合执法局、张掖综合执法局；同时设立甘肃省国家公园监测中心，作为国家公园建设的科研监测业务支撑单位；在中农发山丹马场、国营鱼儿红牧场、国营宝瓶河牧场保持现有机构不变的情况下，国家公园区域内的试点工作分别由相关分局指导开展。

2. 祁连山国家公园管理机制

（1）协同管理

构建主体明确、责任清晰、相互配合的中央和地方协同管理机制。甘肃、青海两省政府代理行使祁连山国家公园各自辖区内全民所有自然资源资产所有权，中央政府履行应有事权，加大指导和支持力度。张掖市、酒泉市、武威市、金昌市、海北州、海西州各级政府根据需要配合国家公园管理机构做好生态保护工作。合理划分国家公园管理机构与当地政府事权，厘清权力边界，建立协同管理机制。

（2）自然资源资产管理

自然资源资产管理需要立足资源价值，资产化管理国家公园，稳步推进自然资源统一确权登记工作。甘肃省配合自然资源部统一组织、稳步推进祁连山国家公园自然资源统一确权登记工作，建立了“政府统一领导、自然资源部门牵头、相关部门参与配合”的工作机制：①市、县级政府成立自然资源和不动产统一确权登记工作领导小组，负责自然资源和不动产统一确权登记工作的组织领导；②自然资源部门设立自然资源和不动产统一确权登记工作领导小组办公室，负责自然资源和不动产统一确权登记工作的具体实施；③县级政府组织相关部门配合做好自然资源统一确权登记实施中的资料收集，通告、公告的发布，权籍调查，登记单元界线、自然资源状况、权属状况及关联信息核实，权属争议调处等具体工作。同时，甘肃省根据《自然资源部财政部 生态环境部 水利部 国家林业和草原局关于印发〈自然资源统一确权登记暂行办法〉的通知》（自然资发〔2019〕116 号）精神，结合本省实际，组织编制了《甘肃省自然资源统一确权登记总体工作方案》《祁连山国家公园甘肃片区自然资源统一确权登记实施方案》等方案来指导规范自然资源统一确权登记流程。

此外，按照自然资源统一确权登记办法，将祁连山国家公园作为独立自然资源登记单元，政府负责组织，充分利用第三次国土调查、自然资源专项调查等自然资源调查成果，结合集体土地所有权确权登记发证、国有土地使用权确权登记发证等不动产登记成果，开展祁连山国家公园自然资源本底调查工作，对园区内森林、山岭、草原、水流、荒地、滩涂以及探明储量的矿产资源等自然资源的数量、质量、种类、分布等自然状况进行调查。通过对所有权和所有自然生态空间统一进行确权登记，清晰界定园区内各类自然资源资产的所有权主体，划清全民所有和集体所有之间的边界。将全民所有自然资源资产所有权的代理行使主体确定为祁连山国家公园管理局，将集体所有自然资源资产所有权确权给相关集体组织，将土地承包权依法确权到户。

我们可以发现，甘肃省自然资源资产归属清晰、权责明确、管理规范、监管有效，这有效解决了重叠设置、多头管理、边界不清、权责不明、保护与发展矛盾突出等问题。

下面以祁连山国家公园（甘肃片区）中农发山丹马场境内自然资源统一确权登记为例进行讲解。

中农发山丹马场位于河西走廊中部，祁连山冷龙岭北麓，地跨甘青两省，毗邻两市（张掖市、金昌市）六县（民乐县、山丹县、永昌县、肃南县、祁连县、门源县），总面积为 329.36 万亩，在祁连山国家公园体制试点工作中，有 173.1 万亩划入祁连山国家公园，占其总面积的 52.56%，其中，核心保护区 91.5 万亩，一般控制区 81.6 万亩。为推动祁连山国家公园自然资源资产管理工作，省自然资源厅牵头于2018年11月16日至2018年12月31日在祁连山国家公园（甘肃片区）中农发山丹马场境内开展自然资源统一确权登记工作。

祁连山国家公园（甘肃片区）中农发山丹马场境内自然资源统一确权登记流程可分为4个阶段，包括准备阶段、调查阶段、数据入库审核阶段和登记成果应用阶段（见图2）。

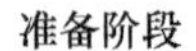

（1）前期准备

组织准备：自然资源部会同甘肃省人民政府制定实施方案，开展宣传

技术准备：自然资源部通过招标确定技术单位

资料准备：由各级政府负责协调，各自然资源主管部门提供相关自然资源数据、界线数据、规划及权属资料等，自然资源部之后将收集到的数据进行统一处理

（2）编制工作底图

编制工作主体：自然资源部

数据资料：以祁连山国家公园（甘肃片区）中农发山丹马场境内场级辖区影像图和2017年土地利用现状图为基础，套合已登记的宗地及城镇建城区界线图，城镇规划区界线图，主体功能区界线图，生态保护红线图等

（3）预划登记单元

实施主体：自然资源部

单元类型：以量新土地利用现状调查成果为基础，参考地籍区和地籍子区确定的场界以及自然保护区范围线，将中农发山丹马场境内的资源划分为森林资源、草原资源、湿地资源、山岭资源、水流资源和滩涂资源6个单元

（4）发布首次登记通告

制作主体：自然资源部

发布主体：政府网站及国家公园境内涉及的乡镇、行政村发布了《甘肃省不动产登记事务中心关于祁连山国家公园甘肃片区自然资源统一确权首次登记的通告》

通告内容：自然资源登记单元的预划分；开展自然资源登记工作的时间；自然资源的类型、范围；其他事项等

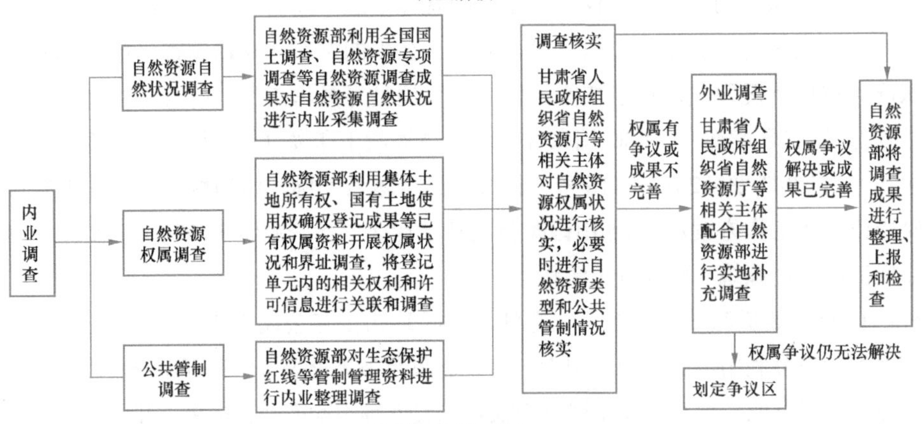

数据入库审核阶段

数据入库

自然资源部将自然资源登记单元图表等调查成果数据录入数据库

数据审核

（1）由监理单位或第三方专家对自然资源的类型、数量、面积、质量、分布、权属状况及用途管制等进行外业抽查及内业全面审核；

（2）审核通过后，由区内不动产登记机构会同相关资源主管部门就调查的自然资源状况进行初审，县级人民政府及相关部门完成数据确认；

（3）张掖市政府及相关部门进行复核；

（4）甘肃省不动产登记事务中心及相关部门进行最终验收

登记成果应用阶段

发布公告

公告内容：主要为自然资源类型、所有权人、权利人、位置、面积等

公告方式：三级审查结束后，资料审核无异议的，将不涉及国家秘密的自然资源登记事项在省、市、区（县）人民政府门户网站、政务大厅及指定的公开发行报刊上进行公告

公告时间：不少于15个工作日

登簿

公告内容：主要为自然资源的类型、所有权人、权利人、位置、面积等

登簿条件：公告期满无异议或异议不成立

登簿内容：登记单元内自然资源的自然状况、权属状况、公共管制及空间坐落、位置说明等

成果应用

按照自然资源确权登记数据库标准，建设自然资源数据库，同时做好与不动产登记数据库的衔接工作，建设与不动产登记数据库数据结构相适应的自然资源统一确权登记数据库

图2　祁连山国家公园（甘肃片区）中农发山丹马场境内自然资源统一确权登记流程

（3）分区管控

按照国家公园、生态保护红线相关法律法规及政策，遵循分区原则，对祁连山国家公园进行管控分区，即对核心保护区和一般控制区进行差别化管控。具体而言，国家公园管理机构在核心保护区域内施行最严格管控，原则上禁止人为活动；而在一般控制区禁止开发性、生产性建设活动，在确保生态功能不被破坏的情况下，可以按照有关法律法规政策，开展或者允许开展人为活动。可以看出，这种方式既有利于生态系统的原真性、完整性得到保护，又充分考虑到民生发展需要，守住绿水青山的同时，实现祁连山国家公园以人为核心的保护与发展。

（4）保护宣传

国家公园是我国自然生态系统中最重要、自然景观最独特、自然遗产最精华、生物多样性最富集的部分。对于国家公园自然资源的管护，甘肃省除了日常开展巡护管护工作、加强管护基础设施建设和设备购置、实施生态修复工程以外，还开展了丰富多彩的自然教育活动，如自然课堂、在线自然教育、实地巡护体验等。通过分析，我们总结出，甘肃省依托自然资源，结合科研优势，在游憩中传达生态保护理念，增强民众对自然生态的保护意识。

（三）科技助力管护——祁连山国家公园科技保障

自 2017 年国家启动祁连山国家公园体制试点工作以来，甘肃省科技系统紧紧围绕甘肃片区工作任务，通过建立研究中心、设立科技项目等方式，积极开展相关科学研究，充分发挥科技对国家公园体制试点工作的支撑和引领作用，助力国家公园体系建设。例如，2019 年，由中国科学院西北生态环境资源研究院申报的“祁连山自然保护区生态环境评估、预警与监控关键技术研究”国家重点研发计划项目，获拨中央财政经费 2064 万元。该项目将预估气候变化对保护区的影响，构建保护区监控、评估、预警技术体系，提出管理办法，为保护区和国家公园管理运行提供技术支撑。

三、特色经验与建议

（一）特色经验

1. 要求把握准确，发展规划清晰明确

在习近平新时代中国特色社会主义思想的指导下，甘肃省政府深刻认识到建立祁连山国家公园的重要意义，在筹划国家公园体系建设工作中，充分考虑到祁连山国家公园的自然资源优势，牢牢把握建设要求，准确提出发展目标定位，明确未来工作方向，长远规划国家公园发展路径，高效建设祁连山国家公园。甘肃省在编制总体规划时以问题和目标为导向明确主体任务，在国家公园建设过程中，对于重点领域、薄弱环节作进一步细化规范指导，制定相应的专项规划与方案。

2. 管理机构分级，运行机制联动有效

祁连山国家公园管理机构采取的“统一事权，分级管理”模式，基本达到了统一高效、权责一致、顺畅协调的总体要求，并有效将现有行业管理机构、执法机构、企业全面纳入国家公园管理工作中，使其多元并存，为祁连山国家公园各项任务的有序推进提供了有力支撑。同时，高效构建管理运行机制，协同管理在一定程度上解决了国家公园管理过程中跨部门、跨地区难题，自然资源资产管理推动“两山”转化，分区管控、科学保护园内资源，资源管护于游憩中传达生态保护理念，运行机制彼此联动，有效实现自然资源的管护。

3. 科技赋能管理，公园发展提质增效

结合科技手段可高效助力国家公园发展。比如，在自然资源调查监测治理的过程中，甘肃省利用遥感技术助力省自然资源厅实现了所有业务在“一张图”上叠加遥感影像“来批、来看、来监管”；构建了祁连山三维立体模型，实现了祁连山国家公园范围内不同自然资源类型、权属状况的三维立体展示和统计分析结果的可视化管理；研发了自然资源统一确权登记信息管理系统，新增了包括三维展示在内的自然资源成果管理、共享交换、汇交监管和决策分析等 7 个子系统，满足了对资源登记管理的需求等。这些科技手段助力国家公园发展提质增效。

（二）建议

1. 实施动态规划，灵活调整实施方案

国家公园建设过程是漫长且复杂的，虽然甘肃省在建设初期制定了总体规划和专项规划，但在具体的操作过程中，随着规划时序的延迟，不确定因素显著增加，如气候的影响、随机性的行政干预、社会经济的发展状况等，这些因素都可能使国家公园规划管理工作偏离既定方向，导致发展目标和战略得不到落实。因此，固定不变的静态规划在管理适应性和成效监测方面存在不足。甘肃省对国家公园规划应进行相应的动态管理，使规划与实际情况紧密结合，依据与关键因素相关的各类动态监测数据，对国家公园现状进行时序评估，明确当下所处阶段、预判未来趋势并与规划内容进行对照，对目标的实效性进行讨论并予以修订，更新规划方案。具体而言，可以每年编写年度报告，对规划实施情况进行总结，并根据当年的实施情况对规划进行灵活调整，再经国家公园相关管理部门讨论同意后，将其作为今后国家公园建设的依据。

2. 加强公众参与，提高决策施策水平

目前祁连山国家公园管理机构形成以“国家公园管理局—祁连山国家公园管理局—甘肃和青海两省管理局—国家公园管理分局”为主线的 4 级垂直管理体制。当前体制下，政府和有关部门对公众参与环境保护的形式起着决定性作用，正是由于这种“自上而下”的参与形式，公众参与环境保护的积极性大打折扣。因此，建议甘肃省制定相关政策推动公众参与，如公开公众参与的方法途径，确保公众获取参与国家公园管护的相关有效信息；建立公众咨询机制，确

保利益相关者有机会参与管理，表达诉求；建立互动机制，在全社会营造关注和保护国家公园自然生态系统的文化氛围。提高公众参与度，听取百姓声音，提高决策施策水平。

3. 健全法律体系，规范国家公园治理

到目前为止，在国家公园体制建设层面，现行的法律法规尚未对自然资源确权登记予以明确支持。自然资源统一确权登记缺乏与之相适应、相衔接的法律支撑和标准规范，许多工作都是边摸索、边试点、边推进，这在一定程度上影响了相关项目的审批和实施。甘肃省应积极协调，推动国家层面尽快启动立法程序，完善法律法规和制度体系，使自然资源规范化和法治化，确保国家公园管理有法可依、有章可循，明确国家公园的产权与资产、协议保护、特许经营、生态补偿、资金保障、责任追究等方面的法律规定，使国家公园管理相关法律依据明确、具体、细致。此外，甘肃省应不断加大执法力度、完善执法程序、创新执法方式，全面提升自然资源执法的质量和效能，为自然资源资产管护提供保障。

第四章　祁连山国家公园区域生态保护治理成效

摘要：祁连山是甘肃省国家公园的主要核心地带，2017年以来，甘肃省实行了大规模生态保护治理，对祁连山国家公园生态问题进行了大刀阔斧的整治，使其生态系统得到了较好的保护与恢复。本报告对近年来甘肃省祁连山国家公园区域生态保护治理成效进行了定量化评估，研究结果表明，治理区域内生态系统服务供给能力有所提升，生态系统服务价值可观，生态环境质量总体向好，生态治理虽给区域经济造成了短期的负面影响，但经济向绿色高质量方向发展的态势较为明显。此外，生态治理带来的环境收益仍有增长空间，甘肃省需要推动环境收益向经济价值转变。本报告相应地针对生态环境与区域经济协调发展提出3点建议，以期为甘肃省打通绿色发展之路提供帮助，为甘肃省国家公园建设提供参考。

关键词：祁连山国家公园　生态治理　生态系统服务价值　环境收益

在甘肃省参与建设的三大国家公园中，祁连山国家公园是重要的生态安全屏障，其自身的生态安全尤为重要。然而，近30年来，部分生态环境问题开始出现，削弱了祁连山的重要生态安全屏障作用，给整个甘肃省的生态环境安全带来了一定的风险。面对国家公园区域的生态环境保护突出问题，甘肃省政府以及林业和草原局等相关部门，自2017年开始对祁连山地区实施了一系列重锤整治措施，通过严格落实地方主体责任、有力有序推进问题整改、依法规范项目审批监管、持续加大生态保护投入、加强环境监测和执法监督、有序推进国家公园体制试点、不断完善生态保护长效机制等有力举措，完成祁连山生态环境问题整改涉及的八大类31项整改任务，全面解决历史遗留问题，确保国家公园整体、长期的生态服务功能和生态安全屏障作用的发挥。通过5年的体制试点工作，祁连山国家公园区域生态保护治理成效显著。

一、生态环境保护突出问题整治成效

祁连山国家公园体制试点开展以来，国家公园内探采矿项目全部关停，撤离人员、拆除设施、封堵矿井、地质环境恢复治理已基本完成，矿权全部注销，水电站生态环境问题全面整改，旅游设施完成差别化整治，祁连山山水林田湖草沙系统治理等工程得以实施，实现了生态保护由乱到治，大见成效。

祁连山国家公园（甘肃片区）范围内共涉及矿业权125宗，近5年来，甘肃省对此分类制定了处置方案并使其全部关停退出，完成生态恢复治理，截至目前，矿业权已全部完成注销。在生态效益上，植被覆盖度和水源涵养能力得到提升，草原生态逐步恢复，森林蓄积量、林木和林地保有量稳步增长[1]。

1　尹政，张成文，姜夫彬，等．祁连山国家级自然保护区典型矿山生态修复研究：以张掖段为例[M]．北京：社会科学文献出版社，2020.

对于旅游开发，甘肃省严格控制旅游景区的经营范围和规模，科学、合理确定游客数量，加强环境监测和景区监控，动态调节旅游路线和旅游强度。截至目前，祁连山国家公园（甘肃片区）保留景区景点 8 处，全部在一般控制区。甘肃省对祁连山旅游开发问题的整治已经呈现显著成效，据相关数据[1]，2015—2019 年，甘肃省相关部门采取一系列措施对祁连山自然保护区内的各旅游区开展了生态环境整治修复，使得生态环境逐步得到改善。整治后，在被调查的旅游区中，仅有 4 个旅游区的植被覆盖度处于降低状态，绝大部分旅游区的植被覆盖度均有所上升，但增幅不同（见图 1、图 2）。其中，肃南县裕固风情园（走廊）基础设施建设项目（见图 3）、天祝三峡国家森林公园游客服务中心办公区、石门森林公园、天祝三峡风景名胜区旅游基础设施建设项目和土族山寨的变化幅度最为显著，分别为 0.16、0.15、0.13、0.12 和 0.12。这表明积极的生态保护和修复是植被覆盖度上升的人为驱动力。

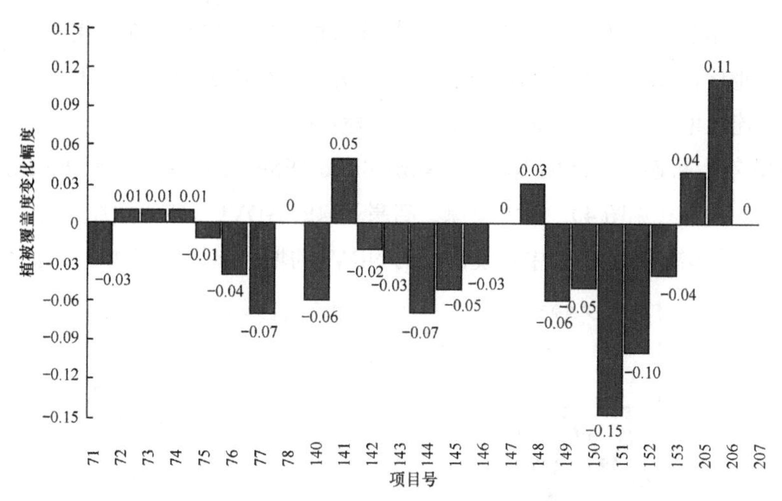

图1　2010—2015年祁连山自然保护区各旅游区植被覆盖度的变化幅度（整治前）

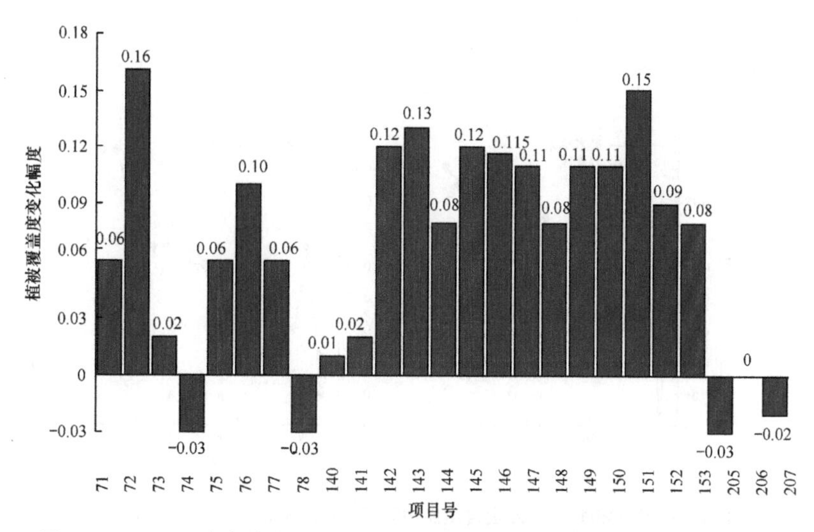

图2　2015—2019年祁连山自然保护区各旅游区植被覆盖度的变化幅度（整治后）

1　李宗省, 王旭峰, 冯起, 等. 祁连山自然保护区旅游景点整改前后的生态变化[J]. 环境生态学, 2021, 3(11): 1-14.

整治前

整治后

图3　肃南县裕固风情园（走廊）整治前后对比

祁连山拥有丰富的林草资源，大量研究表明，在气候暖湿化转型背景下，祁连山地区以云杉为代表的树木生长状况整体向好，尤其是在2000年以后。近100年来，森林上线有较为明显的抬升，林缘区树木生长速度、碳密度提升，水源涵养等生态水文功能也得到了不同程度的增强。与此同时，地区灌木林的整体扩展态势也较为明显。得益于国家实施的一系列重大草原生态建设工程，祁连山地区林草生态系统整体表现出稳定向好的演变特征。

2000—2018年，祁连山草原的NDVI（Normalized Difference Vegetation Index，归一化植被指数）整体呈增加趋势（见图4）。荒漠草原、高寒草原的NDVI呈快速增加趋势，典型草原、高寒草甸的NDVI亦呈增加趋势，其中荒漠草原的NDVI的增速最快，其次是高寒草原的NDVI。

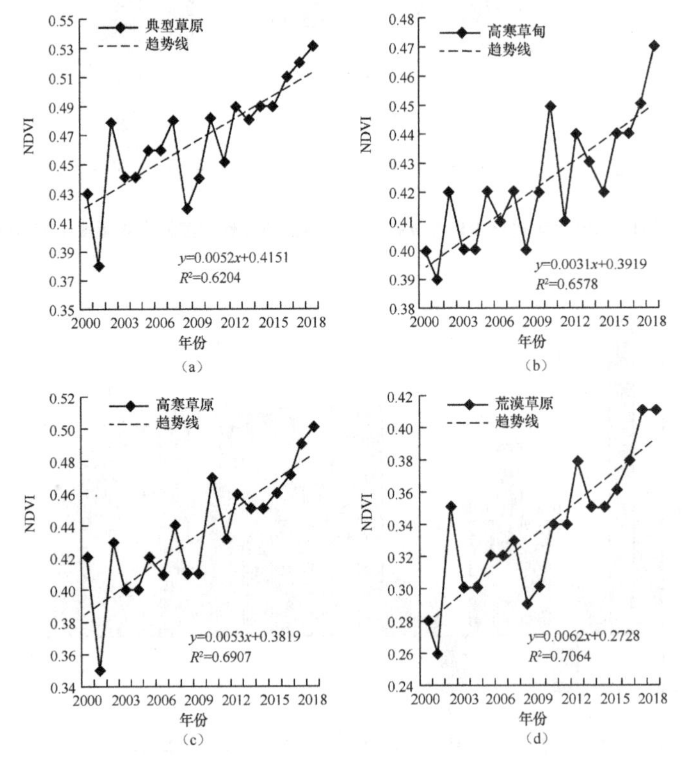

图4　2000—2018年祁连山自然保护区不同草原类型NDVI的变化趋势[1]

（a）典型草原；（b）高寒草甸；（c）高寒草原；（d）荒漠草原

1　侯扶江, 王榛, 石立媛, 等. 祁连山国家公园草地管理的困境和出路[M]. 北京: 社会科学文献出版社, 2020.

根据相关研究（见图 5），对祁连山地区植被覆盖度年际变化进行分析可知，祁连山地区1986—2020 年的植被覆盖度总体呈波动增加的趋势，增速为 0.022/10a。生态修复前后平均植被覆盖度有显著的差异：生态修复前，祁连山地区平均植被覆盖度呈减少趋势，减速为 0.008/10a；生态修复中，祁连山地区平均植被覆盖度呈增加趋势，增速为 0.030/10a；生态修复后，祁连山地区平均植被覆盖度快速增加，增速为 0.137/10a。

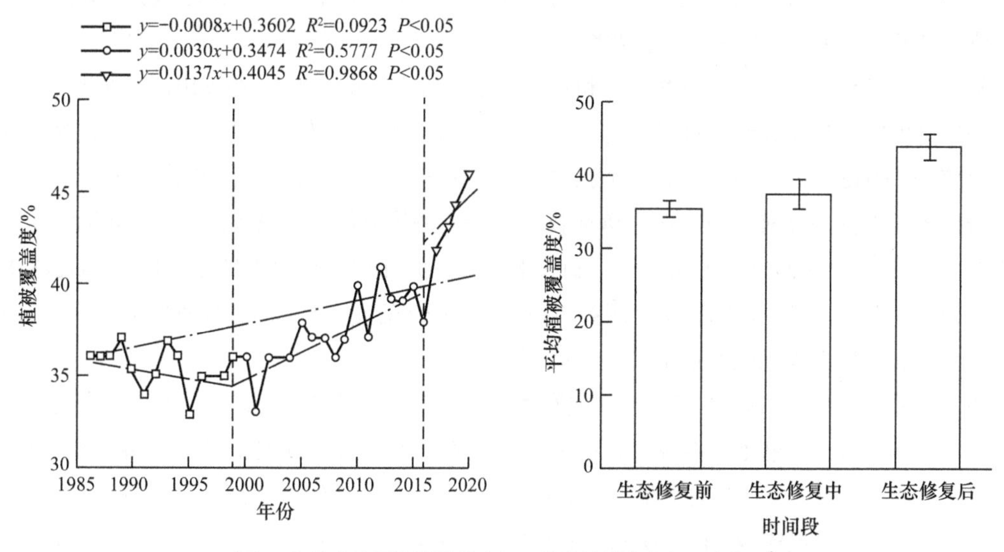

图5　祁连山地区植被覆盖度与平均植被覆盖度年际变化图[1]

结合 1999 年、2016 年、2020 年的植被覆盖情况，对比实施生态修复工程前中后不同时段的植被覆盖等级[2]可知，低等级植被覆盖面积减少，高等级植被覆盖面积增加。生态修复后，祁连山地区高等级植被覆盖面积增加，低等级植被覆盖面积减少。其中高等级、中高等级植被覆盖面积增加了 1.99×10^6 平方千米，增加的面积占祁连山地区总面积的 10.3%；低等级植被覆盖面积减少了 1.26×10^6 平方千米，面积占比减少了 6.52%，这表明祁连山地区植被总体向好的方向发展，植被恢复状态良好。

历经近些年的生态整治，综合评估结果表明，祁连山国家公园生态环境治理成效显著。其生态状况总体稳定、局部向好。祁连山国家公园区域草地面积明显增加，森林、灌丛略有增加，生态系统结构功能明显改善，区域内植被指数和植被覆盖度明显增加，植被指数增幅为10.88%，植被覆盖度增幅为 7.81%，植被生产力增幅为 14.8%，这为祁连山生态环境保护提供了基础保障。此外，祁连山国家公园区域保护物种种群数量持续增加。结合已有数据和资料，雪豹种群明显扩大，栖息地下移至针叶林，黑颈鹤种群数量呈增长趋势；2018 年秋季，黑河流域针叶林中的红外相机记录到雪豹的活动踪迹，由此可以看出国家公园实施环境治理措施有效减少了人类活动干扰，雪豹的活动范围扩大，栖息地类型多元化。

1-2　吴晶晶, 焦亮, 张华, 等. 生态修复前后祁连山地区的植被覆盖变化研究[J]. 生态学报, 2023(1): 1-11.

二、生态系统服务价值分析

祁连山国家公园区域地域广阔，生态系统类型多样，提供了大量的生态产品与服务。开展区域生态保护治理后，人类活动特别是区域内的采矿、旅游、放牧强度得到有效控制，区域内部分建设用地复垦，恢复为草地，区域生态系统服务供给能力发生变化。开展生态系统服务核算，明确生态治理带来的区域生态系统服务增量，有助于我们准确认识国家公园区域生态环境的价值，判断现有生态治理举措的有效性。

据甘肃省祁连山生态环境研究中心和兰州大学的研究（见表1），祁连山国家公园各类生态系统每年提供的服务价值约为982.3亿元，其中供给服务价值约为29.9亿元/年，占3%；调节服务价值约为942.2亿元/年，占96.0%；文化服务价值约为10.2亿元/年，占1.0%。立木产品供给服务价值约为0.61亿元/年，草地牧草供给服务价值约为29.3亿元/年，湿地渔业产品供给服务价值约为34.2×10^{-3}亿元/年。涵养水源服务价值约为163.91亿元/年，土壤保持服务价值约为248.40亿元/年，物种保育服务价值约为519.2亿元/年，固氮释氧服务价值约为1.36亿元/年，净化大气服务价值约为9.28亿元/年。

以定量方法研究测算，祁连山林区现有木材储备价值约为79.61亿元，每年木材生长净增价值约为1.56亿元。据祁连山森林生态系统定位研究站观测资料，祁连山水源涵养林涵养水源为5.52亿立方米，相当于一个巨型水库，每年涵养水源产生的价值约为3.86亿元。林区森林每年产生的水土保持经济价值约为400.7万元，保肥价值约为4.30亿元；保护野生动物产生的总价值约为0.54亿元；农林牧益鸟病虫害防治价值约为50.69万元；每年固碳价值约为1.32亿元，森林释放氧气产生的价值约为0.18亿元，吸收二氧化硫产生的价值约为1296.15万元。祁连山林区合计产生的间接经济价值约为10.37亿元，直接经济价值约为82.25亿元，总经济价值约为92.62亿元。

表1　祁连山国家公园各类生态系统每年提供的服务价值

单位：亿元/年

生态系统服务分类	服务项目	服务价值	合计	占比
供给服务	立木产品供给 草地牧草供给 湿地渔业产品供给	0.61 29.3 3.42×10^{-3}	29.91	3.0%
调节服务	涵养水源 土壤保持 物种保育 固氮释氧 净化大气	163.91 248.40 519.20 1.36 9.28	942.15	96.0%
文化服务	文化服务	10.20	10.20	1.0%

三、生态环境治理后的经济情况分析

经济结构是指经济系统中各个要素之间的空间关系，主要包括企业结构、产业结构、区域结构等。产业结构依据经济发展的历史和逻辑序列向高质量发展，即由第一产业占优势比重逐渐向第二、第三产业占优势比重演进。本报告研究了2012—2021年祁连山国家公园界线内相关区域的产业结构变化情况，选取祁连山国家公园（甘肃片区）涉及的武威市、金昌市、张掖市、酒泉市相关区域作为研究对象，以凉州、天祝、永昌、山丹、民乐、肃南、肃北、阿克塞8个县（区）的总体产业结构来代表祁连山国家公园界线内相关区域的整体产业结构情况。从图6可以看出，第一产业占比变化不大；第二产业占比呈下降趋势，2012年为50.59%，到2021年下降到23.17%，下降了27.42个百分点；第三产业占比总体呈上升趋势，2012年为30.21%，到2019年上升到54.68%，截至2021年稍降至51.15%，总体上升了20.94个百分点。第三产业的发展能源消耗少，环境污染物排放少，其占比上升表明祁连山国家公园界线内相关区域的产业结构不断优化，正在由原来的工业主导型向服务主导型转变，有利于祁连山地区环境的改善。

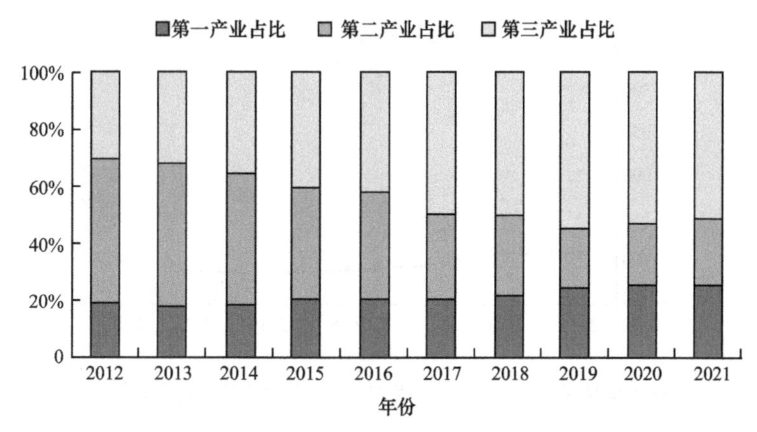

图6　2012—2021年祁连山国家公园界线内相关区域产业结构基本情况

为了具体了解祁连山国家公园生态治理对区域经济的影响，本报告也对2015—2021年祁连山国家公园（甘肃片区）的主要城市的总产值等统计数据进行了对比分析（见图7），发现2016—2017年张掖、武威、酒泉三市的总产值出现负增长，2018年超过2016年的水平。张掖市2017年的总产值为376.96亿元，相比2016年的399.94亿元，增长率为-5.75%；武威市2017年的总产值为430.44亿元，相比2016年的461.73亿元，下滑了31.29亿元，增长率为-6.78%；酒泉市2017年的总产值为551.77亿元，相比2016年的577.93亿元，下滑了26.16亿元，增长率为-4.53%。总体上，祁连山国家公园界线内相关区域的3座城市2017年的国内生产总体比2016年下滑了80.43亿元。2018—2021年，张掖、武威、酒泉三市的总产值呈现出逐年稳步增长的趋势。

2017年左右，祁连山国家公园生态治理所涉及的3座城市的产业结构中，第二产业产值下滑幅度最大（见图8）。张掖市2017年第二产业产值为97.45亿元，相比2016年的110.13亿元，下滑了12.68亿元，下滑比例约为11.51%；武威市2017年第二产业产值为127.95亿元，相比2016年的170.74亿元，下滑了42.79亿元，下滑比例约为25.06%；酒泉市2017年第二产业产值为190.63亿元，相比2016年的202.22亿元，下滑了11.59亿元，下滑比例约为5.73%。总体上，3座城市2017年第二产业产值比2016年合计下滑了67.06亿元。2016—2021年，张掖、武威两市的第二产业产值相较生态治理前总体呈现下滑趋势，其中武威市的下滑总量最大，截至2021年，两市第二产业产值在103亿元左右；酒泉市第二产业产值的增速较快。

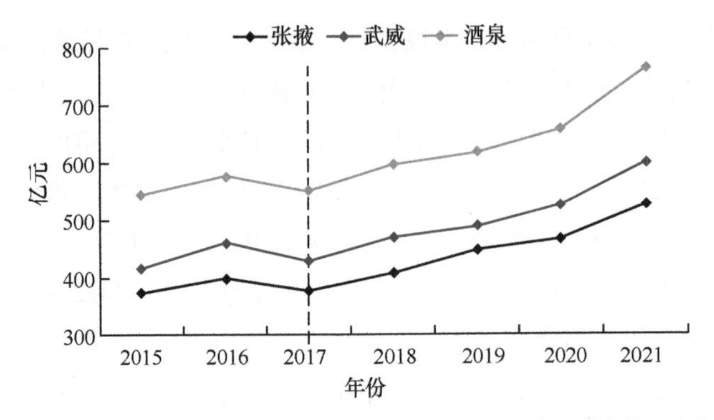

图7　2015—2021年祁连山国家公园界线内相关区域主要城市的总产值

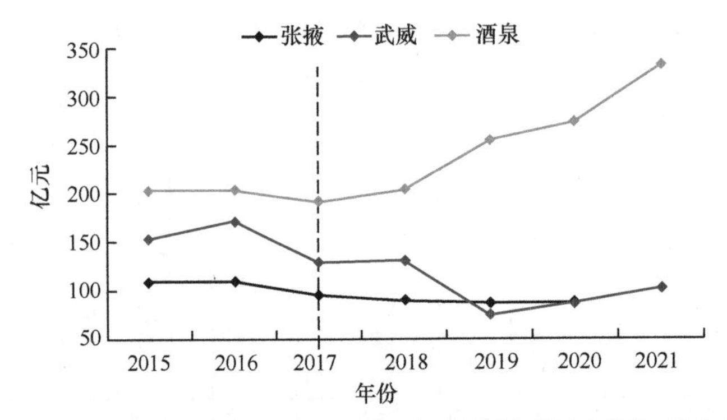

图8　2015—2021年祁连山国家公园界线内相关区域主要城市的第二产业产值

从以上分析可以看出，2017 年以来，甘肃省祁连山国家公园界线内相关区域的生态治理给区域经济总量带来了短暂的不利影响，但 2018 年以后，区域经济总量稳步上升的态势依旧不变，生态治理对区域产生的结构影响较大，第二产业占比不断减小。在第二产业各行业中，经济下滑行业主要为生态环境治理中的重点整治行业，具体包括采矿业以及与采矿相关的制造业等。以张掖市为例，其 2017 年第二产业产值相比 2016 年下滑了 12.68 亿元，其中采矿业的产值下滑了 7.42 亿元；与采矿业相关的上下游产业也受到明显影响，这主要体现在制造业中，2017 年制造业的产值相比 2016 年下滑了 10.29 亿元，生态环境治理带来的影响一目了然。但同时这也给区域产业结构转型提供了一次难得的机遇，甘肃省需要结合区域情况找准出路，转危为机，实现区域生态与生计的双赢。从近 10 年的经济数据来看，祁连山国家公园界线内相关区域经济向绿色高质量方向发展的态势较为明显。

四、生态环境治理收益价值评估及绿色发展建议

通过上述分析可以发现，2017 年以来祁连山国家公园界线内相关区域的生态环境治理有效限制了区域内的人类活动，工业用地的复垦增加了区域内的生态系统服务供给，对采矿生产的控制减少了区域内矿产资源的开采量，生产中排放的环境污染物相应减少，这表明了区域生态环境治理的积极成效。

对各类生态系统服务进行价值化评估，有助于更加直观地反映生态环境治理的效益，同时便于将效益与治理成本相关联。从结果来看，生态系统服务带来的价值总量可观，但仍有进一步提升的空间。本报告所提及的服务价值评估结果存在偏小的可能性，其原因包括两个方面。一方面，复垦的工业用地的面积较为有限，同时复垦的植被处于演替初期，其提供的新增生态系统服务总量有限。另一方面，研究所采用的模型仅覆盖了区域内的部分生态系统服务类型，这在一定程度上导致服务价值评估结果偏小。上述核算面向生态环境治理对本区域的直接影响，并未考虑祁连山提供的生态系统服务对相关区域的贡献，如果单纯用上述核算结果反映祁连山治理的全面效益，是较为片面的。祁连山治理的出发点更多的是考虑其屏障作用，是为了保障更大范围内人民群众的福祉。要全面评价区域生态环境治理的意义，不仅要从局部视角开展评估，更要从全局视角出发进行分析。

通过对参与甘肃省祁连山国家公园建设的几个地区实施生态治理后的经济情况进行分析，可以发现，生态治理带来的环境收益仍需进一步增加，同时甘肃省也需要推动环境收益向经济价值转变。生态环境治理中重点整治行业的经济下滑并没有使区域的经济发展速度放缓，祁连山地区开始迈向绿色高质量发展阶段，但对甘肃省而言，如何实现区域生态与经济的双赢仍是一个需要持续探索的问题。

针对以上评价分析结果，本报告从以下几个方面提出有助于推动祁连山国家公园绿色发展的建议。

（一）发挥政府主导作用，合理构建政策体系

甘肃省位于我国西部地区，既是生态功能主要供给区，又是群众收入普遍较低地区，面临经济基础相对较差、生态环境脆弱、生态保护难度大、财政资金缺乏、科学技术相对落后等困难。解决国家公园地区环境保护与经济增长的矛盾问题任重道远，需要建立健全政府在祁连山国家公园地区有关绿色发展扶持的制度安排机制。能否建立完善的制度是国家公园地区环境与经济协调发展面临的严峻考验。祁连山等生态脆弱区的经济与生态发展协调性较差，依托自身很难实现生态与经济双赢的发展目标，亟须加强顶层制度设计，而政策设计是进行制度设计的重要路径。

首先，建立和完善生态补偿机制和相应的交易机制。争取从国家战略层面建立和完善纵向与横向生态补偿机制，通过健全的机制为祁连山国家公园地区发挥西部生态安全屏障作用提供政策支持，促进祁连山国家公园地区生态环境保护与经济发展的双赢。

其次，完善市场机制。市场主体是生态经济系统正常运行的核心，曾经祁连山保护区出现“公地悲剧”及严重环境问题的一个重要原因是市场机制在生态建设中失效。建立相应交易机制，如碳排放交易机制、排污权交易机制、牧权交易机制和林权交易机制等，可为企业的绿色产业投资和经营建立进入、参与和退出途径，从制度层面促进国家公园地区绿色产业的发展。

最后，完善问责及处罚机制。政府要将国家公园生态环境保护与修复纳入地方政府、部门及主管官员的年度考核中，实行一票否决制，对地方政府、部门及主管官员的不履职、不作为、乱作为等严格问责，追究主管官员和主要负责人的行政责任，积极探索建立重大生态环境事件官员终身追责制度，加强政府资源环境审计；建立企业诚信黑名单制度，将环保设施不达标、

偷排偷放、整改不力的企业纳入黑名单，在项目申报等方面不再给予政策支持或资金帮扶，对严重破坏生态环境的企业，追究企业负责人的刑事责任；农牧民在保护区内进行乱砍滥伐、垦荒放牧、采石挖沙等明令禁止的活动，要纳入个人诚信管理体系，并视情节轻重给予处罚，对屡劝不止的采取行政拘留等手段，坚决制止和惩处破坏生态环境的行为。

（二）推动产业生态化，实现可持续发展

产业生态化是国家公园地区产业与资源环境协调发展的路径选择趋势。产业生态化即把产业活动纳入区域生态系统循环中，将原来单一线性的“资源—产品—废弃物”污染排放过程变为“资源—产品—再生资源”的物质循环反馈式流程，使产业活动对区域自然资源的消耗和对环境的影响降至最低，从而实现区域经济社会的可持续发展。

首先，充分利用祁连山国家公园地区的生物多样性和生态资源优势，大力发展生态农业产业。生态农业产业是西部地区农村步入工业化的一种新型发展模式。在生态农业资源丰富地区，要积极推进生态农业的产业链组合和产业化运作，引导、推广、发展以无公害食品、绿色食品和有机食品为主的生态农业产业，使生态农业产业走向种植基地化、生产标准化和规范化、营销品牌化，使分散经营走上产业化运作的生态型发展道路。

其次，积极探索和发展生态旅游产业。生态旅游产业是实现祁连山国家公园地区旅游业发展再创新的重要方式，生态旅游产业的发展能有效优化区域的产业结构和就业结构，有力推进祁连山等地区的绿色产业发展进程，同时祁连山地区丰富的生态旅游资源，只有在生态型发展中才能实现有效保护和合理开发。

最后，中央政府必须对跨地区的重污染企业转移进行限制，同时祁连山国家公园所属的地方政府在招商引资时也要对企业进行甄别，严格进行环境影响评价，提高企业进入该地区所需满足的环境标准，拒绝重污染企业把工厂转移过来。要坚决淘汰重污染企业，不能为其寻求“监管红利”留下空间。

（三）与环保组织合作，发挥桥梁作用

环保组织是社会力量的重要主体。随着全社会环保意识的不断增强，环保组织如雨后春笋般迅速成长壮大，在环保宣传、专业知识、技术手段等方面具有自身独特的优势。祁连山国家公园地区生态环境保护离不开环保组织的参与和支持，无论是地方政府还是企业和农牧民，都要加强同环保组织的合作，充分发挥环保组织在祁连山生态环境保护与绿色发展中的作用。环保组织在祁连山地区生态环境保护与绿色发展中能够做许多政府不便做或做不好的工作，弥补政府职能“缺位”，发挥“拾遗补阙”的作用。政府在出台祁连山等地生态保护治理相关政策和规划时，应诚邀各类环保组织参与，听取环保组织的意见和建议，并为环保组织的发展提供一定资金支持。环保组织在环保生产、污染防治方面拥有专业人才、专业知识和技术优势，企业在生产设备改造升级、环保设施更新、防治污染等方面应当多咨询环保组织，也可以通过向环保组织购买服务的方式来提高环保水平、减轻负担。

第五章　祁连山国家公园生态系统分区保护效果

摘要：祁连山国家公园（甘肃片区）是我国西北地区重要的生态保护区域，为保护该区域生态系统的完整性、连通性和原真性，我国对其进行了生态红线划定和分区管理。本文从生态红线划定情况出发，阐述了祁连山国家公园（甘肃片区）的分区现状，并分析了管控分区是否达到了原真性、完整性、协调性和可操作性的要求，以及是否有效保护了该区域的核心资源和价值。同时，本章还评价了分区保护的效果，涉及自然资源、生物多样性和人口等方面，并以此为基础，探讨了未来分区保护的发展方向和存在的问题。

关键词：祁连山国家公园　甘肃片区　生态系统分区保护　生态红线　分区管控

一、生态系统分区保护的背景和意义

生态系统是人类生存和发展的重要基础，生态系统保护已成为全球性的重要议题。为了保护生态系统，我国实施了生态系统分区保护政策，将生态系统划分为不同的保护区域，采取不同的保护措施。祁连山国家公园位于甘肃省和青海省交界处，是中国西北地区的重要生态屏障和水源涵养区，也是丝绸之路经济带和21世纪海上丝绸之路的重要节点。祁连山国家公园（甘肃片区）作为我国西北地区的一个重要生态保护区，也是我国生态系统分区保护的一个典型案例。为保护祁连山区域生态环境，促进经济社会可持续发展，我国于2018年将祁连山地区列为国家公园试点区。2019年10月17日，祁连山国家公园标识正式揭幕并启用。

祁连山国家公园生态系统分区保护是祁连山国家公园的重要保护措施之一。该措施将祁连山国家公园划分为核心保护区和一般控制区两个功能区，以实现生态保护与经济发展的有机统一。

在甘肃片区，祁连山国家公园生态系统分区保护具有重要意义。甘肃省境内的祁连山地区是祁连山国家公园的核心区域，也是重要的生态屏障和水源涵养区。祁连山国家公园生态系统分区保护的实施，有助于保护该地区的生态环境和生物多样性，维护区域生态安全和水源涵养功能，同时也可以促进甘肃省境内的经济发展和社会进步，推动生态文明建设和可持续发展。

二、生态红线划定情况

生态红线是指生态系统重要功能区域的边界线，是国家生态安全屏障建设的重要内容。祁连山国家公园（甘肃片区）的生态红线是依据国家生态保护红线划定的标准和方法，结合该区域的实际情况，以生态系统完整性、连通性和原真性为重要依据来划定的。生态红线划定的目的是保护重要生态系统及其生态环境功能，防止生态环境破坏和生态系统退化。根据《生态保护红线划定指南》，生态红线划定要注意以下几点[1]：①保护重点应当放在生态系统完整性、生态系统连通性、生物多样性、水资源保护和土壤保护等方面；②要考虑区域内的经济、社会和文化等因素；③要充分征求公众意见和专家意见。

祁连山国家公园（甘肃片区）位于甘肃省境内，是祁连山脉的一个重要组成部分。该片区生态环境脆弱，是黄河上游重要的水源涵养区和生态安全屏障。为了更好地保护该片区的生态环境，甘肃省政府于 2015 年开始划定生态红线，经过多次论证和调整，最终确定了祁连山国家公园（甘肃片区）的生态红线范围。生态红线范围总面积为 3701 平方千米，占甘肃省总面积的 0.8%。

祁连山国家公园（甘肃片区）已经被划入生态红线范围，生态红线范围的划定结果主要包括核心保护区和一般控制区。其中，核心保护区是该片区最为重要的保护区域，主要保护重要的生态系统和生物多样性；一般控制区是对生态环境进行限制性管理的区域，主要保护重要的水源涵养区和生态安全屏障。两个区域的划分为高效管理祁连山国家公园（甘肃片区）带来了极大的便利。

（一）划定依据

1. 生态系统的稳定性和完整性

祁连山国家公园具有 1800 ～ 5800m 的显著海拔差异，形成了复杂多样的生态系统，包括森林、草原、湿地、荒漠、冰川冻土等复合生态系统，同时还有大量的珍稀濒危物种和生态系统服务功能。其是黑河、疏勒河、石羊河、大通河等河西走廊内陆河及黄河支流的源头分布区，发育有团结峰冰川、七一冰川等现代冰川 1911 条。其草地面积为 2.86 万平方千米，占国家公园总面积的 56.97%。祁连山国家公园属于全国生物多样性优先保护区域，记录有野生脊椎动物 418 种，国家重点保护动物 102 种；高等植物 1487 种，国家重点保护植物 22 种。

2. 生态环境的敏感性和脆弱性

祁连山国家公园位于东经 94°50′11″ ～ 102°59′13″，北纬 36°45′16″ ～ 39°47′14″，处于高海拔、边缘化地带，气候条件恶劣，生态环境比较脆弱，容易受到自然灾害和人类活动的影响。

3. 生态资源的重要性和稀缺性

祁连山是我国内流区与外流区的分界线，是我国重要的水源涵养区之一。据统计，祁连山国家公园（甘肃片区）平均年降水量为 450mm 左右，但水资源利用率非常低，仅为 2% 左右，因此水资源的重要性显而易见。祁连山是我国生物多样性最为丰富的地区之一，拥有众多珍稀濒危动植物物种。据研究，祁连山国家公园（甘肃片区）国家一级重点保护野生动物、国家二级重点保护野生动物、被列入《野生动植物濒危物种国际贸易公约》和《中国生物多样性红色名录》的动物共计百余种，包括白唇鹿、黑颈鹤、豺、鹅喉羚等濒危物种。

1 《生态保护红线划定指南》环办生态〔2017〕48号，环境保护部.

（二）划定作用

祁连山国家公园（甘肃片区）根据生态红线划定情况，划分为核心保护区和一般控制区，生态红线划定的作用具体如下。

1. 对核心保护区的作用

核心保护区是祁连山国家公园（甘肃片区）最为重要的生态保护区，主要保护区域内生态系统的完整性和稳定性，防止人类活动对生态环境造成破坏。核心保护区的划定可以起到以下几个作用：①保护珍稀濒危物种和生态系统服务功能，维护生态环境的稳定性和完整性；②促进生态系统的恢复和重建，提升生物多样性和生态系统的稳定性；③加强对生态环境的监测和管理，及时发现和处理环境问题，保障生态环境和生态系统的持续稳定；④推动生态文明建设，倡导绿色生产和消费方式，提高公众的环保意识，促进社会文明进步和可持续发展。

2. 对一般控制区的作用

一般控制区是祁连山国家公园（甘肃片区）次于核心保护区的生态保护区，主要是为了控制人类活动对生态环境的影响，保护生态系统服务功能，实现生态环境和经济社会的协调发展。一般控制区的划定可以起到以下几个作用：①促进生态与经济的协调发展，实现生态保护与经济发展的平衡；②引导和规范生产和生活方式，避免过度开发和利用土地资源，保护生态环境和生态系统服务功能；③推动资源利用的可持续化，促进生态文明建设，提高公众的环保意识，促进社会文明进步和可持续发展。

综上所述，祁连山国家公园（甘肃片区）根据生态红线划定情况，划分为核心保护区和一般控制区，以实现对该区域生态环境和生态系统的全面保护和可持续利用。核心保护区和一般控制区的划分有助于实现经济和环境的协调发展，推动生态文明建设，促进可持续发展。

三、生态系统分区保护现状

生态系统分区保护是指根据生态系统的特点和功能，将生态系统划分为不同的区域，并制定相应的保护措施，以实现生态系统的稳定和可持续发展。生态系统分区保护需要考虑多种因素，包括生态系统的结构和功能、物种多样性、土地利用和人类活动等。

（一）区划范围和管控分区

1. 核心保护区

将祁连山冰川雪山等主要河流源头及汇水区、集中连片的森林灌丛、典型湿地和草原、脆弱草场、雪豹等珍稀濒危物种主要栖息地及关键廊道等区域划为核心保护区。具体而言，将以祁连圆柏、青海云杉为代表的寒温性山地针叶林，以百里香杜鹃灌丛、多枝柽柳灌丛等为代表的高寒阔叶灌丛，以嵩草草甸、紫花针茅等为代表的高寒草甸，以垫状驼绒藜、唐古特红景天为代表的高寒荒漠，以草本沼泽、高寒湖泊为代表的沼泽湿地与湖泊湿地，雪豹、马麝、林麝、野牦牛、白唇鹿、黑颈鹤等主要旗舰物种和伞护物种的栖息地等划入核心保护区范围。核心保护区是祁连山国家公园的主体，实行严格保护，以维护自然生态系统功能。

经区划，祁连山国家公园核心保护区面积为274.7万公顷，占公园总面积的54.7%。其中甘肃片区的核心保护区面积为180.96万公顷、占核心保护区总面积的65.9%。核心保护区位于东经95°08′～102°54′，北纬36°58′～39°39′。

2. 一般控制区

将祁连山国家公园内核心保护区以外的其他区域划为一般控制区。同时，对于穿越核心保护区的道路，其两侧共700m范围内的区域，按照一般控制区的管控要求管理。一般控制区以生态空间为主，兼有生产生活空间，是居民传统生活和生产的区域，以及为公众提供亲近自然、体验自然的宣教场所的区域，也包括祁连山国家公园内生态系统脆弱或受损严重需要通过工程措施进行生态修复、集中建设区域，即国家公园与区外的缓冲和承接转移地带。一般控制区针对不同管理目标需求，实行差别化管控策略，实现生态、生产、生活空间的科学合理布局和自然资源资产的可持续利用。经区划，祁连山国家公园的一般控制区面积为227.57万公顷，占公园总面积的45.3%。其中甘肃片区的一般控制区的面积为162.96万公顷，占一般控制区总面积的71.6%。一般控制区介于东经94°50′～102°59′，北纬36°45′～39°47′。

一般控制区除为满足国家特殊战略、国防和军队建设、军事行动需要外，严格禁止开发性、生产性建设活动，在符合法律法规的前提下，仅允许对生态功能不造成破坏、符合管控要求的有限人为活动（见表1）。

表1　祁连山国家公园（甘肃片区）管控分区面积统计表

序号	县（区、场）	面积/万公顷		
		合计	核心保护区	一般控制区
1	酒泉市	165.30	106.47	58.83
	阿克塞哈萨克族自治县	29.88	18.05	11.83
	肃北县	135.42	88.42	47.00
2	张掖市	130.39	58.11	72.28
	肃南县	127.20	55.74	71.46
	民乐县	3.19	2.37	0.82
3	金昌市（永昌县）	3.35	0	3.35
4	武威市	33.37	10.29	23.08
	凉州区	1.72	0	1.72
	天祝县	31.65	10.29	21.36
5	中农发山丹马场	11.51	6.09	5.42
	小计	343.92	180.96	159.61

（二）管控目标

祁连山国家公园属于全国主体功能区规划中的禁止开发区域，纳入全国生态保护红线区域管控范围，实行最严格的保护。国家公园内禁止设置工业化、城镇化开发项目，除涉及国防安全设施建设及活动，不损害生态系统的居民生产生活等民生设施维修、改造活动，科研、监测、体验、教育活动，以及文物保护利用相关活动外，禁止其他与保护目标不一致的开发建设活动，对于确实需要开展的工程建设，须进行生态环境和生物多样性影响评价，落实水土保持“三同时”制度。各分区根据国土空间规划管控规则，按照管理目标和资源特征实施差别化保护管控措施。

1．核心保护区

对区域内实行最严格管控。逐渐消除人为活动对自然生态系统的干扰。长期保持区域内生态系统的自然状态，维持生态系统的原真性和完整性。严格保护冰川雪山和多年冻土带，维持固体水库功能。严格保护雪豹等野生动物重要栖息地的完整性和连通性，确保珍稀濒危野生动物种群稳定发展。不开展大规模生态修复工程，特别是在现代冰川分布作用以上区域（西段海拔 4500m 以上、中段海拔 3850m 以上和东段海拔 3600m 以上区域）。

2．一般控制区

坚持以自然恢复为主、人工修复为辅，通过必要的生态环境保护措施逐渐恢复自然生态系统原貌。稳步提升森林覆盖率和草原植被盖度，优化水源涵养生态功能。扩大野生动物生存空间，推动雪豹等野生动物种群复壮。推进居民生产生活方式转变，坚持草畜平衡的原则，减少资源消耗，形成绿色发展模式。

（三）管控措施

将国家公园划入生态保护红线范围，按照国家公园、生态保护红线相关法律法规及政策，对核心保护区和一般控制区进行差别化管控。

1．核心保护区

核心保护区原则上禁止人为活动。国家公园管理机构在确保主要保护对象和生态环境不受损害的情况下，可以按照有关法律法规政策，开展或者允许开展下列活动：

（1）管护巡护、调查监测、防灾减灾、应急救援等活动及必要的设施修筑，以及因有害生物防治、外来物种入侵等开展的生态修复、病虫害动植物清理等活动；

（2）暂时不能搬迁的原住居民，可以在不扩大现有规模的前提下，开展必要的种植、放牧、采集、捕捞、养殖等生产活动，修缮生产生活设施；

（3）国家特殊战略、国防和军队建设、军事行动等需要修筑设施、开展调查和勘查等活动；

（4）国务院批准的其他活动。

已有道路两侧以及大型设施的控制线内区域按一般控制区管理。

2. 一般控制区

一般控制区禁止开发性、生产性建设活动，国家公园管理机构在确保生态功能不被破坏的情况下，可以按照有关法律法规政策，开展或者允许开展下列有限人为活动：

（1）核心保护区允许开展的活动；

（2）为维护国家重大能源资源安全而开展的战略性能源资源勘查，公益性自然资源调查和地质勘查；

（3）自然资源、生态环境监测和执法，包括水文水资源监测及涉水违法事件的查处等，灾害防治和应急抢险活动；

（4）依法批准进行的非破坏性科学研究观测、标本采集；

（5）依法批准的考古调查发掘和文物保护活动；

（6）不破坏生态功能的生态旅游和相关的必要公共设施建设；

（7）必须且无法避让、符合县级以上国土空间规划的线性基础设施建设、防洪和供水设施建设与运行维护；

（8）重要生态修复工程，在严格落实草畜平衡制度要求的前提下适度放牧，以及在集体和个人所有的人工商品林内开展必要的经营活动；

（9）法律、行政法规规定的其他活动。

四、管控分区效果评价

管控分区是祁连山国家公园（甘肃片区）生态系统保护的关键环节，分区原真性、完整性、协调性和可操作性是评价管控分区效果的重要指标。

（一）分区原真性评价

祁连山国家公园核心保护区（甘肃片区）面积占据该保护区总面积的65.9%。核心保护区森林覆盖率高，有原生冷杉林、针阔混交林等，基本处于原始状态。祁连山国家公园核心保护区分布有野生脊椎动物28目80科401种，其中兽类7目17科76种、鸟类18目55科300种、爬行类1目4科9种、两栖类1目2科3种、鱼类1目2科13种。国家一级重点保护野生动物有雪豹、藏野驴、白唇鹿、马麝、野牦牛、普氏原羚等25种，国家二级重点保护野生动物有棕熊、马鹿、岩羊、藏原羚、猞猁等71种。维管植物有98科1487种，其中苔藓植物5科6种、蕨类植物11科29种、裸子植物3科13种、被子植物79科1439种。国家公园范围内分布有国家重点保护植物20种，国家二级重点保护野生植物20种，野生动植物资源丰富。设立生态保护红线范围260万亩，划定永久基本生态控制线范围340万亩，保护生态环境不受破坏。严格管控人类活动，核心保护区无常住人口，仅有科研人员和管理人员出入。禁止任何生产活动，核心保护区不设置游览区和设施，最大限度保留自然原真面貌。定期开展监测评估，及时发现生态环境变化，保持核心保护区的原生态特征。

通过科学划区和严格保护措施，祁连山国家公园（甘肃片区）核心保护区保持了较高的原生态自然度和原真性。

（二）分区完整性评价

祁连山国家公园（甘肃片区）的核心保护区内有寒温带山地针叶林生态系统、温带荒漠草原生态系统、高寒草甸生态系统等多种典型的自然生态系统，园区内的森林、草原、湿地、冰川、冻土、雪山是一个整体自然生态系统，生物多样性丰富，珍稀濒危物种集聚程度极高。这里分布有大面积的地带性代表种青海云杉与祁连圆柏林，是雪豹、荒漠猫、黑颈鹤等珍稀濒危野生动物的栖息地，拥有很多现代冰川景观，以及团结峰、疏勒南山冰川等典型冰盖冰川遗迹。这从生态系统层面可充分说明该分区方式保护了生态系统的完整性。

在自然生态过程方面，祁连山国家公园（甘肃片区）内的山地冰川、高山湖泊等的地貌地形得以完好保持，山地垂直带分明，生态格局基本完整。这体现了自然生态过程的连续性与完整性。从栖息地质量和面积来看，核心保护区和一般控制区覆盖了甘肃省内主要的山地自然栖息地类型，保护面积高达数万平方千米，基本满足了重要物种的栖息需求。针对人类活动的影响，公园实行分区管制，严格控制开发活动强度，成功阻止了过度开发和破坏。目前祁连山国家公园（甘肃片区）生态环境质量良好，没有出现过重大生态问题。

总体来看，经多方面评估，祁连山国家公园（甘肃片区）的生态系统分区保护取得了显著成效，生态系统的完整性得到了很好的保护。今后还需继续加强监测和科研工作，形成科学的保护管理措施，进一步提高生态系统的完整性。

（三）分区协调性评价

祁连山国家公园常住户数 11 125 户，常住人口 40 223 人（核心保护区 1016 户 3454 人，一般控制区 10 109 户 36 769 人）。其中，原甘肃片区核心保护区的 940 户 2936 人，已有 266 户 846 人实施搬迁，剩余 674 户 2029 人，一般控制区 8421 户 31 084 人；一般控制区面积达 194 万亩，占公园总面积的 38.8%，用于科学开发利用。控制区内原始森林覆盖率达 50% 以上，保证了一定的生态功能。其中，溪谷控制区森林覆盖率达 70%，配套建设了管控站点 117 个、巡护路线 83 条，实施常年巡护监测，有力保障了生态环境的质量。控制区实行许可制管理，严格控制开发强度，确保不破坏控制区生态环境。对矿产资源严格保护，不再接受新的矿山开采，实现了资源保护与开发的协调。积极发展环保型农牧业，2019 年清洁农产品种植面积达 12 万亩，实现保护与生产发展的统一。建立利益补偿机制，控制区居民获得资金和项目补助 1.2 亿元，解决好保护与民生的关系。

通过科学管控，祁连山国家公园（甘肃片区）在保护生态的同时，兼顾了经济发展和民生需求，实现了保护与利用的协调统一。

（四）分区可操作性评价

祁连山国家公园（甘肃片区）建立了统一的监测评估体系，设立监测站点 117 个，形成科学系统的保护管理机制。截至目前，祁连山国家公园甘肃省管理局张掖分局有在岗职工 1535 人（其中在编在岗职工 1182 人，企业职工 65 人，长期临聘人员 288 人），人均负责面积高达几千公顷。

设置巡护系统，以实现对各功能区的全面监管。建立信息化管理平台，利用 GIS（Geographic Information System，地理信息系统）、遥感等技术开展监测预警执法查询等工作，提高保护效率。制定完善的配套法规制度，如《祁连山国家公园管制办法》等，确保各项管控措施的可操作性。加强保护理念宣教，开展生态文明教育，增强公众的环保意识，获得社会支持与监督。设立生态补偿基金 1.2 亿元，用于支持核心保护区搬迁安置、一般控制区发展等，保障资金需求。建立定期检查机制，及时发现问题并整改，确保管控方案落实到位。

完善的体制机制和有力的资金支撑，保证了祁连山国家公园分区管控的可操作性。

五、生态系统分区保护科学性总结及建议

祁连山国家公园甘肃片区生态系统分区保护的科学性可以总结为以下几点。

（一）科学性总结

1. 突出了国家公园理念、价值与特色

完整性、连续性是国家公园的基本属性，祁连山国家公园甘肃片区生态系统分区情况真正体现了这一属性。核心保护区面积在 60% 以上，这个模式在《国家公园总体规划技术规范》（GB/T 39736—2020）的基础上进一步明确了国家公园自然完整性与自然文化性有机结合的空间特征。

核心保护区的划定既体现了生态保护第一的理念，又落实了保障全民公益性的要求，其所提供的独特的游憩区域与教育研究机会是其他类型的保护地或功能区所无法提供的，这也是保护区与城市公园、区域公园、省立公园等公园的区别所在。

2. 坚持党的领导，符合我国国情，具有中国特色

祁连山国家公园（甘肃片区）的设立是按照党中央、国务院的决策部署进行的，是国家公园精细化管理的具体举措。以核心保护区为主导，分 2 个层面来协调人与自然的关系。在核心保护区，根据野生动物的特殊生存需求可以划分出一类保护区，禁止人为干扰；在一般控制区，可以通过划分生态保育区（生产生活区）、科教游憩区、生态恢复区（修复区）、服务保障区等功能区，以及开展入口社区建设来协调保护与发展的矛盾。这种适应国情的分区模式，解决了甘肃省国家公园分区管理中人与地的空间冲突，用中国特色讲述中国对生物多样性和生态系统保护的贡献和智慧。

3. 突出了人文关怀，建立人文与自然的连接点，重塑社会共同关注的精神家园

从老子、孔子、庄子到李白、徐霞客等，这些哲人、诗人、文人常从自然生态系统中获得启迪。中国传统文化中的自然崇拜、自然隐居、自然风水、自然审美等自然情结都离不开生态景观，所以在祁连山国家公园甘肃片区设置核心保护区突出生态系统分区价值，是对中国文化的科学解读和对深层精神文化的表达，是对甘肃省国家公园核心价值的表达，必将使社会建立对国家公园的价值认同，调动社会情感，得到全社会的支持。

总而言之，祁连山国家公园甘肃片区生态系统分区保护的科学性在于其因地制宜，充分利用了当地的天然优势，实现了人与自然和谐相处，进一步贯彻了绿水青山就是金山银山的理念，符合绿色发展理念。分区保护搭配一定的管理措施，不仅实现了制度保护，还动员了群众的力量。

（二）建议

针对祁连山国家公园（甘肃片区）生态系统分区保护，本报告提出进一步的建议：

（1）祁连山国家公园（甘肃片区）生态系统分区保护面积大、范围广，单靠人力进行监管存在一定的不足，应建立起“天空地”一体化生态环境监测网络，着力打造高效能、信息化、多方位、全覆盖的长效监管体系；

（2）加强环境监管，打击保护区内违法违规活动；

（3）加强法律保护，严厉打击破坏生态系统的一切活动；

（4）实现国家政策主导、地方管理，积极动员群众力量；

（5）避免管理出现交叉区，全面落实管理措施，提高管理效果；

（6）加强宣传教育，加深公众对生态保护和生态旅游的认识和理解，促进公众参与生态保护和生态旅游；

（7）加强与当地居民和企业的沟通和合作，共同推进国家公园建设和生态文明建设。

生态系统分区保护是对科学与政治、自然与社会的统筹，合理的生态系统分区保护可以有效化解社区矛盾，调动公众参与生态保护的积极性，实现管理目标。

第六章　文化景观保护与祁连山国家公园建设的相互作用关系

摘要：祁连山国家公园文化景观资源丰富、特色鲜明，保护文化景观有利于延续甘肃的文化根脉、坚定甘肃人民的文化自信。本报告主要通过调研祁连山国家公园范围内存有的文化景观与相关的保护措施，分析总结甘肃省文化景观保护特色经验，同时从文化景观普查、保护、宣传方面提出改进意见，为文化景观保护和祁连山国家公园建设提供参考。

关键词：文化景观　祁连山国家公园　保护利用

一、引言

景观作为一个系统，包含许多子系统，按特征维度，一般分为自然景观与文化景观。文化景观是人类在长期的历史发展和演变过程中所创造出来的物质财富和精神财富的结合体。文化景观保护是关系人民福祉、关乎民族未来的长远大计，有助于生态文明建设，有助于中国文化传承。

祁连山地区历史悠久、民族众多、地形复杂，这些特点造就了祁连山国家公园文化景观的丰富性和多样性。甘肃省政府充分调研祁连山国家公园文化景观现状，高度重视文化景观资源保护与开发利用，兼顾保护和发展，使之与国家公园建设工作并驾齐驱、相辅相成、相得益彰。

二、文化景观的概念与作用

（一）文化景观的概念

1906 年，德国人文地理学家奥托·施吕特尔（Otto Schlüter）首先提出：“文化景观是由文化群体在自然景观中创建的样式，其中文化是其变化的动因，自然是载体，文化景观是结果。”1925 年，美国地理学家 C.O. 索尔（Carl O.Sauer）在《景观的形态》一文中指出，“文化景观是由特定文化族群在自然景观中创建的样式，是有着丰富时间层次的人类历史，凝聚着传递场所真谛的人类价值”。20 世纪 90 年代，美国国家公园管理局也对文化景观这一概念进行了界定，指出它是一个与历史事件、人物、活动相关，或显示了传统的美学和文化价值，包含着文化和自然资源的地段或区域。总之，文化景观是人类活动的成果，是人类与自然长时间相互作用的地表痕迹，是文化赋予一个地区的特性，它能直观反映出一个地区的文化特征。

（二）文化景观的作用

1. 延续人类文明，助力生态文明建设

文化景观是传承生态文明的一种重要载体。从哲学视角看，生态文化是兼顾自然之本体基础地位与人之世界价值中心地位，且与生态文明相适应的一种文化形态。而物质文化则是生态文化在物质层面的体现，是生态文化的外在表现。物质文化景观传承了人类长期形成的优良的文化意识形态，因此保护自然与文化长期融合的过程中形成的文化景观对于保护文化多样性和开展生态文明建设具有重要意义。此外，文化景观也是对生态文明的演绎。文化景观是人类与自然的共同作品，景观改造与设计将在很大程度上继承人类文明。生态文明建设为景观设计提供了一种新的理念和发展方向，景观设计也为文化继承和生态文明建设提供了一种手段。所以，文化景观保护也是新时代中国生态文明建设的重点。

2. 增强文化自信，推动中华民族伟大复兴

文化兴国运兴，文化强民族强。文化是一个国家、一个民族的灵魂，文化自信是实现中华民族伟大复兴的精神力量。习近平总书记在山西考察时强调，要充分挖掘和利用丰富多彩的历史文化、红色文化资源加强文化建设，坚持不懈开展社会主义核心价值观宣传教育，深入挖掘优秀传统文化，引导广大干部群众提升道德情操、树立良好风尚、增强文化自信。而文化景观恰恰具有一定的历史性、文化性，能够反映区域独特的文化内涵，增强区域的历史纵深感。因此，文化景观对增强文化自信有积极的意义，保护文化景观可以促进文化繁荣，推动中华民族伟大复兴。

3. 繁荣地方文化，扩大国家公园格局

国家公园是地球生物基因库、环境指示器、自然博物馆、野外实验室和天然大课堂。同样，国家公园是中华优秀传统文化、民族精神和自然文化遗产的发生地、保护地、传承地。自然山水与生态文化交相辉映，自然山水是国家公园文化的活化载体。建设国家公园不仅是对自然生态系统的保护，更肩负“培根铸魂”的重大使命，对文化景观的挖掘和阐发有助于让国家公园文化“立起来、活起来、美起来”，有助于构建国家公园新发展格局，有助于彰显新时代国家公园文化的核心价值。此外，对国家公园文化景观的保护可以繁荣地方经济，加大对整体文化景观的保护力度。与此同时，对园外文化景观的保护也可以增强公众对国家公园文化景观的保护意识。

三、文化景观与保护措施

（一）文化景观概述

祁连山自古以来便是水草茂盛的天然草场，古老的游牧民族在这里繁衍生息、迁徙演替。随着民族不断融合，这里出现了许多古遗址、遗迹等，如今的祁连山具有多民族共融、多元文

化并存、人文资源非常丰厚的地域特色，形成了特有的“祁连山文化圈”。我们可以从这些文化景观中窥见古人思想观念、物质生活、文化认同等的变迁。

1. 文化遗址

文化遗址是古代的建筑废墟或者古人在对自然环境进行改造利用后遗留下来的痕迹。祁连山国家公园（甘肃片区）内天祝县莫科区存有新石器时代马厂类型文化遗址，肃南县有榆木山和祁林黄草坝村的古岩画、火烧沟烽火台，肃北县有阿尔格力太岩画、扎子沟岩画、大德尔基烽燧遗址，永昌县有石佛崖石窟等，每一处文化遗址都彰显着深厚的文化底蕴。

2. 民族文化

祁连山各民族经过长期发展，交融共处，孕育出特色鲜明、独树一帜的多样民俗风情。祁连山国家公园内居住有裕固族、藏族、回族、土族、蒙古族、哈萨克族等少数民族，风格迥异的民俗文化在雄浑的大山的怀抱中相互交融，形成了鲜明的民族文化。裕固族是甘肃省的少数民族之一，“裕固风情”是祁连山国家公园内一道亮丽的风景线，其民居建筑、服饰文化、饮食文化、民谣歌舞等特色鲜明。

3. 宗教文化

祁连山国家公园地处史前东西方文化跨大陆交流的重要区域，是甘青文化区 - 河西走廊和青藏高原东北部的重要交界地带。数千年来，世居在此的先民们信仰不同宗教，也因此在祁连山国家公园内留下不少宗教建筑，如久负盛名的马蹄寺，其对研究藏传佛教的产生、传播具有重要意义，是园区内珍贵的文化瑰宝。

4. 红色文化

甘肃省具有悠久革命传统，无数革命先辈曾在这片土地上浴血奋战，为中国革命事业和解放事业的最终胜利立下了不朽功勋。祁连山及其周边的河西走廊地区积淀有丰厚的红色文化资源，如载入中国工农红军史的著名会议“石窝会议”会址、高台县的“西路军纪念馆”、红军鏖战的西牛毛山等战场遗迹。

（二）文化景观保护措施

同大部分自然资源一样，文化景观也是不可再生资源。加强文化景观保护，可服务当代、惠及民生，传承子孙、泽被后世。甘肃省充分认识到文化景观的稀缺价值和不可再生性，秉持着保护与合理开发、政府主导与市场运作、传承与创新、长远利益与眼前利益相结合的原则，把保护与建设工作摆在更加突出的位置。

1. 实施相关政策，提供资金支持

国家公园文化景观的蓬勃发展离不开政府在政策、资金等方面给予的支持。一方面，甘肃省结合自身的实际情况提出了独特的文化产业发展方针，颁布并实施了一系列相关政策，如

《甘肃省非物质文化遗产条例》《甘肃省文物保护条例》《甘肃省级文化生态保护区管理办法》等，这些政策对加强非遗的管护作出了明确具体的规定，为文化景观保护工作指明了方向。另一方面，甘肃省健全文化景观保护传承工作的财政保障机制，加大财政对文化景观保护的支持，增建基础设施，多举措破解文化发展窘况。我们可以看到，甘肃省在政策和资金两个方面提供有力支持，形成软件和硬件上的合力，为文化发展保驾护航。

比如，张掖市在《甘肃省人民政府办公厅关于加强石窟寺保护利用工作的实施意见》《肃南马蹄寺石窟群保护管理办法》等政策指导下开展马蹄寺石窟群千佛洞危岩体加固及渗水治理工程，不仅有效缓解了千佛洞石窟赋存岩体现有的“病害”，解决了窟内渗水问题，改善了文物保存环境，而且提升了景区的游客承载力，为马蹄寺风景旅游区向5A级景区提档升级奠定了良好基础，促进了文物保护和旅游的深度融合。此外，张掖市文物保护研究所申报的马蹄寺石窟群文物数字化保护工程项目收到了甘肃省文物局拨付的前期研究和设计经费，顺利建立数字文物档案库，实现了对石窟的整体数字化管理。

2. 加强科技支撑，精细管护文物

甘肃省文物资源丰厚，早期文物居多，彩陶、汉简、石窟、长城、塔寺、墓葬和红色资源为其主要构成部分，文化景观保护工作繁杂困难。甘肃省认识到要利用科技为文物保护赋能，重视运用大数据、云计算、人工智能等新技术手段，推动建立全省文物资源目录和数据资源库，完善不可移动文物管理信息系统，实施文物安全技术防范系统工程，大力建设博物馆“云展览”，创新线上线下立体传播方式，强化重点文物保护单位展示利用，提升文物保护水平。

比如，2021年甘肃省文物局立项安排敦煌研究院实施甘肃岩画保护项目，目前已完成了对全省72处岩画文物本体的高精度数据采集和加工处理工作，构建了甘肃岩画的数字影像数据库，并对岩画周边环境、地理位置信息等进行了系统化、规范化记录，为今后甘肃岩画的研究保护和传承利用提供了基础数据支撑。

3. 重视非遗传承，扶持企业发展

祁连山国家公园内多族源构成的甘肃先民和后人在生活和生产实践中，创造了异彩纷呈的民族民间文化，积累了丰富多样的非遗资源。如何保护好、传承好、利用好非遗是一个难题。近年来，甘肃省各级文旅部门从坚定实施乡村振兴战略的高度，着眼于推动优秀传统文化保护传承发展，持续推进非遗扶贫就业工坊建设，帮助贫困群众学习传统技艺，提高内生动力，促进就业增收。其采取的主要措施如下。

第一，制定若干政策文件，如《甘肃省省级非物质文化遗产代表性传承人认定与管理办法》《甘肃省文化和旅游厅关于推动非物质文化遗产与旅游深度融合发展工作方案》《甘肃省“十四五”非物质文化遗产保护规划》等，做到非遗保护有章可循、有法可依。

第二，强化非遗传承人才队伍建设，建立健全非遗传承人申报机制，积极推荐申报省市县级代表性传承人，加强非遗传承人能力素质培养，采取以训带传、以点带面的培训方式提高其专业技能。举办特色活动，如那达慕文化旅游节、冬季骆驼文化节、中国旅游日等，为非遗传承人搭建平台，鼓励非遗传承人承担起延续与发展非遗的重任，不忘初心、坚守匠心。

第三，扶持企业发展，加大对非遗企业的投资力度，在推动非遗保护和传承的过程中，活化非遗资源，带动就业创业，提高地方经济收入。例如，肃北县通过挖掘民族特色文化、发展特色旅游经济，促进文旅产业与民族文化、特色产业深度融合，营造浓厚的民族团结进步氛围；先后建设雪域紫亭文化生态景区、民族体育活动中心（赛马场）、党河峡谷民族文化风情园等特色文化旅游景区景点，全力融入大敦煌文化旅游经济圈。

4. 加强监督管理

加强监督管理包括建立监管机制、完善监管措施、提高人员素质、引进专业人才、开展科学评估、落实责任追究等方面，确保文化景观保护工作有序进行，管理服务水平不断提升。例如，2022 年肃南县马蹄寺旅游景区与市场监管、卫生、公安等部门开展联合检查 4 次，整改隐患问题 3 项。

四、特色经验与建议

甘肃省是中华民族的重要发祥地之一，特色文化资源丰富多彩。我们可以看到，甘肃省政府在开展国家公园建设的同时，高度重视对园内文化景观的保护传承、发展利用，并已切实取得一定成果，如园内文化景观得到有效保护、传承，地区经济也会得到一定发展。从这些进步中，本报告总结了甘肃省实施文化景观保护的特色经验，同时针对文化景观普查、保护、宣传方面提出了一些建议，旨在为文化景观保护和国家公园建设更好地协调发展提供参考。

（一）特色经验

1. 政府民众相配合，顶层基层互补充

“人主之患在莫之应，故曰：一手独拍，虽疾无声。”甘肃省政府充分认识到多元主体共同治理的必然性。因此，甘肃省积极引导民众参与文化景观保护，基本形成政府保障、社会多元参与、全民共建共享的公共服务供给格局。甘肃省已经初步形成政府民众相配合、顶层基层互补充、政府宏观调控与民众细化落实相结合的多元主体共同治理新模式。

2. 环保文保相结合，自然人文互交融

甘肃省深刻领悟习近平生态文明思想蕴含的文化情怀，努力建设人与自然和谐共生的现代化国家公园。甘肃省在国家公园建设过程中，紧紧围绕文化景观保护与自然景观保护，以保护文化景观本体和环境安全为前提，以反映人文资源的自然环境为载体，加强文化景观保护、改善生态环境、拓展休闲空间；将生态文明建设与文化景观保护结合起来，以生态保护促进文化景观保护，实现文化景观保护与环境改善双赢。

3. 多元文化相并存，相辅相成共发展

甘肃省有“老祖宗”留下的独一无二的人文遗产，“老百姓”创造的独具风情的民俗文化，

“老前辈”传承的独树一帜的红色文化。面对绚丽多彩的文化，甘肃省没有厚此薄彼，而是使其多元发展、相辅相成、共同繁荣。可以看到，甘肃省对国家公园内的文化景观采取的保护措施不仅延续了少数民族风土人情，提升了国家公园发展水平，还加强了省内其他文化景观的保护力度，繁荣了甘肃省文化旅游产业，带动了周边经济，改善了民众生活。与此同时，甘肃省对园外文化景观采取的一系列措施一方面可以起到保护文化景观的作用，另一方面也夯实了园区文化景观保护基础，有利于提高文化景观保护水平与完善文化景观保护政策。

（二）建议

1. 开展全面普查，查清文化景观

祁连山国家公园中有些文化景观为全国独有，但其中某些非遗的保存地和传承人由于处在偏远山区而鲜为人知；同时，文旅部门对非遗具体的种类、数量及传承人的情况又了解不够，这导致许多传统技艺陷入了濒临消失的境地，甚至出现人亡艺绝的现象。因此，甘肃省应开展全面普查，以便全面了解和掌握各类文化景观的种类、数量、分布状况、保护现状及存在的问题，再有组织、有次序、分步骤地开展文化景观保护工作。

2. 厘清职责边界，明晰责任分工

祁连山国家公园文化景观既在国家公园范围内，又在甘肃省整体保护范围内，面临着多主体保护、职责交叉的现状，这就导致了政出多门、责任落实不到位等问题。因此甘肃省政府应统筹协调，建立领导小组，带头厘清职责边界，明晰责任分工。

3. 拓展宣传途径，提高民众认识

目前一些民众对文化景观缺乏正确的认识，保护意识相对薄弱，这使得文化景观保护和传承工作的开展面临一定困难。因此，甘肃省政府可以拓展宣传途径，比如利用新闻媒体对文化景观进行全方位宣传报道，介绍文化景观相关知识，在全社会营造保护文化景观的良好氛围，让民众更多了解文化景观的内涵，提高民众对文化景观保护的重要性的认识，增强其保护意识。

第七章　祁连山国家公园生态移民与社区共管途径和实践

摘要：要想实现祁连山国家公园的可持续发展，需要在开展生态文明建设的基础上，构建协同共管机制，提升社区居民的参与度。开展祁连山国家公园建设需要实现协同管理，管理好生态移民和公益岗位设置。共建共管发展制度是体现国家公园公益性的重要制度，主要包括社区共管机制和社会参与机制两个部分，其中社区共管机制建设要以“保护为主、全民公益性优先”的甘肃省国家公园管理目标为宗旨，采取“自下而上”的方式充分考虑当地居民的利益诉求，合理平衡社区发展与资源保护的关系，促进公园与社区的互利共赢。本章通过总结祁连山国家公园的建设经验，从中提取值得借鉴的部分，结合区域地方特色，为更好地建立适合祁连山国家公园的社区共管机制提供参考。

关键词：生态移民　社区共管　公益岗位　社区发展机制

一、生态移民情况

（一）社区转型发展

生态文明建设是中国特色社会主义事业的重要内容，关系人民福祉，关乎民族未来。祁连山国家公园目前正稳妥有序推进生态移民，依法适度发展与保护方向一致的生态旅游，发展绿色生态产业，提升接纳农牧业人口转移和产业集聚的能力，将生态移民与乡村振兴相结合，统筹落实各扶持项目和政策，研究编制了《祁连山国家公园甘肃片区周边区域产业发展、基础设施和公共服务体系建设专项规划》，引导公园周边人民群众生产生活方式转变和经济结构转型。

（二）“多措并举”探索保护发展新模式

在祁连山国家公园建设新阶段，实现生态保护与民生改善的协调是关键与难点。在推进生态保护上，祁连山国家公园严格执行禁牧和草畜平衡制度，严控天然草原放牧规模，有效缓解草场过载压力。

生态要保护，群众也要发展。在积极稳妥推进重点区域生态移民方面，甘肃省全面实施农牧民易地搬迁、转产增收“四个一”措施，即一户确定一名护林员、培训一名实用技能人员、扶持一项持续增收项目、享受一整套惠民政策，从而有效保障了核心保护区农牧民搬得出、稳得住、收入有保障、生活有改善、发展有前景。

2022年，甘肃省结合实际研究制定《甘肃省生态及地质灾害避险搬迁实施方案（2022—2026年）》，计划在全省分两期搬迁地质灾害威胁区、河湖管理范围、地震灾害危险区、生态敏感区、自然保护地核心保护区、饮用水水源一级保护区6类范围的26.43万户103.95万人。

而截至目前，祁连山国家公园（甘肃片区）核心保护区共有940户2936人，已有266户846人实施搬迁，剩余674户2090人均有相应的搬迁安置方案，各市县将结合农村危房改造、地质灾害避险搬迁等政策和项目，在群众自主自愿的前提下，引导群众实施稳妥有序的移民搬迁。2023年，甘肃省继续把生态及地质灾害避险搬迁作为保护生态环境、推进乡村振兴、保障群众安全的综合性工程来抓，不断完善顶层设计、优化筹资方式、规范项目管理，着力推进4万户15.23万人的年度搬迁任务。

二、社区共管机制与公众参与现状

（一）祁连山国家公园社区共管现状

我国自然保护区社区共管的参与主体较为复杂，社区共管情况如图1所示。甘肃省目前在社区共管方面不断加大政策扶持力度，完善社区参与机制，组织研究制定了《甘肃省国家公园社区共管共建方案（试行）》。省财政厅下达重点生态功能区转移支付资金，主要用于推进祁连山国家公园范围内74个行政村社区的宣传、公共服务设施、清洁能源替代、就业培训等方面的工作。

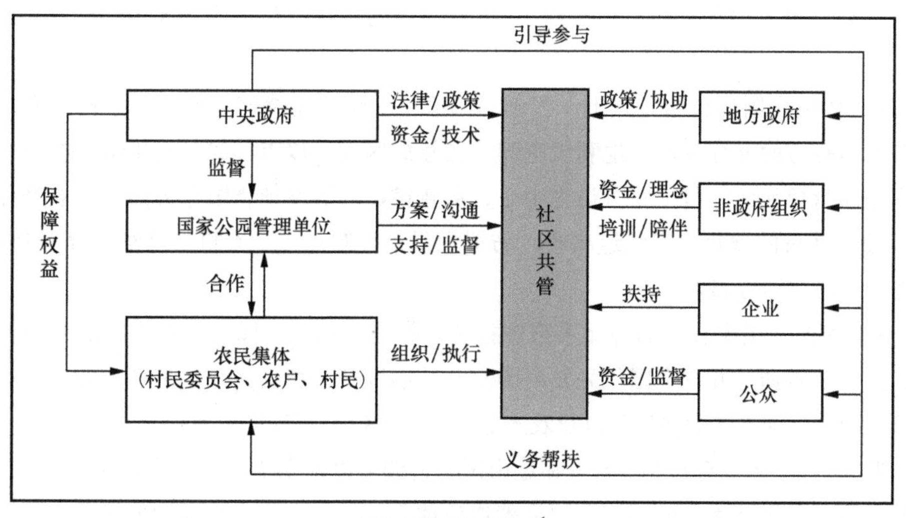

图1 社区共管情况[1]

1 张引，杨锐. 中国国家公园社区共管机制构建框架研究[J]. 中国园林，2021，37(11): 6.

在社会参与方面，甘肃省不断完善社会参与和个人参与机制，制定《社会组织及个人参与祁连山国家公园甘肃片区建设管理办法》。此外，研究制定《祁连山国家公园甘肃片区志愿者服务管理办法》，建立完善志愿者招募、注册、培训、服务、激励制度。

在公益岗位方面，甘肃省设置生态管护公益岗位。在祁连山国家公园内优先安排原住居民，对试点区域内的河流水源地、林地、草地、湿地、野生动物进行日常巡护，使原住居民家庭收入增加，生活质量提升。

（二）社区发展机制探索途径

保障社区的良性发展是社区参与国家公园治理的前提。只有社区发展好了，其居民才有动力和能力参与国家公园资源保护、环境治理等公益事务。社区发展涉及国家公园内的资源利用方式，既要符合国家公园“更严格保护”的要求，也要充分体现“全民公益性”的建设理念。根据《建立国家公园体制总体方案》要求，国家公园周边重点村落可以探索入口社区或者特色小镇模式。

首先，对于祁连山国家公园内部及周边的集体村落，基于分类发展的原则，根据不同村落特点制定差异化的发展方案。对于被划入游憩展示区的村落，允许其开展游憩利用活动。村内建筑既可以由村民自营（如经营民宿、餐饮店），也可以统一出租给正规的旅游公司经营。对于自营的部分，可以建立国家公园品牌标准，在其达到标准的前提下，允许继续经营并使用甘肃省国家公园品牌；对于统一出租的部分，需要梳理并妥善处理其与国家公园管理机构的责任界线、旅游公司租房期限等相关问题。

其次，对于国家公园周边的村落，可采取类似城市社区管理的模式；对于外围村落，则按照农村一般村落进行管理。《建立国家公园体制总体方案》提出，“引导当地政府在国家公园周边合理规划建设入口社区和特色小镇”。特色小镇的特色凸显工作涉及城镇、产业、管理 3 个方面。

“城镇”体现在国家公园元素上，祁连山国家公园可以围绕产业升级、接待中心、科普基地、全国窗口等方面充分挖掘土地利用空间。在建成区内，以点、线、面相结合的方式体现祁连山国家公园特色元素，包括布置访客中心、科普馆、培训基地、国家公园特色农产品加工体验基地等较大体量的建筑，用绿道串联，布置观星点、观鸟点、有机产品加工品尝体验点等，并和当地特色民宿结合起来。

“产业”聚焦于国家公园品牌体系整体打造，祁连山国家公园可以将农产品升级和发展第一、二、三产业贯通，并在全国优先发展国家公园品牌产品相关人才的培训产业，包括培训登山、露营、观鸟、观星专业向导，以及农产品品牌、民宿品牌管理人才。

“管理”依托“多规合一”平台，祁连山国家公园可以建立全国示范性的国家公园产品品牌体系，建立以精品民宿为主的国家公园品牌增值体系下的第三产业贯通增值模式，开展会员定制等多种形式的抗市场波动和对应于个性化需求的供给侧结构性改革。

（三）社区共管机制完善路径

1. 体现地方特色

祁连山国家公园内社区作为相对独立的区域性社会实体，存在固有生活方式、传统生产模式及区域性乡土知识，居民所应遵守的首要行为规则源于世代相传的村规乡俗，传统文化在当地自然资源管理以及生物多样性保护方面发挥着重要的稳定作用。

社区共管机制的限制因素如下：忽略地区文化对管理机制的价值融入；不以极具特色的文化传统、生活习惯作为系统构建生态保护措施的重要依托；存在脱离本土文化，规避地方性知识，无法契合当地文化特色、价值理念与居民心理的现象。故立足地方特色文化，实现本地问题本地解决，以人为本、崇尚和谐，创新本土资源利用机制，促进社区发展提质增效，才是合理的发展机制。

2. 完善社区共管职能

我国社区共管委员会作为自然保护地试点地区改革项目临时领导协调组织，并不具备明确的民事主体资格，亦无相应管理权限。例如《野生动物保护法》第七条规定，县级以上地方人民政府林业草原、渔业主管部门分别主管本行政区域内陆生、水生野生动物保护工作；又如《自然保护区条例》第八条规定，县级以上地方人民政府负责自然保护区管理的部门的设置和职责。

由此可见，国家法律、行政法规及地方政策文件规定的各项执法权的最终实施单位并非社区共管委员会，只有县级以上相关职能部门才有相关法律和条例授予的执法权，社区共管委员会并无行政事务执法权或决策话语权。对县级以上政府及相关职能部门下达的各项任务，社区共管委员会缺乏自我管理能力，对乡村发展规划缺乏自主性，急需进一步完善相关政策制度。

3. 打造“参与—反馈—再参与”模式

公众参与应当体现为“参与—反馈—再参与”的良性循环，对公众意见的反馈将直接影响公众参与的有效性与积极性。2014 年修订的《环境保护法》第五章就公众环境参与问题予以专章规定，赋予公众“知情权”“参与权”与“保护监督权”，由此可知参与式社区管理应包含改革方案的决策制定、决策实施过程监督、效果评估等系列环节，涵盖社区参与全过程，然而我国目前的公众参与实践相应反馈机制仍不完善。虽然根据《政府信息公开条例》第十九条的规定，“对涉及公众利益调整、需要公众广泛知晓或者需要公众参与决策的政府信息，行政机关应当主动公开”，但个别地方政府未建立健全政府信息发布机制，公众无法在参与决策后及时知晓后续进展，从而导致公众参与环节断裂，“你说你的，我做我的”信息不对称局面随之产生。

（四）社区参与方式

社区参与方式有以下 4 种。一是信息反馈，即国家公园管理局通过集会、电话和网络等渠道搜集当地居民关于某项管理决策的反馈意见。二是咨询，即当地居民享有平等的知情权和统一的对话平台，国家公园管理局定期开展听证会、咨询会、问卷访谈、开放论坛等，鼓励当地居民就国家公园的决策与规划编制过程发表意见。三是协议，即国家公园管理中心制定社区帮扶政策，完善社区参与机制，支持当地居民签署社区保护协议，并建立反哺社区发展的激励机制。四是合作，即国家公园管理中心和当地居民共同分享某项目的权益并承担责任，主要针对国家公园试点区集体土地的管理，政府采取流转、租赁、协议等方式与土地所有者合作。对于自然保护区的集体土地，采用流转的方式，由管理机构统一进行保护和保育；对于游憩展示、传统利用等功能区的集体土地，采取租赁或协议的方式，在满足功能分区要求的基础上，由管理机构或租赁企业进行合理的开发利用。

（五）建立核心社区共管机制

国家公园的主要特征包含公众性和公益性。在国家公园由试点转向建设的新阶段，政府靠一己之力建设国家公园是不可行的，需要集全民的智慧和力量共建，让公众主动参与建设、保护和管理工作中，这样才能让国家公园实现可持续发展，才能开创人与自然和谐共生的局面。在祁连山国家公园的社区共管过程中，基层领导组织的建设尤为重要。基层“两委”作为介于政府与居民之间的关键一环，必将在社区共管过程中发挥重要的作用。

1. 建立以基层“两委”为核心的共管机制的必要性

从世界上的自然保护实践看，消除当地社区和居民与自然保护地的对立已成为各国的共识，寻求当地社区经济社会发展与自然保护之间的平衡、寻求全社会广泛的合作已成为祁连山国家公园建设的努力方向，社区共管成为各国国家公园的基本管理模式。社区共管能够实现的前提包括：政府愿意向基层和社区下放部分管理自然资源的权限，政府有意愿进行自然保护，社区有意愿参与自然保护，社区具有管理自然资源的能力，自然保护的目标在一定程度上能够与社区发展的目标兼容。

从对祁连山国家公园试点的调查情况看，一方面，当地社区居民对所在地区的生态环境变化有透彻的了解，最关心当地生态环境变化给他们的生活带来的影响，有一定的生态保护意识和习俗经验，有参与生态保护的积极性；另一方面，在面对如何参与生态保护工作、如何兼顾自己的生产生活利益与生态环境保护的长远利益、如何形成有效的生态保护工作方法等诸多问题时，当地社区居民普遍存在困惑与期待，需要政府给予引导和支持。

制度创新既需要顶层设计，也需要基层实践。甘肃省国家公园的一系列政策安排，都需要通过基层政府的组织、配合才能得到贯彻实施。基层政府处于整个政府体系的基础层，没有基层政府的稳定，就没有整个社会的和谐。而基层“两委”恰恰是连接基层政府与居民的关键一环，其重要性不言而喻。

2. 建立以“村两委”为核心的社区共管机制的要求

（1）明确“村两委”在国家公园管理中的角色定位

在祁连山国家公园体制试点中，应将社区文化和生态系统管理纳入国家公园的内涵中，只有建立政府、社区、企业共同参与的合理模式，才能实现生态保护与社区发展的双赢。“村两委”不仅应当支持和组织村民依法发展各种形式的合作经济和其他经济，承担本村的生产服务和协调工作，促进本村生产建设和经济发展，而且也应当依照法律规定，管理本村集体所有的土地和其他财产，引导村民合理利用自然资源，保护和改善生态环境。

（2）处理好“村两委”与政府、国家公园管理局的关系

祁连山国家公园治理是政府与利益相关者的合作治理，政府是治理的参与者之一，与其他利益相关者地位平等，构成复杂的共同治理、共同管理、共同生产和共同配置的网络关系。一方面，国家公园管理局与当地政府合作，改善当地基础设施，推动社区资源保护、特许经营等，走可持续发展道路，建设和谐社区、美丽乡村。另一方面，国家公园的规划、开发、建设全程离不开外部利益相关者的贡献，社区建设也离不开外部利益相关者的积极参与，只有社区群众积极参与，国家公园改革才可能成功实施，这才是国家公园改革的逻辑起点。基于委托代理理论，祁连山国家公园管理局可将园区范围内一部分保护职能委托给当地社区群众，由村委会代表社区与祁连山国家公园管理局建立有效的沟通模式和良好的伙伴关系。

3. 公众参与情况

根据公众参与的渠道，公众参与可以分为社会组织参与和网络参与。社会组织参与指包括非政府组织和社会志愿团体在内的一系列社会组织为解决环境问题而参与活动。网络参与指公众通过电子邮件、电子论坛等网络形式，影响环境政策或环境事务的行为过程。社会组织能够提供例如公众环境知识普及、环境保护宣传以及环境保护动员等服务，同时在利益表达、影响政府决策及执行方面可以发挥作用。

祁连山国家公园生态环境保护中公众参与的形式比较少，主要表现为对环保理念的倡导。对祁连山生态环境保护重要性的倡导工作开展的时间不长，公众对其了解较浅，未触及深层次的问题。公众参与环境保护的积极性受参与形式的影响较大。

三、公益岗位设置现状与拓展

根据社会服务工作需求，政府设置卫生、环保、治安、科普教育、向导等社会服务公益岗位。居民从事生态体验、环境教育服务、生态保护工程劳务、生态监测等的相关工作，在参与国家公园生态保护管理中获益。下面按照“每户设置一个管护岗位，使居民由资源利用转变为保护生态为主、兼顾适度利用，建立群众生态保护业绩与收入挂钩机制”的原则，以生态管护员和高校大学生公益岗位设置情况为例介绍。

（一）生态管护员聘用与管理

甘肃省借助天保、公益林、草原、湿地等工程项目支撑，设置生态管护公益岗位，在祁连山国家公园内共选聘生态护林员 1202 名；优先安排原住居民对试点区域内的河流水源地、林地、草地、湿地、野生动物进行日常巡护，使原住居民家庭收入增加，生活质量有所提升。依

据国家公园范围内相关单位和部门提出的《祁连山国家公园生态公益管护岗位设置需求方案》，组织编制《祁连山国家公园甘肃片区生态公益管护岗位设置方案》《祁连山国家公园甘肃片区社会服务公益岗位设置方案》。

生态管护员的选拔方式很大程度上体现了政府对生态管护公益岗位定位的理解。根据政策规定的原则和方针，生态管护公益岗位具有“生态保护”和“增收”的双重目标。采用选择低收入人群作为生态管护员的选拔方式，也是希望同时完成“农民增收”和“国家公园生态管护员试点”两项任务。

（二）与高校建立合作关系

祁连山国家公园在公益岗位设置方面还可以与当地的高校建立合作关系。祁连山国家公园为大学生提供公益劳动和课外实践、调研的机会和岗位，同时大学生也能够参与志愿服务活动中，可谓一举两得。

首先，祁连山国家公园应在与高校建立合作关系的基础上，加强对公益岗位的科普宣传工作，可通过文化节、专题讲座等形式进行宣传，以此吸引更多的大学生参与祁连山国家公园的管理和维护过程中来。

其次，祁连山国家公园还应做好对于从事公益岗位工作的大学生的薪资保障工作，针对园内的各种公益岗位设置详细的薪资标准，做到在保障薪资的前提下提高大学生的积极性。

四、建设经验总结与建议

（一）建设经验总结

祁连山国家公园目前已经建立了较完善的社区共管机制和社区发展机制，在社区居民参与方面有信息反馈、咨询、协议和合作等渠道。建议进一步细化各渠道的参与方式，为社区居民的参与提供一定的指导。祁连山国家公园还通过定期开展培训来加强社区能力建设，同时建立了较为完善的社区参与保障体系，这也是保证社区共管机制高效运转的关键。完善制度既需要创新，也需要实践。基层“两委”作为介于政府与居民之间的关键一环，在国家公园的管理，如支持和组织居民开展各种经济活动、协调生产过程等方面发挥着重要作用，因此有必要进一步明确基层领导组织的职责与权限，提高其领导能力。

在公益岗位的设置方面，祁连山国家公园根据社会服务工作的需求，设置了卫生、环保和治安等方面的岗位，将公益岗位与增收工作相结合，实现了二者兼顾；同时还与高校建立合作关系，并保障大学生在从事公益岗位工作的过程中的薪资待遇等，进一步完善公益岗位建设体系。

（二）存在的问题和建议

针对祁连山国家公园存在的问题，下面提出相应的建议。

1. 自然资源保护协议签署工作还未完全落实

建议对还未落实保护协议签署工作的行政村加强调研，了解居民诉求，当地政府也应增加对该方面的补贴，保证居民利益。同时，可以进一步完善咨询、志愿者参与等居民参与方式，结合生态环保知识宣传工作，让居民在深入认识保护生态环境的重要性的前提下更加积极主动地参与社区共管工作中。

2. 保护协议所包括的内容还不够系统和全面

建议采用基于细化保护需求的地役权方式，即科学分析国家公园的生态自然和文化遗产保护需求，以此为基础制定针对社区和原住居民的正负行为清单，通过地役权合同的形式，给予社区直接或间接的生态补偿，并借助政策设计给予相应的绿色发展引导。

第八章　祁连山国家公园科研体系现状与成果转化策略研究

摘要： 科学研究是探索与认知国家公园的途径之一，为支持祁连山国家公园科研发展，现阶段我国祁连山国家公园科研机构构建了比较完善的科研管理制度，包括构建国家公园的法律法规体系，完善规范、标准与法定规划等；搭建了信息化平台，包括打造“智慧林草综合应用平台”“天空地”一体化监测体系、“三线五级”（即建立以东、中、西部三线生态定位监测站为主体，分别代表冰川、草甸、灌木、森林、草原五级典型生态系统的科研监测网络）为基础生态监测网络体系等；联合设立了一批科研平台，充分利用高校、科研院所等的力量。借此，祁连山国家公园对祁连山地区气候变化、水文监测污染物迁移转化、生态系统管理与风险评估等方面进行了深入研究，相应研究成果为祁连山国家公园森林生态系统保护、退化草地修复治理、国土资源合理利用等生态系统的保护与综合治理提供了重要数据与方案。祁连山国家公园应持续、积极地开展生态环境资源、生物多样性等方面的科学研究，将科研发展所产生的成果进行转化，结合人文社会类研究和自然教育类研究，让祁连山国家公园及周边地区的居民获得生态产品带来的收益，与祁连山国家公园形成利益共同体，打造生态经济化、经济生态化的良好局面，这反过来又会促进祁连山国家公园的科研发展与成果转化。

关键词： 祁连山国家公园　科研体系　生态保护　成果转化

随着我国陆续设立一批国家公园，国家公园的建设迎来“黄金时代”。与此同时，国家公园的建设也会带来新的问题——如何高质量稳步推进建设，落实最严格的保护，处理好保护与发展的关系？

对此，有专家认为国家公园不能被简单地理解为“无人区”，应该在坚持生态保护第一的前提下实现人与自然和谐共生。在此基础上，有专家提出“最严格的保护”是严格地按照科学原理来保护，而不是建立禁区。国家公园的保护与发展，在一定程度上可以理解为国家公园科学保护与生态旅游高质量发展。为了更好地处理国家公园保护与科研发展之间的问题，需要先对国家公园高质量发展的特征进行了解，然后再对国家公园的一系列理论与实践问题进行深入研究。在此过程之中，国家公园研究院无疑具有非凡的价值，因为它对这些问题的解决有至关重要的作用[1]。构建科学的管理方法和责权利相配套的体制机制是科学处理保护与发展关系的关键。祁连山国家公园借鉴国内外国家公园现有科研体系，在科研管理体系、检测平台搭建、科研合作平台建立等方面探索出了具有适合当地生态特点的宝贵经验。

1　章锦河. 国家公园科学保护与生态旅游高质量发展: 理论思考与创新实践[J]. 中国生态旅游, 2022: 189-207.

一、现有国家公园科研体系构建模式

（一）科研管理制度制定

基于我国根本法《中华人民共和国宪法》，目前我国自然资源、生态环境以及国家级自然保护区有较完善的法律法规基础。针对国家公园科研体系，应早日颁布作为国家公园等自然保护地基本法的《自然保护地法》等专项法，构建国家公园的法律法规体系，通过并完善规范、标准与法定规划和其他指导性文件等，加强国家公园保护管理[1]。制定科研管理制度是指导、规范国家公园内科研管理机构运转、科研课题申报以及科研工作开展的重要手段，对科研工作开展的相关活动具有一定的规范和约束作用。

首先，明确国家公园科研体系构建和管理的主体，使国家公园的科研管理工作在管理主体的领导和在相关制度的规定下开展。其次，制定一系列相关的项目管理制度、监督制度，规范国家公园相关科研活动，使课题的申报和实施有序进行。再次，建立相对应的科研管理制度，促进科研的有效进行和提高科研成果的转化效率。最后，构建科研成果相关质量责任追究制，保证相关科研成果的质量，确保“有功必赏，有过必罚”，进行严格的科研成果质量把控，使国家公园在科研管理制度上无后顾之忧[2]。

（二）信息化平台构建

国家公园大数据平台建设是国家公园科研体系构建的重要内容。目前，各个国家公园都在积极探索建立数据库或者信息化平台。例如，东北虎豹国家公园联合北京师范大学，主持研发了“东北虎豹国家公园‘天空地’一体化监测体系”。“天空地”一体化监测体系的建成投用，促进了三江源国家公园生态环境治理能力的科学化、系统化、现代化。

由此可见，科研课题需求信息、相关专家库、科研管理相关制度等一系列重要内容都需要信息化平台的支持。通过信息化平台，国家公园管理机构不仅能够在线掌握科研项目开展的进度，还可以规划未来国家公园科研项目需求。信息化平台的构建，立足于大数据的科学决策，有助于提高生态信息资源效益，对助力国家公园体系化、标准化建设，提升管理效能，助力美丽中国建设做出了巨大的贡献[3]。

（三）科研管理机构设立

为了更好地对国家公园开展的科研工作进行有效管理和监督，国家公园必须设立科研管理机构，让其拥有对科研课题管理、监督、审核、评定和成果归档的职责[4]。我国第一批国家公园

1 马炜. 国家公园科研监测构成、特点及管理[J]. 北京林业大学学报（社会科学版）, 2019: 25-31.

2 赵跃华. 高校科研管理制度比较研究及导向思考[J]. 科学管理研究, 2010: 30-33.

3 李云. 国家公园大数据平台构建的思考[J]. 林业建设, 2019: 10-15.

4 崔晓伟. 国家公园科研体系构建探讨[J]. 林业建设, 2019: 1-5.

体制试点在科研支撑体系建设方面起到模范示范作用，例如，三江源国家公园、东北虎豹国家公园通过建立研究院、科学中心和观测站取得了丰硕的科研成果。

三江源国家公园联合中国科学院成立三江源国家公园研究院。针对三江源国家公园地区在体制机制、生态保护关键技术、生态机理和生态监测、信息化等方面的科技需求，三江源国家公园研究院关注人与自然和谐发展，组织开展了生态调研，构建了生态网络监测平台和数据库，还开展了一系列科学研究，在许多重要领域取得了重大的科研成果[1]。

东北虎豹国家公园建立了东北虎豹生物多样性国家野外科学观测研究站，并与北京师范大学、延边大学联合建立东北虎豹国家公园研究院。围绕东北虎豹国家公园生态系统特征，东北虎豹国家公园研究院主要开展保护政策与生态系统服务功能、食物网与生态系统稳定性、食肉动物生物与生态学、食草动物生物与生态学、基因库建设和生物多样性样品保存等方向的研究。通过观测东北虎豹国家公园土地利用与土地覆盖情况、虎豹生境质量和生态系统服务功能的变化，东北虎豹国家公园研究院研究了国家政策和气候变化对东北虎豹国家公园不同景观类型生态服务功能的影响。

二、祁连山国家公园科研体系现状

2022年1月21日，甘肃省林科院完成的“祁连山生态退化现状评估与受损系统修复技术研究与示范”项目在兰州通过会议验收，该项目成果为祁连山国家公园科研体系建设提供了强有力的技术支撑。2022年9月，甘肃省林业和草原局与上海大学国家公园建设战略合作协议签约仪式在兰州举行。上海大学学科优势显著、科研实力突出、产学研协同创新经验丰富，在“双碳”研究、环境治理和生态修复相关领域取得了众多科技专利成果。双方以此次合作为契机，相互借鉴，叠加发力，高起点谋划、高水平推进国家公园建设，为甘肃省走好生态优先、绿色发展之路打下坚实基础。通过此次合作，甘肃省国家公园将走上高质量建设道路，打通科技需求侧与供给侧，为生态保护高质量发展赋能聚力。

祁连山国家公园在2021年10月9日建立了祁连山生态监测国家长期科研基地。祁连山生态监测国家长期科研基地以祁连山“三线五级”生态监测网络体系，以建成基本覆盖国家公园主要生态区域、具有国内外先进水平的森林生态监测系统为目标，为祁连山国家公园建设开展基础性、前瞻性、科学性研究提供数据支撑和技术保障。除此之外，祁连山国家公园通过建设多方参与的科研推广平台，初步构建了完备高效的科研支撑体系，使科研工作水平显著提升。一是依托中国科学院西北生态环境资源研究院、兰州大学等科研机构，建立甘肃省祁连山生态环境研究中心、兰州大学祁连山研究院和甘肃省祁连山草原生态系统野外科学观测研究站，开展一系列科研项目并发表专著；二是组建祁连山国家公园体制试点顾问专家组，参与国家公园体制试点相关规划编制、法规标准制定、生态保护研究、生态修复、技术方案论证，配合开展相关调研、体制机制创新研究等工作；三是整合省内外20余个科研院所、高校、相关企业等组织的科技资源优势，进行了多方位的探索，取得了积极成效，积累了丰富的经验。这一系列举

1　王文娟, 焦秀洁. 三江源国家公园科技支撑共性与特性需求[J]. 安徽农业科学, 2019: 71-73+77.

措为祁连山国家公园建设提供了有力的科研支撑。

（一）科研管理制度

国家公园的研究对象是自然生态系统，然而不确定性是它们最主要的特性，这给科研管理带来了很多问题。国家公园自然生态系统管理中，科研和监测就是最重要的环节。

祁连山国家公园针对国家公园科研监测组织特有的模式，制定了相应的科研管理制度。在基本策略机制方面，祁连山国家公园建立了管理机构主导、政府协调、科研单位支撑、院校合作、社区公众参与，依托科研机构和院校建成全国性的“国家公园—科研机构—院校”三方合作网络，出台管理指南，按要求发布年度报告。在此框架下，各方各司其职。其中，国家公园提供科研监测的场所和平台，科研机构提供研究人员和项目资金，院校提供专业师资、学生和知识传授服务。国家公园、科研机构与院校间的合作共进，集众家之所长，形成良性循环，共同推进国家公园科研监测事业[1]。在科研保障方面，祁连山国家公园建立了完善的工作人员体系，并界定其各自的角色与任务。国家公园管理机构应设置科研教育管理的内部机构；科研教育管理机构主要负责科学研究、学术交流、生态及资源监测等工作。国家和省级国家公园管理办公室、科研机构、研究中心和院校都应积极参与国家公园的科研监测。

为加强祁连山国家公园科研监测能力建设，国家公园、科研机构、院校应创造适宜的科研环境以调动科研、技术人员的积极性，并且提升科研管理水平，对现有条件进行精心的组织、管理和利用。对违背科研伦理、学风作风、科研诚信等行为，依法依规予以问责处理，重视科研成果产出，以支撑国家公园管理决策。

国家公园科研监测较其他科研工作而言具有长周期的显著特征。在其长期的发展过程中，外部的政治、经济、技术等的发展趋势等都会发生变化，而这些变化势必会影响国家公园科研监测的方向与任务。为使祁连山国家公园科研监测长期保持稳定性，祁连山国家公园的各项规划都细化明确了有关科研监测的内容。编制、执行和检查科研监测管理计划，协调和合理安排组织各方面的管理活动，有助于有效地利用人力、物力和财力等资源，取得国家公园科研监测最佳的管理效率[2]。

（二）科研监测平台建设

为了构建生态保护长效机制，甘肃省张掖市率先打造“天空地”一体化生态监管网络体系，实现了对祁连山自然保护区内 179 个生态环境问题点位的卫星遥感定位和对比监测。这些智慧化监控体系不仅为祁连山生态修复保驾护航，还全天候关注着野生动植物的“起居”。其中，省林业和草原局“智慧林草综合应用平台”项目进一步增强了林草资源管理能力，促进了资源共享，提升了整体监测水平，综合运用大数据、物联网、云技术，有效开展了智慧林草应用示范，积极

---

1 马炜，唐小平，蒋亚芳，等.国家公园科研监测构成、特点及管理[J]. 北京林业大学学报（社会科学版），2019: 25-31.

2 José A, Atauri M，José V, et al. A Framework for Designing Ecological Monitoring Programs for Protected Areas: A Case Study of the Galachos Del Ebro Nature Reserve（Spain）[J]. Environmental Management, 2005: 20-33.

探索了林草资源业务协同、生态环境、林草公共服务等方面的智能化和可视化管理，推动了智慧林草发展，为开展生态文明建设提供了强有力的支撑。除此之外，甘肃省国家公园监测中心，在实施甘肃省智慧祁连国家公园自然资源调查监测建设项目和祁连山国家公园甘肃片区生态系统定位监测体系建设项目的过程中，完成了多项祁连山国家公园体制试点任务，开展了草畜平衡评估，强化了草原生态保护，使草原生态功能和生产功能不断提升，并建立了祁连山生态保护长效机制。

目前，祁连山国家公园已经建立起基于国家公园本底资源的“一张图”资源管护机制，能够将各空间图形图像数据、属性数据以及文档资料以不同存储方式入库。采用坐标系，结合数据检查、处理、转换、缩编等技术手段，实现国家公园内各生态类型的资源分布专题图更新，空间分析与查询，生态类型属性信息查询，年度变化信息查询，以及生态资源分布、土地利用类型、林种分布、冰川变化等 10 多种专题图发布。同时，结合行政区划，基于海量数据快速进行挖掘分析，为国家公园内自然资源管护、确权、调查监测等的相关科学决策和准确预测提供有力的信息支撑。建设完成以雪豹为主的野生动物在线识别监测预警体系，提高物种监测时效性，巩固珍稀野生动植物保护成效。按照日常巡护工作需求，安装部署管护员巡护系统，实现对管护员的日常巡护、上报、考核等的网格化管理。

（三）科研合作平台与成果转化

祁连山国家公园依托兰州大学祁连山研究院、甘肃省祁连山生态环境研究中心和甘肃省祁连山草原生态系统野外科学观测研究站开展了一系列合作科研。

兰州大学祁连山研究院全面服务祁连山国家公园和生态安全屏障建设，十分关注水、生态、人类活动，重点开展祁连山生态保护与可持续发展相关研究，进行祁连山生态 - 环境 - 经济 - 社会第三方监测评估，发布祁连山地区生态保护和经济社会发展白皮书，形成自然生态资源系统保护和土地综合治理整治方案，提出祁连山地区绿色低碳循环发展的经济体系和以观光旅游、生态农牧业、节能环保等为主的生态产业体系，产出一批在国内外具有重大影响力的专题研究报告、调研报告和政策咨询报告，促进当地经济社会持续健康发展和实现人与自然和谐共生。

甘肃省祁连山生态环境研究中心以中国科学院西北生态环境资源研究院为依托单位，由其牵头，联合甘肃省祁连山水源涵养林研究院、甘肃省治沙研究所、西北师范大学、河西学院和甘肃祁连山国家级自然保护区管理局，共 6 家高校、科研和行政单位组建。中心拥有涵盖冰川 - 积雪 - 冻土、森林、草地、水文、水土流失等特色方向的监测站点 26 个，配备土壤与水化学分析系统、离子色谱系统和同位素水文分析测定平台等生态环境类观测仪器设备近千台（件），同时拥有中国西部环境与生态科学数据中心等 5 个数据中心。中心以祁连山生态安全为主线，以生态系统功能提升及生物多样性保护为突破口，集成现有的科研力量与科技创新平台，开展变化环境下水与生态耦合机制研究、集成祁连山生态系统修复技术、构建祁连山生态适应性综合管理模式与和谐人地关系，产出一批走在国际科学前沿的创新型研究成果，发表多篇高影响因子论文，其内容涉及气候变化、水文监测、旱地动态模型框架、土地荒漠化控制等方面，研究成果为国家公园后期建设提供了重要支持。例如，在气候变化方面，提出了由社会未能应对气候变化而产生的多米诺骨牌效应，引导我们建立应对气候变化的复原力，以此创造一个可靠的缓冲区来应对未来的变化[1]；在多相水方面，提出了多相水转化理论，极大地促进了对寒冷地区水文的理解[2]；通过多元递归嵌套偏差校正和多尺度小波熵提高了降水预测模拟性能并降低了预测结果的不确定性[3]；开发旱地动态模型框架，预测全球气候变化下生物结壳覆盖的表面的旱地动态，为世界上其他面临贫困和环境退化的地区提供了潜在的生态修复的重要经验，为祁连山地区土壤碳库的科学管理及精确估算提供了科学依据[4]。

甘肃省祁连山草原生态系统野外科学观测研究站以高寒草地生态治理和区域农牧业可持续发展的国家重大战略需求为导向，坚持学研产结合，聚焦祁连山生态环境保护及修复的基础科学问题，开展高寒草地生态系统定位监测、试验研究、技术示范、人才培养和科普教育，为国家生态安全及区域草食畜牧业和社会经济健康快速发展提供科技和人才支撑。其开展了草原调查、草原改良、划区轮牧、草原鼠虫病害预测预报和牧草育种等方面的研究工作，创立了具有世界领先水平的草原综合顺序分类法、评价草原生产能力的畜牧品单位指标系统，提出了高山草原划区轮牧、季节畜牧业、草地农业生态系统的 4 个生产层、草业生态系统与其他系统耦合、营养体农业等重要科学理论，丰富和完善了我国草业科学理论，为推动、引领我国草业科学的发展做出了巨大贡献，为甘肃省国家公园提供了大量的第一手草原数据。建站以来，其获得了数万条试验观测数据，在国内外核心刊物上发表了 160 多篇文章，其中包含 SCI 文章 20 多篇，内容涉及祁连山地区特征植被光合作用、污染物迁移转化、生态系统管理与风险评估、水资源利用、遥感监测、气候变化等。例如，证实了微量元素的长距离传输对祁连山的偏远森林生态系统有重大影响[5]；评估了重金属在黄土改良的沉积物中的垂直迁移机制[6]；揭示了外源铜对中国西北地区铜污染积累、转移及与氮磷营养元素的相互作用关系[7]，多角度探究了祁连山地区生态元素对污染物迁移转化的影响。在生态系统管理与风险评估方面，揭示了圈地管理对土壤和植物养分积累的积极影响[8]；提出了生态风险评估对确保人类生存与环境保护的协调性的重要性，

1　Qi F. Domino Effect of Climate Change over Two Millennia in Ancient China's Hexi Corridor[J]. Nature Sustainability, 2019: 957-961.

2　Li Z X. Climate Background, Fact and Hydrological Effect of Multiphase Water Transformation in Cold Regions of the Western China: A Review[J]. Earth-Science Reviews, 2019: 33-57.

3　Yang L S. Application of Multivariate Recursive Nesting Bias Correction, Multiscale Wavelet Entropy and AI-Based Models to Improve Future Precipitation Projection in Upstream of the Heihe River, Northwest China[J]. Theoretical and Applied Climatology, 2019: 323-339.

4　Wen L. The Influence of Structural Factors on Stormwater Runoff Retention of Extensive Green Roofs: New Evidence from Scale-Based Models and Real Experiments[J]. Journal of Hydrology, 2019: 230-238.

5　Zang F. Atmospheric Wet Deposition of Trace Elements to Forest Ecosystem of the Qilian Mountains, Northwest China[J]. CATENA, 2021: 104966.

6　Zang F. Geochemistry of Potentially Hazardous Elements in Loess-Amended Mining Sediment[J]. Chemosphere 2020: 126516.

7　Zang F. Accumulation and Translocation of Copper in Cu-Polluted Sierozem in Northwest China[J]. Archives of Agronomy and Soil Science, 2021:1301-1312.

8　Li W B, Huang G Z, Zhang H X. Enclosure Increases Nutrient Resorption from Senescing Leaves in a Subalpine Pasture[J]. Plant and Soil, 2020: 269-278.

以及对不同的区域进行差异化管理对改善生态环境的有效性[1]；利用大量遥感监测数据指标，证实了植被对于气象干旱的显著反应，提出了干旱对灌木草甸和高山沙漠存在潜在严重威胁的论断[2]，并强调应制定相应战略，以减少中国北方东部和中部地区的干旱风险[3]。祁连山国家公园相关科研机构将发表的文章紧密联系祁连山地区生态系统建设、生态风险评估、环境科学监测等领域，真正做到了把文章写在祁连山上。

三、科研体系及成果转化工作改进建议

（一）科研合作机制相关建议

科研合作方面，祁连山国家公园先后与中国科学院、北京大学、北京林业大学、青海大学、青海师范大学等22家科研机构的34支科研团队建立合作关系，在生物多样性监测保护、生态系统保护修复、生态大数据建设等领域深化合作。其中，祁连山国家公园甘肃管理局张掖分局2022年共实施科研项目4项，科研课题5项，累计投入资金175万元。祁连山国家公园甘肃管理局酒泉分局通过与国内外科研机构合作，开展了重点物种调查监测和科学研究工作。根据祁连山国家公园生态系统保护与综合治理需求，建议加大技术需求调研力度，建立祁连山国家公园-高校-企业全流程合作机制，和企业共同总结技术需求；建立国家公园人员和校企人员双向流动机制，努力构建“明确需求—根据需求进行针对性研发—增强研发成果的实用性”的科技研发流程。可出台一系列促进横向合作的管理办法，建立多边信息共享机制并完善科研合作机制；采用合作开发、共建平台、提供技术服务和培养人才等多种方式，推动科技成果转化。这些举措为科研机构人员提供坚实保障，确保科研机构人员的待遇，创造适宜的科研环境，让他们更好地发挥各自的作用[4]。

（二）祁连山国家公园科学研究方向相关建议

1. 祁连山国家公园生态环境问题

特殊的地理位置使祁连山拥有草原、森林、荒漠、冰川、湖泊、湿地等多种地貌类型，在当地生态系统当中扮演着十分重要的角色；独特的生态地位和生态功能使其拥有多样的植物以及野生动物，对西部地区的生态发展以及经济发展具有重要意义，是抑制华北地区风沙灾害，

---

1 Wang H. Spatial-Temporal Pattern Analysis of Landscape Ecological Risk Assessment Based on Land Use/Land Cover Change in Baishuijiang National Nature Reserve in Gansu Province, China[J]. Ecological Indicators, 2021: 107454.

2 Xu H J, Zhao G Y, Wang X P. Elevational Differences in the Net Primary Productivity Response to Climate Constraints in a Dryland Mountain Ecosystem of Northwestern China[J]. Land Degradation & Development , 2020: 2087-2103.

3 Xu H J. Responses of Ecosystem Water Use Efficiency to Meteorological Drought under Different Biomes and Drought Magnitudes in Northern China[J]. Agricultural and Forest Meteorology, 2019: 107660.

4 张玉钧. 迎接国家公园时代的到来：整合科研资源, 建构国家公园学[J]. 风景园林, 2022: 8-9.

保障北方地区生态安全的天然屏障[1]。20世纪国家经济粗放型发展过程中，普遍存在牺牲自然环境换取经济发展的现象，祁连山地区在此历史阶段中也对自然生态环境造成了污染和破坏，导致祁连山地区具有放牧量超出负荷、掠夺式资源开发、失控式旅游开发、缺乏生态环境监管等历史问题，致使祁连山面临冰川退缩、雪线上移、森林面积减少、草地退化、野生生物种类和数量锐减等典型生态问题，影响到人们的正常生产生活[2]。

现有监测数据表明，自20世纪80年代以来，祁连山冰川减少了116.21立方千米，冰储量减少了50亿立方米。另外，祁连山地区的雪线也在逐年上升，平均每年上升2.00～6.50m，一些地区雪线上升的速度更是达到了年平均12.50～22.50m。祁连山的湿地、沼泽面积也在不断减小。由于全球变暖，祁连山的冻土以及冰川不断消融，年降水量降至400mm左右，这使多条溪流逐渐干涸，对河谷滩地以及高寒草原的生态环境造成了严重破坏。除此之外，人为破坏生态环境影响了野生动植物的生存环境，导致祁连山拥有的野生动植物种类以及数量不断减少。马鹿、白唇鹿、猎隼、马麝等一些稀有物种濒临灭绝；冬虫夏草、红景天、黄芪、雪莲、党参等植物资源不断减少；灌木林、疏林等林地面积也在不断减小，树木受到病虫害侵袭，长势衰弱[3]。

2. 祁连山国家公园生态建设重点研究方向

近年来，国家对生态文明保护越来越重视，通过多种举措对生态环境进行保护，在推进生态文明建设工作的同时，出台了一系列的法律法规，相关部门也制定了完善的计划来保护祁连山的生态环境，旨在恢复其草地、森林的覆盖面积，增加其冰川、冻土的区域面积，保护野生动物不受侵犯。但从整体情况来看，祁连山的生态环境保护工作依然存在着很多问题，这些问题如果得不到妥善解决，势必会影响当地生态系统的安全。对此，我们需要对问题的成因进行深入细致的分析，并提出相应的解决方法，更好地推动祁连山生态环境保护工作的高效开展。建议祁连山国家公园科学研究工作主要聚焦3个重点研究方向：自然科学类研究、人文社会类研究和自然教育类研究。

自然科学类研究可以围绕祁连山国家公园生态环境资源及应用潜力挖掘、生物多样性监测与维持机制研究、野生动植物疫源疫病防控、生态风险评估、生态系统结构演变过程、生态系统服务功能评估与可持续发展对策、生态保护与修复、全球变化与生态效应评估等课题展开。人文社会类研究应着眼于祁连山国家公园体制机制、生态移民与生态补偿政策、社会经济、人文历史、规范标准和立法体系等课题。为了全方位改善祁连山国家公园地区生态环境，需构建有针对性的生态补偿和碳汇资料核算体系。根据差异化生态补偿需求，搭建生态补偿模型，探索建立以资金补偿为主，技术、实物、就业岗位等方面的补偿为辅，可持续、可推广、创新性的“山水林田湖草沙”差异化生态补偿机制，促进生态补偿规范化、制度化。注重分类施策，提出各个方面的重点任务，从实际出发，科学部署各项工作。除此之外，还要注重分工协作，

1　陈志强. 祁连山冰川湿地保护的问题与对策探讨[J]. 农家参谋, 2022: 153-155.

2　李贵琴. 生态文明视域下祁连山生态保护与修复建议[J]. 智慧农业导刊, 2021: 5-7.

3　李贵琴. 祁连山生态环境现状与保护措施分析[J]. 智慧农业导刊, 2021(20): 1-3.

构建高效顺畅的工作机制。自然教育类研究则应重点关注祁连山国家公园生态产业示范、生态体验和环境教育、自然教育办学体制、自然教学内容和教育方法等课题。

科研技术路径应始终围绕《祁连山国家公园体制试点方案》精神和生态文明建设与可持续发展的科技战略需求，针对祁连山国家公园体制试点工作中的重点和难点以及祁连山生态系统因受气候变化和人类活动影响而产生的一系列问题，搭建合作建设和发展平台，并着力于理顺创新体制机制，完善动态监测网络化体系，打造“生态科研高地”“生态保护高地”和“生态文化高地”，重点关注祁连山国家公园体制机制、生态移民、生态体验、科普教育、立法体系、社会经济、人文历史、生物多样性保护与生物资源利用、生态环境保护和修复、“山水林田湖草沙”生态系统功能动态评估与提升技术研发等方面，着眼于构建自然生态监测网络体系、开展人文历史研究、全面评价资源量和生态健康、动态评估生物多样性和生态系统功能、构建生态补偿标准体系等，为祁连山国家公园生态文明建设提供科学依据、技术支撑和决策支持。

第九章　祁连山国家公园生态监测及感知系统建设实践与思考

摘要：甘肃省国家公园体制试点开展以来，国家公园甘肃省管理局认真落实中共中央、国务院关于祁连山国家公园建设的决策部署，实现了对雪豹、荒漠猫、豺、黑颈鹤等珍稀濒危野生动物、重要自然生态系统和重要资源等重点领域的动态监测、智慧监管和灾害预警。本报告介绍祁连山国家公园的生态监测体系现状，探明“天空地”一体化监测系统在祁连山国家公园的应用实践，结合生态感知大数据平台的建设情况，思考实现祁连山国家公园信息化建设的模式，为祁连山国家公园数字化治理提供思路和参考，助力我国智慧生态文明建设。

关键词：生态监测　“天空地”一体化　生态感知　大数据　信息化

祁连山国家公园是我国西部重要的生态安全屏障和生物多样性保护关键地区，对其自然资源、生态状况、科学利用情况等方面进行监测具有十分重要的意义。一般而言，国家公园监测体系由数据采集层、数据传输层、数据存储层、数据分析层和应用服务层组成，形成“天空地一体化”监测体系和“各国家公园管理局—管理分局—管理站”三级监测架构，并与国家自然保护地相关管理平台连接（见图 1）。在数据采集层，构建国家公园“天空地一体化”监测体系，多方法、多渠道采集国家公园数据。“天空地一体化”监测体系综合运用天基卫星遥感监测、空基航空遥感监测、地面综合监测以及社会经济调查等多种监测技术手段和方法，对国家公园形成立体化、精细化监测。在数据传输层，选择运营商网络、自建有线或无线网络、卫星通信等通信方式实现前端自动化监测设备的数据传输和人员通信信号覆盖。数据存储层从存储管理、网络安全、用户行为安全、数据访问安全等方面给予运行保障。数据分析层借助大数据、人工智能等新一代智能信息技术，面向国家公园各项工作对监测数据的分析需求，为复杂监测数据的科学有效应用提供数据分析引擎。应用服务层包括面向国家公园监测数据相关业务工作需求的业务应用系统（如自然资源管理应用、生态状况管理应用、科学利用管理应用、保护管理应用等），以及面向国家公园体系外的其他政府部门、各类机构和社会公众的监测数据共享交换和发布服务。本报告将在上述逻辑架构的基础上，在整体上对祁连山生态监测体系进行概述，在数据采集层汇总“天空地”一体化监测系统的应用实践，在数据分析层和应用服务层分析祁连山国家公园生态感知大数据平台的建设情况。

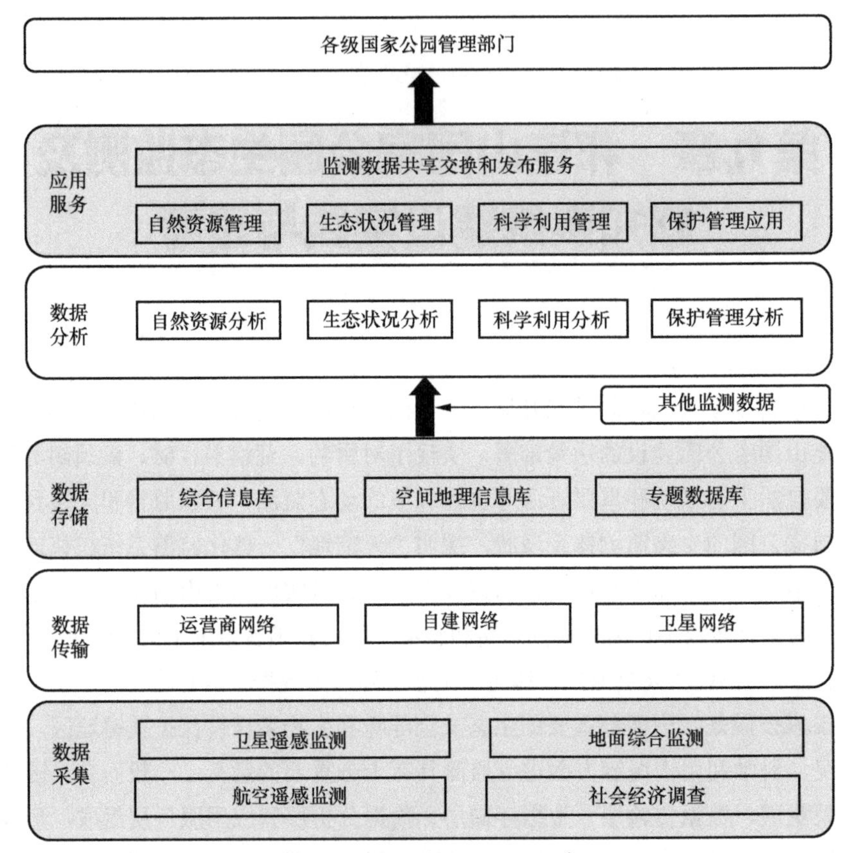

图1　国家公园监测体系架构图[1]

一、生态监测体系概况

祁连山国家公园综合监测体系已初步建立，高科技现代化监测网络基本搭建完成，具体体现在 3 个方面。一是积极推进信息化项目，通过建立与完善智慧祁连山大数据应用平台，不断加强信息化建设在资源管理、森林草原防火、生态监测、综合业务等方面的应用，全面完成野外视频监控、智能道闸、智能卡口及安防监控的建设任务，截至目前，森林草原防火视频监控塔已达 89 座，有效监控范围达到 53.4 万公顷，基本覆盖保护区重点火险区域。二是构建“三线五级”生态监测网络体系，在祁连山国家公园东、中、西部按照海拔、植被类型等分别设立观测点，安装仪器设备 300 多台（套），进行全天候、全方位监测，为祁连山生态环境保护质量评价提供了实时数据和科学依据。三是创新保护模式，已全面启动个人数字助理（Personal Digital Assistant，PDA）野外巡护监管系统，利用 PDA 划定巡护样线，定期开展巡护监管，实现了从看山护林、手工台账记录到综合运用园区远程视频监控、卫星遥感影像判读、无人机巡检、野外视频监控、红外相机拍摄、高分辨率对地观测等多种先进技术的巡护监管模式的转变。

1　GB/T 39738—2020, 国家公园监测规范[S].

（一）主要任务

将国家公园边界、管控分区范围及主要管控要素等矢量空间信息及时纳入国土空间规划“一张图”实施监督信息系统，与国土空间规划衔接协调一致。开展对自然地理要素、生态系统及其生物多样性、自然景观和遗迹、自然资源和人为活动等的连续监测，实现对国家公园的动态、全要素、全过程监测，掌握监测对象的现状基线及其变化间的相互关联性，反映国家公园内各种资源要素的动态变化和影响因素，揭示公园管理活动的影响，为管理决策的制定和实施提供有用信息，为保障祁连山国家公园生态安全提供基础支撑。运用卫星遥感监测，无人机等航空遥感设备，地面生态站视频监控、布置红外相机、巡查固定样地、固定样线（带、点）及定期巡护等方法，对自然生态系统、自然遗迹、自然景观及其所承载的自然资源、生态功能、文化价值的基本情况，以及上述要素的动态变化进行监测。针对不同监测对象，制定不同的监测内容、监测周期、监测方法等。

建立生态及资源环境监测基线。根据当年的卫星影像数据、地形图、最新的地质调查基础数据、国家气象站和国家公园气象观测站最新相关数据、国家公园水文站最新数据、最新的土壤普查数据、最新的植被类型数据、最新的文化资源数据、最新的重点自然景观和遗迹数据、国土“三调”数据等，采用遥感影像数据判读结合实地调查核实的方法，对祁连山国家公园的地质地貌、气象气候、水文水质、土壤植被、野生动物、自然景观和遗迹等基本情况进行调查监测，建立各类生态及资源环境监测基线，为后期开展动态监测提供基础的对比数据和参数本底值。这有利于掌握生态及资源环境的变化情况和受影响程度，同时也为科学制定保护管理和发展利用对策提供了基础。建立监测成果发布机制。在调查监测工作完成后，对于社会公众关注的成果数据或数据目录，履行相关的审核程序后，统一对外发布。未经审核通过的调查监测成果，一律不得向社会公布。

重点资源（森林、草地、湿地、荒漠、冰川）监测。根据当年的卫星影像数据，最新地形图，祁连山国家公园原有重点森林、草地、湿地、荒漠、冰川的调查资料，采用卫星遥感、无人机或样地、样线、样点调查的方法，开展全面调查，以掌握各类资源的本底状况和共性特征，为后期的资源变化、发展、预测预警奠定基础。

重点保护物种及其栖息地监测。依据国家公园原有生物物种及其栖息地的调查资料，采用样地、样线调查，实地调查、核实的方法，对哺乳类、鸟类、两栖类、爬行类、昆虫、鱼类中的特有种、珍稀代表种、濒危物种，苔藓、蕨类、种子、大型真菌中的保护植物、珍稀濒危植物、特有植物、极小植物种群，以及上述动植物的栖息地开展监测，掌握重点保护物种及其栖息地的种类、数量、质量、保护和变化情况。

（二）指标体系

祁连山国家公园根据自然资源和生态系统特征，开展自然资源、生态环境和生态系统综合监测与评估，选择自然资源、生态环境、干扰三大类监测指标（见表 1 ～表 3），重点完成自然资源本底及动态变化、生态系统结构和功能、资源环境承载力、生物多样性等的监测，并对冰川雪山、森林灌丛、草原草地、河流沼泽等典型复合生态系统进行重点监测。基于监测成果，建立了总体、区域、生态系统等不同尺度的综合评估机制，开展了祁连山国家公园生态系统状况、生态系统服务功能、生物多样性、生态建设成效、生态安全、生态承载力等方面的动态评估工作。

表1　祁连山国家公园自然资源监测指标体系表（部分）

一级监测指标	二级监测指标	三级监测指标	监测周期	监测技术方法
水资源	水资源量	总量	1年1次	调查统计
生物资源	森林资源	类型与面积	1年1次	遥感监测、地面核查
		天然林面积	1年1次	遥感监测、地面核查
		植物群落结构	5年1次	地面调查
		天然林蓄积量	5年1次	遥感监测、地面核查
		人工林蓄积量	5年1次	遥感监测、地面核查
		其他林木蓄积量	5年1次	遥感监测、地面核查

表2　祁连山国家公园生态环境监测指标体系表

一级监测指标	二级监测指标	三级监测指标	监测周期	监测技术方法
水文水质	水文	流量、流速、泥沙、水质	实时	站点监测
	水质	pH值、溶解氧、氨氮、其他有害物质	1月1次	站点监测
大气	空气质量	环境空气污染物基本项目	实时	站点监测
土壤	土壤	土壤类型、质地、土壤容重、孔隙度	5年1次	地面调查
	土壤质量	土壤养分、矿物质含量	1年1次	站点监测
气象	气温	最高气温、最低气温、平均气温	实时	站点监测
	降水	降雨时间、降雨量	实时	站点监测
	风速	风速	实时	站点监测
	光照	日照时间、总辐射量	实时	站点监测

表3　祁连山国家公园干扰监测指标体系表

一级监测指标	二级监测指标	三级监测指标	监测周期	监测技术方法
人为干扰	人口密度	常住人口数量	1年1次	调查统计
	访客规模	年访客人次	1年1次	调查统计
	人为活动用地	人为活动用地类型与面积	实时	遥感监测、地面核查
	自然资源利	草场载畜量	1年1次	调查统计
	用强度	水资源利用量	1年1次	调查统计
	垃圾产生与处理	垃圾无害化处理率	1年1次	调查统计
	捕猎	非法捕猎发生的次数与涉及动物数量	1年1次	调查统计
自然干扰	生物干扰	林业和草原有害生物灾害发生面积和发生强度	即时开展，每年度统计	调查统计

（三）“三线五级”生态监测网络体系

祁连山国家公园于2018年开始建立基本覆盖国家公园主要生态类型的“三线五级”生态监测网络体系，它在水平方向上建成横贯东西、能够代表祁连山东、中、西部三线典型植被特征和气候类型的生态定位监测站，在垂直方向上根据冰川、草甸、灌木、森林、草原5个层级的生态系统建立起代表祁连山垂直梯度的典型生态系统生态监测点。截至目前，祁连山国家公园已建成并运行60个野外观测站点，在各监测站监测区域内开展综合典型区域生态学研究。其中，有森林生态系统野外观测站点20个、草原荒漠野外观测站点14个、冰川冻土野外观测站点4个、坡面径流野外观测站点15个、水文观测野外观测站点7个。监测内容涵盖气象、水文、土壤、碳水通量和植物群落等，初步实现了监测数据实时传输、自动汇交、智能分析、长期保存、界面化展示的目标，构建起集保护、治理、科研、科普于一体的生态监测系统，为智慧祁连山大数据应用平台建设提供了强有力的科技支撑，也为国家公园建设提供了决策依据和技术保障。

（四）智慧祁连国家公园自然资源调查监测建设项目

智慧祁连国家公园自然资源调查监测建设项目基于国家公园监管实际需求，整合甘肃省现有的“林、草、园、野、湿、荒、沙”监测基础成果数据，完善其“天空地”监测技术手段和数据传输途径，规划甘肃林草信息化建设框架，搭建信息化基础平台，并开展相关业务应用。例如，开展祁连山国家公园（甘肃片区）人类活动与生态系统基准以及甘肃林草影像基础建设，实现祁连山国家公园（甘肃片区）各类数据在统一时空框架下的标准处理、整合统筹、动态接入、直观展示与可信决策。整合打造“天空地”一体化监测体系，包括整合地面视频监控网络，为监管机构提供一套“高清化、网络化、智能化”的视频图像监控系统；建设无人机监测平台，以无人值守无人机系统为主体，实现对国家公园重点区域的常态化巡查与应急监测；建立生态感知遥感监测平台，提升监测能力。部署卫星通信网络，突破传统通信网络易受环境因素影响的限制，弥补网络覆盖方面的不足，打造基于卫星通信的“国家公园监测中心—分局—保（管）护站—巡护人员”实时通信网络。同时，开展大数据中心建设，制定甘肃林草和以国家公园为主体的自然保护地数据统一标准与数据资源规划，对智慧祁连基准数据、林草园野湿荒沙监测成果数据，以及防火、林长制、病虫害等专题数据进行接引汇聚、优化存储，同时开展构建数仓、融合治理、服务展示等相关工作，为甘肃林草业务提供数据支撑。智慧祁连国家公园自然资源调查监测建设项目从2021年12月开始实施，至2022年12月项目内容全部建设完成。

该项目的实施实现了对影响祁连山生态环境的要素的全方位、立体式监测，在空间上实现了对祁连山国家公园林地、草地、湿地、人类活动、生物多样性等要素的监测，有助于摸清生态环境“家底”。监测成果也可帮助了解生态环境的动态变化，为生态环境恶化靶向治理提供依据。此外，建立预测预警机制，模拟生态环境未来发展趋势，对资源开发利用的后果、生态环境质量变化进行评价、预测、预警，可以筑牢祁连山生态安全屏障。

二、"天空地"一体化监测系统的应用

祁连山国家公园创新数据采集方式，拓宽数据获取渠道，整合现代通信、网络、人工智能等高新技术，运用有线无线融合网络、视频监控、自动传感、红外相机、振动光纤、无人机、直升机等技术手段，充分利用已有各类数据资源，对接区域测绘地理信息时空大数据和云平台，实现了对森林、草地、湿地、野生动植物、矿产等自然资源，水、土、气等生态因子，以及森林（草原）火险、人为活动等方面的实时监测和数据实时传输；同时，充分利用现有各部门监测站点，形成密度适宜、功能完善的监测地面站点体系，建立了全天候快速响应的"天空地"一体化监测系统。

（一）"天空地"一体化监测系统概况

祁连山国家公园充分应用区域测绘地理信息时空大数据和云平台等技术，建立了智能化、可视化、"天空地人一体化"全天候快速响应的监测体系。依靠科技创新与技术进步，加强了低成本、低功耗、高精度、高可靠性的智能化传感设备和遥感技术在国家公园管理中的集成应用，建设自然与人文资源、生物多样性、社区发展、国家公园管理等一系列数据库，扩展统计分析、信息展示、决策支持等多个子平台应用。依托珍稀生物调查路线的设置，科学增设了监测样线，形成了网状系统。整合现有自然保护地及周边监测设施设备，增加野保影像监控系统、防火视频监控系统、野生动物入侵报警系统、道路卡口视频监控系统、智能巡护终端、生态因子监测站等。

祁连山国家公园通过对巡护监管样线、样点的长期全面监测监管，实现了对森林生态系统及其干扰因子常规项目的动态跟踪研究，着力解决了监测指标不全面、监测方法不统一等主要问题，为科学管理提供了依据。重点解决了自然资源监测能力弱的问题，将高分辨率卫星遥感影像、无人机巡检、野外视频监控与 PDA 巡护有机结合，构建了"天空地"一体化的自然资源监管体系，实现了对自然资源数据的全方位采集，形成了涵盖公园全境，纵向到边、横向到底的巡护监管网络。

与此同时，祁连山国家公园利用视频监管技术对祁连山野生动物、林业有害生物、森林生态系统动态变化规律、自然和人为干扰影响机制进行了科学、有效的监测监管。一是实现了护林员实时定位及应急救援。应用祁连山国家公园巡护监管系统，在智能化管理平台上可查询任意时间任意护林员的行进轨迹。智能化管理平台能够按照预设条件，根据护林员当天的巡山查林轨迹和 PDA 传输的信息，自动完成巡护工作合规性的统计，彻底解决了护林员巡山查林责任落实监督难的问题；实现了在紧急情况下发送通知的功能，解决了在短时间内难以快速对附近管护人员进行集中调度的问题，为火灾扑救等紧急情况的处理赢得了时间。二是收集森林生态系统及其干扰因子的海量数据，实现了动态跟踪研究。在祁连山国家公园建立起针对森林生态系统及其干扰因子的统一的巡护监管技术体系、数据管理分析应用体系和质量管理评价体系三大标准系统，实现数据资料的可对比（时空）、对接（数据库）和对称（逻辑检查）分析、应用和管理。借助对巡护监管样线、样点的长期、全面监测监管，实现了对森林生态系统及其干

扰因子常规项目的动态跟踪研究，为科学管理提供了依据。三是完善监管监控系统，助力对特殊情况的准时研判和火灾扑救。巡护监管系统与林火视频监控系统实现互联，林区出现火情时，管护人员在 PC 端可及时发现。同时，管理人员利用 GIS 可迅速对发生火情、火警区域进行定位，并及时做出分析研断，为防灭火指挥工作提供可行的依据，真正做到了大范围、全天候、智能化的火灾早期探测、报警和扑救。

（二）无人机技术应用

甘肃省在广泛开展生态监测感知的过程中，不断提升生态监测手段的科技水平，积极推进新技术、新装备在监测、人工增雨（雪）、航拍和森林防火等方面的应用。无人机技术在祁连山国家公园中广泛应用，通过搭载高精度相机、激光雷达等多种先进设备来实现对生态环境的快速监测、评估，极大提升了生态保护治理的效率。

2018 年 6 月，甘肃省气象局印发了《祁连山生态修复型无人机人工增雨实验方案》；2019 年，甘肃省委军民融合发展委员会下发了《甘肃省启动无人机影响天气工程暨无人机产业化实施方案》；随后甘肃省启动了无人机人工影响天气工程项目，这在国内无人机领域引起了较大的轰动，创新了无人机应用领域。该工程以中航（成都）无人机系统股份有限公司研发的大型无人机为平台，加装人影设备研制出了“甘霖一号”大型无人机，成功在祁连山地区开展了人工增雨（雪）。

甘肃省气象局在《关于祁连山生态修复型无人飞机人工增雨工作有关情况的报告》中指出，无人机人工影响天气工程项目建成后，祁连山地区内降水量增加 10% ～ 15%，每年平均可新增降水 2.8 亿～ 4.2 亿立方米，有效地补充了祁连山地区的石洋河、黑河、疏勒河等的水量，极大推进了祁连山的生态修复进程，生态效益显著。2022 年，甘肃军民融合技术转移中心在上报给甘肃省委军民融合发展委员会办公室的《关于建设西北“甘霖”无人机试飞基地的报告》中提出，计划以金昌市通用机场为主，建设西北“甘霖”无人机试飞基地，为适时开展祁连山常态化生态监测提供基础设施，为实现甘肃省在全国范围内实施人工影响天气工程完成配套建设。

（三）遥感卫星助力搭建“天空地”立体监测网

值得一提的是，为了进一步健全国家公园生态监测体系，甘肃军民融合技术转移中心编制的《祁连山 1 号遥感卫星项目可行性研究报告》提出，通过发射祁连山 1 号遥感卫星，构建具有自主知识产权的“天空地”立体监测网，实现对甘肃省内各区域的全覆盖和多角度监测，随时采集、传输、分析与绿色发展有关的数据，为祁连山国家公园自然生态健康感知提供实时监测数据和决策依据。

祁连山 1 号遥感卫星项目使用卫星遥感技术，从远距离、高空乃至外层空间的平台上，利用可见光、红外、微波、多光谱等不同类型的探测仪器，通过摄影或扫描、信息感应、传输和处理等过程，识别地面物质的性质和运动状态，与甘肃省空、地监测站形成多点位、多谱段、多时段的数据应用平台；可实现对森林火灾、草场演化、城市环境、大气环境、云水资源、地质矿产、河流变化、碳排放、农牧业等的实时监测。该项目共计划发射遥感卫星3颗，使其以低轨运行的方式组建成祁连山资源监测卫星网络，逐渐形成多层次、多视角、多领域的系统数据链，助力祁连山国家公园生态修复、黄河流域生态保护工程；利用遥感技术积极探索“双碳”领域的应用，开展林草碳汇能力计算和碳汇价值评估，为甘肃省国家公园进行碳资源管理与碳交易制定实现路径。

该项目建成后，从空间看，可实现天、空、地一体化的监测和高、中、低多维度的信息采集，有效地解决当前国家公园内监测手段不够先进、立体化程度不高的问题；从时间看，可实现全天候、全时空、常态化的监测，能做到即插即用，消除了环境和天气造成的不良影响，尤其是在断网、断电、断路的极端情况下，可以利用遥感卫星和无人机系统，建立空中通信平台，为应急救援不间断地提供通信保障；从服务领域看，能加快海量数据的采集、存储、清洗和分析利用，进一步完善大数据产业公共服务体系和生态体系。

三、生态感知大数据平台的建设

祁连山国家公园甘肃省管理局按照总体发展规划，着力推进信息化建设，利用卫星遥感、无人机、地面监测等技术手段，建立“天空地”一体化监测体系，充分利用有关部门已有监测资源，完善监测站点布局，开展典型生态系统服务功能、自然资源资产、资源环境承载力和人类活动等的动态监测评估，构建智慧感知系统，重点打造智慧祁连山大数据应用平台。借助遥感、地理信息和互联网技术，运用多源数据融合、大数据分析、模型评估等技术，整合各类数据资源，构建集地面物联网观测、三维地图、遥感影像、移动互联网应用、资源本底、生态评估、日常管理于一体的祁连山国家公园生态感知大数据平台，通过大数据分析，为祁连山国家公园建设和管理提供科学支撑。一是利用全区域动态实景、三维地形地貌、植被覆盖情况、自然资源、文物资源等的相关信息管理和展示模块，实现了祁连山国家公园内时间、空间全覆盖监测和管理。二是增强了管理局和各级管理机构间信息快速传递的能力，在省级管理局、祁连山国家公园管理局、管理分局建设视频会议系统，系统包括MCU（Multipoint Control Unit，多点控制器）、会议室终端、PC桌面终端、电话接入网关等。依托森林防火平台，建立覆盖主要出入口的实时监控系统，利用700M信息网络系统对野生动物进行实时监测。三是运用遥感、卫星定位、红外相机、无人机监测、“互联网+”等技术开展现场监测，实现对集成信息采集、汇总分析、远程诊断、决策指挥、应急响应、宣传教育等的综合防控信息化管理。

智慧祁连山大数据应用平台建设主要体现在以下方面。

1．基础设施

对现有信息化资源进行整合与改造，建成了占地50平方米的标准化机房，配置了机房专用空调、气体消防系统、专用配电系统等，引入电信运营商已有的成熟技术、设施和服务，基于“互联网+”理念，建设了覆盖基层16个保护站的内外网系统，实现了局机关与基层保护站、资源管护站的网络互通，为深入推进智慧祁连山建设创造了最基础的网络环境。

2. 资源数据库

把国土“三调”数据与资源“一张图”数据库有机融合，按照林业信息化行业标准，开展资源数据采集、整理等工作，为综合监管提供信息支撑。资源“一张图”数据库采用“天空地”一体化等多种手段，进行数据资源的获取与更新。

3. 协同办公系统

建成了覆盖分局机关和16个保护站的三级协同办公网络平台和移动平台，实现了政务事务的网络化、移动化、无纸化办公和信息共享。

4. 野外视频监控系统

截至目前，祁连山自然保护区全区共建成野外视频监控系统89套，这些系统配置了远距离双光谱监控摄像机——包括高清可见光摄像机和热成像摄像机，对视频监控区域进行图像采集分析，并通过光纤链路和运营商专网将监测视频等信息传回至资源管护站、保护站及局机关等各级监测中心，对森林草原火情、野生动物、森林病虫害、人类活动等进行24小时实时监测监控。

5. 安防监控系统

2017年以来，采用试点先行的方式分步实施了安防监控系统建设，在主要路口、沟口等一些重点区域安装网络监控探头150余处，布设道路智能卡口30余处、智能道闸10余处，实现对进入林区人员和车辆的24小时监管。

6. 林业有害生物监测物联网系统

在古城、乌鞘岭、哈溪、大黄山、寺大隆和隆畅河保护站等地开发建设林业有害生物监测物联网系统6套，与肃南县环林局合作建设林业有害生物监测物联网系统10套。在前端监测点布设了林业有害生物监测设备、小气候监测设备及太阳能杀虫设备，系统能够将监测点的昆虫、孢子信息及气候物候信息实时回传，用信息化手段加强对林业有害生物的监测与防治。

7. 智能巡护监管系统

购置智能巡护终端800余台，建成祁连山国家公园智能巡护监管系统。整套系统由智能化管理平台和智能化手持终端组成，智能化手持终端基于互联网与管理平台互联，巡护员可通过手持终端进行信息采集、传递和存储，实现巡护监管工作的无纸化、数字化和内外业一体化。

8. 大数据管理平台

大数据管理平台以资源数据库为基础，基于互联网和视频专网对各类应用系统进行融合，集成为一站式登录的统一大数据管理软件平台。

四、祁连山国家公园信息化建设模式思考

祁连山国家公园信息化建设提升了国家公园保护管理的现代化水平，打造了全新的林业生态环保和资源管理的新模式，取得了显著成效。一是整合信息资源，发挥各类信息的综合效益，达到了信息共享的目的，避免了重复建设、反复调查等，实现了快捷、高效的网络化管理，加快了各级党政机关获取祁连山生态建设信息的速度，提升了国家公园的管理服务能力，降低了管理成本。二是建立国家公园信息服务平台，使其发挥宣传、教育、服务等诸多作用，从而使社会各界快速、方便地了解祁连山各方面的信息，提升了祁连山国家公园的公众形象及社会关注度，为其建设发展带来了显著的社会效益。三是构建“天空地”一体化监管体系，增强了对国家公园资源的监测与管理能力，提升了保护管理的现代化、科技信息化水平，保障了祁连山各生态系统的安全，更好地为河西走廊、甘肃省乃至我国西部经济社会的科学发展提供信息化服务。

虽然近年来祁连山国家公园大力推进基础设施建设，进一步完善了国家公园的动态监测体系，但其信息化建设仍需结合“努力建设人与自然和谐共生的现代化”的时代要求，朝着实现智慧管理和服务的平台治理模式前进。2022年6月1日，《国家公园管理暂行办法》正式颁布实施，指出国家公园管理机构“应当充分运用现代化技术手段，提高管理和服务效能，推动国家公园实现智慧管理和服务”，并且“应当建立国家公园综合信息平台，依法向社会公众提供各类信息服务”，这指明了国家公园的信息化建设方向。要实现国家公园的智慧管理和服务，则需要依托于平台治理，利用基础硬件即“天空地”一体化监测网络体系，将自然资源转化为信息资源，再通过后台即业务系统、数据库加工，依托云计算、人工智能、区块链等技术手段形成的数据中台及业务中台的智慧和算力，最终在前台即自然资源“一张图”上呈现，这一流程满足了国家公园治理的数字化、感知性、整体性、智慧化的要求[1]。基于当前祁连山国家公园信息化建设实践，本报告从提升国家公园智慧管理和服务效能的角度提出以下建议。

（一）落实数字化治理，推动精准化感知

祁连山国家公园需要继续推动从传统治理向数据治理转变的变革，实现“用数据说话，用数据决策，用数据管理，用数据创新”。利用祁连山国家公园综合信息平台，通过汇聚海量、多元的数据，在国土空间规划及自然资源“一张图”的基础上，叠加森林、草原、湿地、野生动植物等各类监测数据，形成园区内自然资源的图、库、数，通过可视化处理及模型化分析，对静态结构与动态过程进行数字化表达，呈现出资源管理所需的时空量序、结构层次和系统整体状态，充分发挥数据在园区规划建设、生态环境保护绩效评价、自然资源监测管理中的基础性、引领性作用。

经过多年的信息化建设，祁连山国家公园在管护范围内布设了大量数字基础设施，依托生态系统定位观测研究站、气象观测站、水文水质监测站等组成了国家公园监测网络，但仍需要

1　周庆宇. 数字化转型期我国国家公园平台治理模式研究[J]. 国家林业和草原局管理干部学院学报, 2022, 21(4): 14-19.

进一步在此基础上建立一体化智能感知体系。一是实时监测水、土、气、野生动植物等自然资源，通过遥感卫星研判、GIS 三维建模、人工智能识别等信息技术，对各类数据资源进行综合分析利用，在自然资源“一张图”上形成植被生长规律、物种活动范围模型；二是生成生态环境评估报告及专题成果，推动国家公园管理实现精准感知、智慧管控，为全社会提供智慧便捷、公平普惠的生态文化产品。

（二）数据集约化展示，增加整体性优势

祁连山国家公园整合了不同类型的自然保护地，涵盖了森林、草原、湿地、冰川、冻土、雪山等多样化的自然生态系统，需将各类监测系统获取的数据进行集约化展示。通过信息技术手段，努力实现自然生态系统数据资源全面落地上图、珍稀野生动物种群及栖息地动态监测、林草火情及林业有害生物疫情预警等目标。通过对海量、异构、多语义、多尺度资源数据的关联分析和可视化展示，即对园区生态环境保护、自然资源管理和居民生产生活数据的共享和动态匹配，国家公园管理机构可以全面掌握园区生态环境的时空量序动态变化、及时调节社会生产过程、实时监控自然资源和生态环境演变，有效控制自然生态与数字感知之间的时空差异。祁连山国家公园综合信息平台可以通过整合各自然保护地系统及监测数据，逐步推进互联互通、业务协同、成果共享，从而实现对各类数据资源的一体化感知、整体性管理，有效提升跨越时空的决策协同能力。

（三）实现跨层级互联，加强交互性协同

国家公园的管理需要各层级管理机构的相互联动，这可以通过祁连山国家公园综合信息平台实现。国家公园可以通过划分不同业务模块、开通权限，让各级管理者和使用者参与管理，以提升管理协同能力。祁连山国家公园一方面集中整合自然资源、生态环境、应急管理、农业农村、水利和气象等领域的监测系统和数据，打破业务范围进行统筹管理，实现基于保持重要自然生态系统的原真性和完整性这一管护需求的跨部门协同管理；另一方面将指挥调度、实时监测、视频通话等功能接入综合信息平台，为基层工作人员配置移动端 App，通过信息技术集成治理工具，聚合物种监测、巡护执法、灾害预警等的碎片化场景，基于业务需求实现与基层工作人员的即时沟通。

祁连山国家公园的智慧管理还需依托综合信息平台，由单一主体参与转向包括政府、公众、企业及非政府组织等多主体参与，以媒介移动交互的方式重塑公共关系，提升创新服务协同的能力。祁连山国家公园需要顺应信息科技和媒体融合的发展趋势，向基于主体身份和服务关联的个性化、主动式服务模式转变，通过联通政府网站、政务新媒体，采用多形式、交互性强、灵活化的方式打造网络生态文化产品，实现传播范围更广、影响层面更深、品牌价值更高的线上科普和宣传教育，共同营造向上向善的和谐网络生态氛围，共助智慧生态文明建设。

第十章　祁连山国家公园多元化投融资保障机制构建

摘要：如何利用地方特色与生态特征，实现生态产品价值转化是各个国家公园亟须解决的一个问题。目前我国生态产业发展仍面临投融资机制与渠道不完善、生态产品价值实现路径单一等多方面的问题。对此，祁连山国家公园提出了多元化生态补偿模式，通过构建投融资管理体制和拓展投融资渠道，运用科学的、适合我国现阶段国情的国家公园特许经营制度，设立国家公园基金，利用碳汇价值转化和文旅农康融合发展等手段，推动了当地生态产品价值转化。祁连山国家公园的多元化投融资途径有效促进了生态保护和民生改善协同联动，形成了人与自然和谐发展的新格局，为我国完善国家公园生态产品多元化的投融资机制提供了示范。本章建议，在此基础上进一步拓宽多元化投融资渠道，吸纳社会资本，发展投融资一体化平台，开发新型管理运营模式，实现国家生态产品价值转化，形成生态经济化、经济生态化的发展新局面。

关键词：祁连山国家公园　生态产品　多元化　投融资机制

经过 60 多年的不懈努力，我国已建立了功能多样、数量众多、类型丰富的自然保护地体系。自 2015 年开始实施国家公园体制试点以来，国家公园体制改革取得了重大成就，并且形成了一批可复制、可借鉴、可推广的经验和法律法规。迄今为止，我国 12 个省份设立国家公园体制试点共 10 处，包括甘肃省祁连山国家公园[1]。

建立高效、统一、规范的国家公园管理体制是国家公园体制试点的根本要求，结构合理的资金保障机制则是突显国家公园以保护为主和公益性的基本特征的基础。国家公园项目的资金主要来自重点生态功能区转移支付项目和中央投资文化旅游提升工程项目，目前国家尚未设立专项投资。为了确保国家公园的公益属性，国家提出“中央政府直接行使全民所有自然资源资产所有权的国家公园支出由中央政府出资保障”，以此助力保障资金来源，并在确保国家公园公益属性和生态保护的前提下，依照“政府主导、社会参与、市场运作”的原则，创建多元化资金渠道。随着国家公园相关管理法则、机制、规则的逐步规范和完善，国家各级财政部门的相关投入逐步增加，我国实行以中央政府财政拨款为主，地方财政投入为辅，鼓励社会积极参与的多渠道资金筹措保障机制，采用收支两条线管理模式，建立财务公开制度，保证国家公园各类资金使用透明度[2]。

国家公园的发展对资金投入需求大，然而我国国家公园面临资金来源单一、资金短缺、投

1　刘珉, 胡涛. 国家公园管理研究: 从公共财政视角[J]. 林业经济, 2017: 3-8.

2　李俊生, 朱彦鹏. 国家公园资金保障机制探讨[J]. 环境保护, 2015: 38-40.

融资机制不完善等问题，再加上疫情冲击影响，使各项工作推进缓慢。在中央统筹规划推进疫情防控和经济社会的发展下，形势渐渐好转。但是我国依旧迫切需要建立可行的社会资本参与模式，建立健全充分体现生态价值和损害成本的价格机制、收费机制，从而形成稳定规范的社会资本投入回报机制。

完善生态产品投融资途径的主要方法如图1所示[1]。

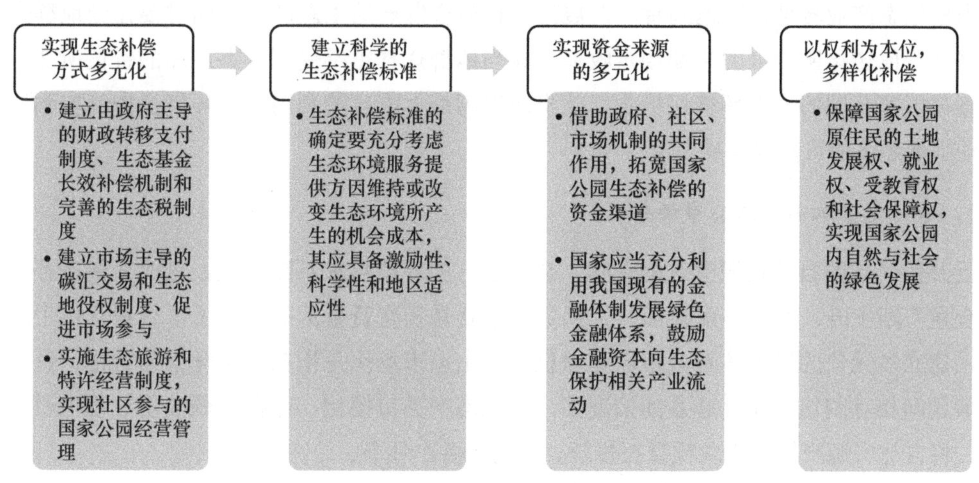

图1 完善生态产品投融资途径的主要方法

实现祁连山国家公园的生态产品价值，需要政府主导、企业和社会各界参与市场化运作。多元化的投融资机制不仅能够带动地方经济的发展，还能满足公众游玩的需要，开创双赢局面。因此，构建祁连山国家公园生态产品投融资机制，是实现生态产品价值转化的必由之路。

一、国家公园生态产品价值实现

（一）国家公园生态产品价值转化途径

多元化的投融资机制的目标是实现生态产品价值转化，即在不破坏国家公园生态环境的前提下，尽可能地实现生态产品的价值，推进生态经济化和经济生态化协调发展。国家公园的首要功能是对生态系统的原真性和完整性进行保护，无论国家公园怎样推动生态产品价值转化，这个大前提都不能有丝毫动摇。如果要靠牺牲环境来推动生态产品价值转化，那宁可不要。习近平总书记曾经说过："宁要绿水青山，不要金山银山。"在这个大前提之下，国家公园应该坚持生态经济化和经济生态化协调发展。在此过程中，可以实施相应的补偿机制、激励政策等来引导公民、企业等加入生态保护的行列，并从中获取一定的收益，使生态财富转化为经济财富。例如，祁连山国家公园引导当地政府在国家公园旁边打造入口社区和特色小镇，发展绿色生态产业，积极引导公园周边人民群众生产生活方式转变和经济结构转型。与此同时，国家公园要

1 翁晓宇. 国家公园多元化生态补偿法律机制研究[D]. 新乡: 河南师范大学, 2019.

坚持以人为本、生态惠民、产业富民，完善和保障有关人民群众稳定收益的长效机制，和当地人民群众形成利益共同体，使当地人民群众能够获得长期稳定收益，积极参与国家公园生态环境保护当中。同时，在发展特许经营的产业时，要注重人民群众之间的经济差异性，多向低收入群体、困难群体倾斜。

总之，国家公园在实现生态产品价值转化的过程中，必须把生态保护放在第一位。要积极推动当地生态产业转型，因地制宜，发展当地最适合发展的生态产品。同时要让当地群众获得生态产品价值转化所带来的长期稳定收益，让当地群众真正感受到生态产品的价值所在，使其积极参与国家公园的生态环境保护中，让资源得到最大限度的利用，将环境保护落实到位，持续推动当地经济的可持续发展[1]。

1. 市场竞争机制下生态市场化

受补偿区域的自然资源匮乏的现状，会使地区的补偿需求不断扩大，进而使生态补偿所需的资金量不断上升。对于该现象而言，当务之急就是拓宽资金的筹集渠道，合理优化生态补偿机制，建立多元化的筹资体系。市场竞争机制下生态市场化是指在市场竞争与价格、供求关系等因素之间相互制约和相互联系的情况下，将生态产品市场化，即在资源使用过程中引入市场机制，将自然资源产权化概念糅合在投资、交易等各个环节。

该制度主要强调结合市场的发展趋势，利用合理的市场化资金获取渠道，通过建立更加完整的生态产品价值评估机制，实现经济利益激励效果的同时，达到一定的约束效果。生态产品价值实现的关键在于“有效转化”，对此，许多省市都在因地制宜地探索市场化的转化模式，但是在此过程中都会遇到各种各样的问题，如合法化权属问题、标准化定价问题和多元化补偿问题。各地的实践创新为探索生态产品市场化机制奠定了良好基础，使后人能够站在巨人的肩膀上看待问题，眼光更长远。目前，福建省南平市、浙江省丽水市的应用实践表明其依托生态产品市场化成果建立了区域公用品牌，打通了生态产品溢价增值的通道。

目前，我国在生态产品价值实现方面虽然取得了一定的成就，但还面临一些现实困境。例如，与生态产品价值实现过程相关的产权管理、价值评估、绿色认证等方面的基础性制度和政策工具还有待完善；市场化生态产品价值实现过程中政府的制度安排、市场的监督管理工作、社会交易的细化政策都有待改进；生态产品价值实现过程中经营主体的市场定位不清。这些都阻碍了市场化生态产品价值实现。

2. 碳汇价值转化

推动建立生态产品价值实现机制，将生态产品所蕴含的内在价值转化为经济价值，激励市场主体更好地保护生态环境，提供更加优质的生态产品，从而提高森林、草原、农田、海洋等的碳汇能力和水平，有助于碳中和目标的实现。多国政府和主要国际组织通过不断探索实践，积累了一批碳汇生态产品价值实现的典型模式[2]，如表 1 所示。

1 张壮, 孙忠悦. 基于供求机理分析下的国家公园生态产品价值实现路径研究[J]. 社科纵横, 2020: 49-53.

2 刘伯恩, 宋猛. 碳汇生态产品基本构架及其价值实现[J]. 中国国土资源经济, 2022: 4-11.

表1 碳汇生态产品价值实现的典型模式

模式	主要路径	载体	特点
碳汇生态补偿	国家或生态受益地区以资金补偿等方式向生态保护地区购买碳汇生态产品	重点生态功能区及森林、草原、湖泊、湿地等	主要采用行政手段，资金来源主要为财政资金
生态空间占补平衡及指标交易	生态空间占用方通过市场交易的方式，给予供给者经济补偿，以实现碳汇等生态产品价值动态平衡或增加	耕地、林地、湿地、国家公园等	能有效避免碳汇损失，单向提升生态空间的生态产品供给能力
碳（汇）交易	碳排放源购买碳汇项目，抵消其碳排放量，以达到规定的碳排放配额要求	林地、地质碳汇等	企业是投入主体，政府引导、提供制度支撑
生态修复及价值提升	采取生态修复等措施，实现自然生态系统的功能恢复、碳汇增加，进而产生价值溢价和土地增值	耕地、林地、草地、湿地、海岸线等	地方政府和企业均可成为投入主体、生产主体和交换主体
社会资本支持碳公益	设立植树等碳汇项目，采用提供资金补贴等支持方式，促进公众的绿色低碳行为	林地、草地等	社会企业为主体
特许经营	设置经营的许可权利，并转让给特定主体运营，以获取收益的方式实现生态产品的价值	国家公园中的生态系统	商业化程度较高，但路径具有双向性，也可能导致碳汇减少
碳金融	服务于限制温室气体排放等的相关技术和项目的直接投融资、碳汇交易和银行贷款等金融活动实现碳汇生态产品价值	陆地生态系统、海洋、岩	具有较强的资金杠杆作用，能加快的实现

在碳汇生态产品价值实现方面，我国多个实践案例证明了不同模式的可行性。例如，在碳汇生态补偿方面，2016—2019 年中央财政共安排补偿资金 697.1 亿元，实现目前每亩 16 元的补偿标准。在生态空间占补平衡及指标交易方面，重庆的地票、林票制度都成功恢复了林地、耕地、湿地等自然生态系统，为我国实现生态空间占补平衡提供了新途径。而在碳（汇）交易方面，2011 年后，北京、上海等地开展了碳交易试点工作，实现了生态产品价值的动态平衡。在生态修复及价值提升方面，目前我国重大生态修复项目年度碳汇量占世界陆地总碳汇量的 25% ～ 35%。在社会资本支持碳公益方面，海尔、一汽大众、饿了么等 100 多家企业参与“绿色能量”积分奖励活动，激励用户选择节能降耗、低碳减排的产品和服务。蚂蚁集团发起了“绿色花呗专享计划”，鼓励用户重视日常消费中的绿色选择，加强了对民众的碳公益教育。在特许经营方面，重点放在碳金融的特许经营方面，我国绿色碳汇基金会支持推行国内林业碳汇交易，近年来不断开拓碳汇交易市场，在多个省份建立碳汇林——总面积已超 150 万亩，实现了生态产品的价值转化。

3. 文旅农康融合发展

生态产品价值转化需以生态产品为基点，探索合理的市场运营模式。国家公园等自然保护地的生态产品不仅具有原生态、纯天然的特质，而且其生态资源和产品具有显著的稀缺性和有限性。基于此，在实现其生态产品价值的过程中，要在政府主导的原则下，推动当地居民、企业和社会各界人士积极参与，合理利用企业渠道、私人渠道融资；要在保护稀缺性资源的前提下，注重传统生态生产方式与稀缺产品定价相结合的市场化运营模式；要在人与自然和谐共生的前提下，坚持以产定销的原则，努力开创资源保护和绿色经济协调发展的双赢局面。

文旅农康融合发展是实现生态产品价值的主要途径。首先，文旅农康融合发展可利用大部分绿水青山资源，同时实现多种生态产品价值和进一步与绿色能源产业发展相融合。其次，文旅农康融合发展可为碳汇价值和转移支付金额核算提供参照。清新的空气、洁净的水体、安全的土壤、良好的生态、整洁的人居环境等调节服务类生态产品价值的实现，需要依靠碳汇交易和财政转移支付等方式实现。而准确衡量调节服务类生态产品的价值非常重要。文旅农康融合发展实现的文旅农康产品价值，可以为碳汇交易和财政转移支付等提供重要参照，从而为GEP（Gross Ecosystem Product，生态系统生产总值）、绿色GDP、生态元等提供价值核算的参照。例如，吉林省抚松县通过加强自然生态系统保护修复，结合政府设立专项补助资金，引导企业以市场需求为导向，将该县水生态产品进行推广并实现其价值。凭借得天独厚的资源优势，抚松县通过水源保护、产业聚集、品牌创优，建设以矿泉水为主的绿色饮品产业集群，推动水生态产品价值实现；并依托林海、矿泉、温泉、粉雪等自然资源，做大做强生态旅游产业，将“看不见摸不着”的优质生态产品转变为“看得见摸得着”的真金白银。

为了更好地实现生态产品价值，必须在保护的前提下，积极推动生态经济化和经济生态化协调发展，探索出一套合理的市场运营模式。应当因地制宜，发挥本身所有的资源优势和地理优势，推动保护区文化旅游、农业、绿色能源等方面融合，在此基础上适应市场发展趋势，加快促进生态产品转型升级，实现更多生态产品价值。

（二）国家公园生态产品投融资机制

1. 国内外国家公园投融资体系

美国国家公园建设历史悠久，已建立相应投融资体系。美国国家公园投融资管理者根据项目类型不同而有所不同，众多主体的投资方式也很多样化：政府主要以直接拨款和设立专项资金等方式投融资，私人主体则通过设立基金会，捐赠现金、实物或土地等方式投资。这就导致美国国家公园投融资形成“万花齐放”的局面。其投融资结构具有以下两个特点：一是建立以公共资金为主体的投资体系；二是在保证公益性的前提下，尽量实现资金来源渠道多元化[1]。

随着我国社会经济、城市、道路建设和旅游业的快速发展，国家公园建设终将成为发展的必然需求。但是由于我国对国家公园的研究和实践还处于起步阶段，仅有的少数研究探索还远远不能满足国家公园实际发展的需要。因此，该阶段投融资渠道与方式的建设既要参照美国的经验，也要考虑到我国的国情。对国家公园多渠道多元化投融资体系进行认真、适度、超前的研究非常有必要[2]。

我国投融资主体由地方政府和企业组成。投融资管理体制和渠道与方式如表2所示。

1　王乐. 美国国家风景道投融资体系研究[D]. 北京: 北京交通大学, 2009.

2　余青, 宫连虎, 王乐. 美国国家风景道体系基金资助分析[J]. 中国园林, 2010: 28-31.

表2　投融资管理体制和渠道与方式

投融资管理体制	地方政府企业	争取投资、拨款私有资金融集
投融资渠道与方式	专项基金 相关部门资金 民间资本 外资	交通运输部门等 旅游、环境保护部门等 企业投资和居民捐赠等 投资运营赎回等

地方政府要对企业投资国家公园的行为进行政策支持。在投融资渠道与方式上，由于国家公园建设需要较多的资金，需要各方面的支持，因此国家公园要好好利用民间资本和外资，但要注意在利用过程中对外资进行监控。

投融资模式主要包括3种：政府财政融资模式、市场化融资模式和混合融资模式。综合考虑我国的国情和各方面的实际情况，混合融资模式是适合我国国家公园发展的一种较为理想的模式，它既能利用政府的力量解决市场不能解决的问题，也能利用市场解决政府不能解决的问题，可谓集众家之所长，能解决更多的问题。对于不同的国家公园，可以根据资源、经济情况等选用不同的模式；对于某一国家公园的不同项目，也可以根据情况选用不同的模式。

此外，目前我国对国家公园的研究还远远不能满足道路建设和旅游业发展等的需求。与国外国家公园相比，我国国家公园无论是在理论构建上还是在实践中都有所差距。高等教育机构、科研机构和政府主管部门应加强对国家公园开发与管理相关的基础理论和实证研究工作，把理论研究成果进行转化，建立国家公园体系，以推动我国的国家公园建设。

2. 国家公园特许经营制度

国家公园特许经营指的是以国家公园生态保育为首要目的，在政府主导并接受政府管控的前提下，通过公开公正、合理合法的程序选择最能兼顾国家公园特许经营双重价值属性的竞选人，并以授予国家公园特许经营权的方式准许其在政府管控下，在园内开展非消耗性资源利用相关活动，达到为公众提供生态服务产品、实现国家公园管理目标以及促进国家公园可持续发展的目的。国家公园特许经营制度是国家公园制度体系的重要组成部分，为国家公园建设和可持续发展提供制度保障[1]。实施国家公园特许经营制度能有效缓解社区矛盾，完善国家公园资金保障机制，培养公众对的保护意识[2]。因此，研究构建科学的、适合我国现阶段国情的国家公园特许经营制度，是实现生态产品价值的有效路径[3]。

实现生态产品价值的路径主要有积极探索市场化、多元化的融资模式，鼓励政府和非政府组织通过取得特许经营权，来参与国家公园的管理与运营；在社会上积极引入市场竞争机制，对某些特许经营权项目征收自然资源使用税，强调资源有偿使用的基本原则，更好地促进生态市场化、市场生态化[4]。例如，三江源国家公园在实施有效监督的前提下，通过放宽市场准入标准，实施增值税和所得税等税收减免政策，采用生态产业基金、绿色信贷、绿色债权、绿色保

1　肖强民. 我国国家公园特许经营制度研究[D]. 贵阳: 贵州大学, 2022.

2　王锐. 我国国家公园特许经营法律制度研究[D].长沙: 湖南师范大学, 2021.

3　罗云. 我国国家公园特许经营许可制度研究[D]. 宜昌: 三峡大学, 2021.

4　黄晓东. 国家公园特许经营法律制度研究[D].南宁: 广西民族大学, 2021.

险等多渠道支持方式，鼓励企业、社会组织和个人从事生态产品开发和利用，引导传统企业生产生态产品，提高生态产品的收益率和供给能力，构建生态产品市场化运作体系。

3. 研究设立国家公园基金

在西方国家中，设立国家公园基金来支持国家公园建设与管理也非常盛行，这些国家的基金项目大多用于促进科研、慈善事业的发展[1]。例如，加拿大政府特设了林业科研基金，用于支持教育与科研；新西兰政府设立国家森林遗产基金，用于国家公园管理[2]。在亚洲国家中，日本政府设立了国家公园专项基金[3]。

我国可在借鉴其他国家经验的基础上，结合本国的国情进行考虑，探索一种全新的模式来实现生态产品价值。建议鼓励各类金融机构开展绿色信贷业务，例如，政府逐步成立与国家公园相关的各类基金，包括国家公园产业投资基金、国家公园生态环境保护基金和创业投资基金等，并对符合国家公园生态建设标准的引进企业给予优惠贷款支持。在确保国家公园生态保护和公益属性的前提下，鼓励引导金融资本、社会资本和公益组织参与国家公园建设，逐步建立多元化的投融资机制。

二、祁连山国家公园多元化投融资保障机制

祁连山是中国西北地区的生态屏障，拥有丰富的生态资源，也是我国生物多样性保护区域之一。祁连山自然保护区的建立改善了当地的生态环境，并取得了很大的成效[4]。然而，由于社会经济发展水平较低，气候高寒、交通不便、人才缺乏等，祁连山地区的第一、第三产业发展缓慢，过去当地居民主要依靠经济开发维持生计。自 2017 年实施生态环境问题整改以来，由于水电、矿山及部分旅游项目被迫关停退出，天祝、肃南两县的生产总产值和工业总产值均显著下降，这体现出资源对地方财政的巨大影响力。此外，由于大多数居民担心搬迁后自身利益受到影响，地方财政也无力负担安置补助和生态补偿等相关费用，搬迁安置工作面临较大困难，祁连山国家公园（甘肃片区）核心保护区需要搬迁的牧民有 392 户 1233 人，截至目前，酒泉市仍有 184 户 532 人尚未搬迁。

上述问题主要源于祁连山国家公园在环境保护和经济发展之间的矛盾，涉及政府、企业、社会和公众等多方利益主体，各个主体之间关系复杂，利益诉求差异明显。为了更好地实现祁连山国家公园生态产品的价值，以带动地方经济的发展，需要构建与之相适应的利益协调机制，不仅要体现出祁连山国家公园生态产品的价值，还要拓宽祁连山国家公园多元化投融资途径。在保护生态的基础上，推动祁连山国家公园构建市场化、多元化投融资保障机制。祁连山国家

1 章轲. 国家林业和草原局: 研究设立国家公园基金[N]. 第一财经日报, 2022.

2 Darke I B. Monitoring Considerations for a Dynamic Dune Restoration Project: Pacific Rim National Park Reserve, British Columbia, Canada[J]. Earth Surface Processes and Landforms, 2013: 983-993.

3 Lisa H. Community Dynamics in Japanese Rural Areas and Implications for National Park Management[J]. International Journal of Biodiversity Science & Management, 2007: 102-114.

4 周凡莉. 祁连山国家公园建设的立法问题研究[D]. 兰州: 甘肃政法大学, 2019.

公园多元化投融资途径如下：

1. 祁连山国家公园特许经营制度

祁连山国家公园管理局于2020年8月出台了《祁连山国家公园特许经营管理暂行办法》，根据祁连山地区得天独厚的自然资源在国家公园内开展特许经营活动。特许经营所获得的费用只能用于生态保护和改善民生等方面，祁连山国家公园管理局严格限制收入的使用并且开展定期检查[1]。

特许经营者根据祁连山国家公园内的产业准入和特许经营清单，开展具备生态设计特色的产品开发。各种产品的准入和使用，需要结合产业共生理念，从进入公园开始进行审核，从根本上解决国家公园内部生态保护和人为破坏之间的矛盾。而促进祁连山国家公园周边地区做好生态产品设计，不仅可以和国家公园内的经济活动有效对接，相关还会极大地保障和促进国家公园生态功能的完善。

然而，祁连山国家公园研究区还未充分开展生态产品设计，今后祁连山国家公园和周边区域的生态产品设计应遵循一定的准则，例如环境准则、性能准则、美学准则和其他准则等。在遵循上述准则的基础上，还要以生态保护为刚性约束，对产品流转轨迹进行全过程、全方位的把控，从产品设计入手，规范生态产业的组织和生产，对产业培育做出正确引导，使生态产业慢慢形成具有当地特色的绿色发展模式，并成为生态产品投融资主要渠道[2]。

2. 生态农业机制创新

祁连山国家公园针对目前的生态农业发展方式，整合涉农资金投入，争取中央财政资金支持，相关部门采取定向补助、先建后补、以奖代补等方式对其进行扶持。但这种发展方式仍然存在着不足之处，因此需要进行生态农业机制创新，将祁连山国家公园生态农业与投融资方式进行关联，形成一个统一的整体，更好地促进祁连山国家公园生态农业的发展[3]。

进行生态农业机制创新，要充分利用祁连山国家公园先天的生态农业资源优势，并让当地居民积极参与其中，让他们看到生态农业产生的价值。例如，将当地居民采摘的野蘑菇、鹿角菜等“野山珍”卖给加工车间，通过电子商务服务站点销售实现“零成本”生产经营；对养殖户进行培训，提高农牧民整体素质，让其有一技之长，靠手艺吃饭；划定禁牧区域，采取圈养和散养相结合的新型养殖方式来实现草畜平衡，不仅不破坏自然环境，还进一步发展了养羊产业，做大了养殖产业。除此之外，还可以鼓励当地居民对生态农业投资，由政府派相关专业人员对当地居民进行培训和教育，当地居民则出钱成立相关产业的公司成为股东靠生态农业赚到的钱全部归当地居民所有，让当地居民积极投入生态农业发展。

1　周凡莉. 祁连山国家公园建设的立法问题研究[D]. 兰州: 甘肃政法大学, 2019.

2　王节. 祁连山国家公园及周边区域生态产业培育及绿色发展模式研究: 基于产业共生理论的分析[J]. 商展经济, 2022(4): 137-140.

3　丁文广, 勾晓华, 李育. 祁连山生态绿皮书：祁连山生态系统发展报告[M]. 北京: 社会科学文献出版社, 2021.

3. 碳排放权交易机制

祁连山优越的地理条件，使其具有非常强大的固碳增汇能力。打造碳中和先行示范区，不仅可以实现固碳增汇，还可以赢得中央的大力支持。除此之外，还可以依托碳排放权和碳汇交易等方式，建立多元化、市场化的生态补偿标准和补偿机制，创造出新的生态产业化模式，开创生态经济化、经济生态化的良好局面，探索推进区域碳中和目标实现的经验模式。碳交易是利用市场机制控制和减少温室气体排放、推动实现碳达峰目标与碳中和愿景、推进绿色低碳发展的一项重要政策工具，有助于实现全社会减碳成效投入产出最优化。祁连山国家公园应大力倡导当地居民进入碳减排工作，鼓励各行各业节约用水、用电、用纸，不乱扔垃圾，在内部形成低碳的良好经济体系。与此同时，祁连山国家公园应该充分抓住机会，不断探索发展一系列碳汇交易，并把一系列碳汇交易与生态修复相结合，双管齐下，既修复环境，又发展经济，达到生态保护与经济发展之间的动态平衡。除此之外，祁连山国家公园还要积极探索建立生态产品价值实现机制，找到将绿水青山转变为金山银山的有效路径；调整经济结构，多发展绿色产业，提升传统优势产业的地位，为构建碳排放权交易机制打下坚实的基础，最终将生态价值转变为经济价值，并将经济价值投入生态环境的保护与治理，让当地居民实实在在地感受到生态产品的价值，积极投入国家公园生态环境保护，从而实现生态经济化和经济生态化[1]。

4. 祁连山国家公园生态产品价值转化

生态产业不仅属于产业概念范畴，还属于系统性概念范畴。因为一个类似于生态系统且具备共生关系的系统，是一个需要工业、农业、居民等组成部分，彼此按照生产生活所需，相互依赖、相互衔接的和谐共生系统。生态产业，从狭义角度来看，就是生产生态产品和服务的产业；从广义角度来看，不仅产业应该属于生态产业，还要要求产业自身符合产业共生理念。同时，不同产业之间、初级生产部门之间、次级生产部门之间等，仿照自然生态系统物质循环的方式，沟通互联、相互依赖、通过两个或两个以上的生产体系或环节之间的耦合，在生产活动中能够彼此衔接，使物质、能量得到多级利用，构成经济与生态功能和谐发展的产业网络。祁连山国家公园以祁连山自然保护区为基础设立，其自然地理环境在客观上存在着生态脆弱性，长期过度利用自然资源使生态系统的问题不断加剧。在2017年国务院批准设立国家公园试点建设单位后，截至2019年，其生态不断恢复，生态保护治理取得了显著成效。

祁连山国家公园坚持生态优先、绿色发展，依靠旱作农业技术和设施，走生态产业化、产业生态化的路子，初步实现了人与自然和谐共生。在生态环境修复方面，祁连山国家公园通过大量的林木种苗来进行产业助力，来为生态修复林木种苗产业提供助益。在居民安置方面，祁连山国家公园遵循保护优先、统筹规划、政府主导、群众自愿、因地制宜、科学评估，保护民族文化与完成国家公园建设任务相融合的原则。

祁连山国家公园为促进多民族经济、文化交流做出了重要贡献，也是我国履行大国责任、实现共同发展、共享福祉的见证。遵照“人与自然生命共同体”理念，坚持绿色发展，统筹跨

---

1 李娜, 李清顺, 李宏韬. 祁连山国家公园青海片区森林植被碳储量与碳汇价值研究[J]. 浙江林业科技, 2021: 41-46.

区域生态保护与建设，创新建立体制机制，解决跨地区、跨部门的体制性问题，对国家重要自然资源资产实行最严格的保护，强化山水林田湖草沙系统保护与修复，实现了自然资源资产管理与国土空间用途管制的“两个统一行使”，促进了生态保护与民生改善协同联动，形成了人与自然和谐发展的新格局[1]。

三、祁连山国家公园多元化投融资机制完善路径

目前，祁连山国家公园的投融资机制仍需进一步完善。建议在确保祁连山国家公园生态保护和公益属性的前提下，鼓励引导金融资本、社会资本和公益组织参与祁连山国家公园建设，逐步建立祁连山国家公园多元化的投融资机制。

（一）多元化融资，吸纳社会资本

我国国家公园的建设方式和环境与外国的均不同，因此国家公园应在保证自身生态的前提下，积极吸收社会资本。考虑到在国家公园建设的不同阶段各方的作用不同，可就各方的融资方式进行研究，在政策支持的前提下，探讨多元化投资及融资方式的合理选择[2]。

现有案例表明，市场力量介入既减轻了政府的负担，又保证了国家公园建设的顺利推进。祁连山国家公园可以广泛参考已有的经验，在原先的基础上持续进行多元化融资，采用商业化运营模式，最大限度地体现生态产品的价值。在未来，可以成立专门的股份制公司，让相应的社会资本占股，形成多方共赢的良好局面。

（二）建立相关平台，广泛开展合作

国家公园需要建立统一的投融资平台，在资金管理及公园运营方面，也需要建立投资管理平台。这样有助于整合社会资源和调整经营结构，还能更好地促进文旅融合和发挥市场的资源配置作用。祁连山国家公园可以尝试建立国际合作组织，积极向国际各大企业、某些发达国家以及各国际环保组织争取国际资金，让更多外国友人进行投资，开展各方面的交流合作。考虑到实际情况，我国可以由政府搭建平台框架，引导市场资本在允许的范围内进行投资建设。并且，市场化运作的部分应按照园区的总体规划方案确定，在引进先进管理经验的同时，提升园区的整体管理运营效率，开发新型管理运营模式。与此同时，国家公园还应积极与各大高校开展合作，即国家公园为高质量人才提供就业机会，而高校则为国家公园提供高质量的人才，形成双赢局面。

祁连山国家公园应抓住难得的发展机遇，加快实施重大项目，进一步拓宽投融资渠道。除此之外，祁连山国家公园还要深化与民营企业的合作，不断提高治理水平和经营效益。

1　丁文广, 勾晓华, 李育. 祁连山生态绿皮书: 祁连山生态系统发展报告[M]. 北京: 社会科学文献出版社, 2020.

2　贺炳旭, 孙会谦. 国家文化公园投融资体系建设构想[J]. 北方经贸, 2022: 136-139.

（三）完善相关法律法规

国家公园必须依赖有效的投融资方式才能吸引到更多的投资，因此迫切需要完善的法律法规来规范实际投融资操作过程中的每一步，这样能减少投融资风险，打消投资者的顾虑[1]。

完善的法律法规体系是国家公园长效融资机制形成的基础条件。以发达国家为例，美国、澳大利亚均在国家或者州一级编制法案对国家公园投融资进行统一安排，并结合专项法案，对国家公园财政投入的来源、多元化投资结构、经营活动、国家公园管理的开展等进行了详细规定。这为我国国家公园专项立法、建立新的法律与制度体系来确保国家公园融资机制的运作提供了借鉴。建议甘肃省国家公园在充分借鉴其他国家的国家公园在此方面的经验的基础之上，因地制宜，积极完善相关法律法规。首先，需评估现行自然保护区、风景名胜区、文化自然遗产、地质公园和森林公园等相关法律规定和行政规范，从法律层面明确中央与地方事权安排；其次，需确立各类融资机制的配套法规，对于门票、特许经营、捐赠等多元化融资渠道的资金的收取、管理与使用，应建立以国家公园法律法规为核心的自然保护地法律法规框架体系；最后，还应丰富立法层次，通过国家公园法、专项法、国家公园条例的多层级设置，使融资管理在法律法规方面具有统筹性、统一性。

1 王露雨, 任善英. 三江源生态补偿筹融资研究[J]. 北方经贸, 2013: 62-63.

第十一章　对推进建立祁连山国家公园碳汇资源核算方法的探讨

摘要：祁连山国家公园是中国首批国家公园试点之一，含有森林、草原、冰川、湿地等多种生态系统，具有巨大的固碳潜力。近年来甘肃坚决肩负起祁连山生态保护重大政治责任，以壮士断腕的决心整治修复祁连山生态，筑牢国家西部生态安全屏障。研究表明，作为保障西部生态安全的巨大碳库，祁连山国家公园界线内区域总体碳储量在数千万至数亿吨，平均碳密度在数十至数百 t/hm^2，从 1980 年至今保持增长。本报告收集整理 20 世纪 80 年代至今不同研究者采用不同估算方式对祁连山国家公园界线内区域进行碳储量研究所得的数据，通过分析不同估算方式的特点、适用范围以及估算结果，对祁连山国家公园后续开展碳储量核算工作提出相应建议。

关键词：碳储量　固碳　汇核算

一、背景及概况

在“双碳”背景下，“碳中和”的概念早已深入人心。碳排放量的“收支相抵”涉及两端：一端是碳排放侧，主要措施是节能减排；而另一端就是碳负排放侧，主要措施是吸收、捕获、中和碳。作为一种主动手段，碳负排放技术对实现碳达峰碳中和尤为关键。

目前，碳负排放技术包括林业碳汇（造林 / 再造林）、生物碳汇、直接空气捕捉和强化风化等。林业碳汇是指通过开展造林 / 再造林和森林经营、植被恢复、减少毁林等活动，吸收并固定大气中的二氧化碳并与碳汇交易相结合的过程、活动或机制。林业碳汇也是最经济的碳负排放技术，其去除二氧化碳的成本在 10 ～ 50 美元 /t；运用直接空气捕捉技术最昂贵；生物质能源 + 二氧化碳捕获和储存技术介于两者之间，其去除二氧化碳的成本达 100 ～ 200 美元 /t。2010—2016 年，我国陆地生态系统年均吸收约 11.1 亿吨二氧化碳，吸收了同时期人为排放的二氧化碳的 45%。作为陆地生态系统的主体和重要资源，森林在发挥生态服务功能、提升碳汇能力方面潜力巨大，具有投资低、环保效益高和安全性能好以及可再生等多种优势，也是物理和化学固碳方式或其他减排途径不可比拟的。

在研究森林碳汇时，首先需要明确几个概念：森林蓄积量、森林生物量、森林碳储量、森林碳汇量。森林蓄积量，是林木树干材积总量（计量单位为 m^3），可视为森林总体量；森林生物量，是林木有机物质（干物质）总量（计量单位为 t/m^3）；森林碳储量，是森林生态系统各碳库中碳元素的储备量（或质量），是森林生态系统多年累积的成果，属于存量；森林碳汇量，可以用一定时间内所有碳库碳储量的变化量之和来表示，属于流量。

要得到以上指标与数据，需要通过林业碳汇监测与计量来实现。根据IPCC（Intergovernmental Panel on Climate Change，联合国政府间气候变化专门委员会）对陆地生态系统碳库的定义，其主要包括地上生物、地下生物、枯死木、枯落物和土壤有机质5个碳库。森林碳储量在目前的研究中可以通过森林生物量转换得到，即通过直接或间接估算得到森林生物量，再通过碳含量系数将森林生物量转换为相应的森林碳储量，因此，森林生物量及碳含量系数成为研究森林碳储量的关键。目前，有直接和间接两种方法来估算森林生物量，即收获法和间接估算法。由于采用收获法需要对研究区内植被进行皆伐作业，将植被烘干后测量其各个器官的质量以测量研究区生物量，这样虽然能得到具有较高精确度的测量结果，但是对生态系统的破坏性大，因此该方法在国家公园区域内不可使用。间接估算法主要包括生物量模型法、生物量估算参数法以及遥感估算法等。

自20世纪70年代以来，国内外在陆地生态系统与森林生态系统的碳循环和碳储量方面进行了大量的研究。从许多具有代表性的文献来看，这些研究具有以下特点：首先，除去全球、国家等大尺度和局部典型的生态系统外，中尺度或区域森林生态系统的研究结果具有很大的不确定性；其次，不同学者在不同的时间、采用不同的方法所得出的结论差异较大，很多学者分别从不同的角度如植被类型、土壤类型等对全球陆地生态系统中的植被和土壤的碳储量进行了估计，由于存在很大的不确定性，各研究结果之间相差较大；最后，绝大多数对陆地生态系统或森林生态系统碳的源汇关系的研究为单一功能估计，所建立的模型多局限于生态学或土地利用方面，缺乏包括社会、经济评价在内的综合研究。

国家与区域尺度的碳汇计量与监测范围包括森林、森林外部分（灌木林、四旁树和散生木、疏林、城市森林）、湿地和荒漠化土地。碳储量计算的数据源有森林资源清查（一类调查）数据，森林资源规划设计调查（二类调查）数据，营造林数据，湿地资源调查数据，荒漠化和沙化土地监测数据，生态网络监测数据，遥感数据，火灾、病虫害等灾害统计数据，以及其他相关调查规划、设计和研究数据，等等。“森林”在二类调查数据中涵盖乔木林、竹林、灌木林、疏林、新造林、灌丛、其他林地。

然而，采集、获取和统计森林数据并不容易。首先，森林面积大，采用人力方式效率低、成本高。联合国粮食及农业组织将森林定义为：“面积在0.5公顷以上、树木高于5m、林冠覆盖率超过10%，或树木在原生境能够达到这一阈值的土地。”森林面积至少为5000m^2，而大多数森林的面积则远超该数据，可达数十万到数千万m^2，林业调查人员深入森林会耗费巨大的精力与时间成本，并且在某些偏远或环境恶劣的林区，收集森林数据与实况非常困难。其次，相比农田，森林的内部情况与结构更为复杂。农作物通常成排或按照其他规则的几何形状种植，但天然林中的树种是不规则的，通常具有更加复杂的空间排列，比如优势树种可以将其他种类的树木隐藏在其树冠的下方。1993—1997年，由联合国开发计划署援助的“中国森林资源调查技术现代化”项目，把遥感技术、地理信息技术、数据库和数学预测模型以及地面调查方法的优化技术结合起来，建立新的以航天遥感技术为主要信息采集手段的全国森林资源监测体系。1999年，第六次全国森林资源清查启动，遥感技术因此得到了业务化应用，对实现清查体系全覆盖、提高森林资源调查精度、防止森林资源清查结果偏估等发挥了巨大作用。

针对采集、获取和统计森林数据的难点，甘肃省设立甘肃省国家公园监测中心，作为国家公园建设的科研监测业务支撑单位；牢固树立“一盘棋”思想，改革条块分割、管理分散的传统模式，充分发挥协调机制作用，整合调动多方力量，持续健全协同管理机制。一是牵头在省级层面成立了甘肃、青海两省分管副省长为组长的祁连山国家公园体制试点工作协调推进领导小组，召开了协调推进领导小组会议，并不断健全协同管理机制和监管机制，发挥跨省协调机制优势，合力推动祁连山国家公园体制试点。二是充分发挥祁连山国家公园体制试点工作协调推进领导小组的作用，健全祁连山国家公园体制试点联席会议制度，不断加强与青海省在自然资源监测等方面的交流合作。甘肃省坚持国家公园保护方向，积极推进监测监管工作常态化、规范化、制度化，实行最严格的保护制度，切实保障国家公园生态安全。甘肃省持续完善国家公园动态监测网络，搭建国家公园现代化信息监测网络，实现区域内局、站、点、重要卡口、道路的互联互通、远程定位、远程可视化操控和远程监督监测，着力构建“三防”体系，强化自然资源监管，实现国家公园范围监测全覆盖。

经过近年来的生态治理和信息化建设，祁连山已建成“天空地”一体化生态环境监测网络体系。智慧祁连山大数据应用平台利用卫星遥感、无人机、激光雷达扫描仪、土壤呼吸测量仪等国内外先进仪器设备，包含冰川、草甸、森林、灌木、草原 5 个台级的“数字化”全方位生态观测功能，为祁连山生态效益保护评估提供了重要科学依据和大量第一手资料，大量可靠的资料支撑了祁连山国家公园进行可信的碳储量估算。甘肃省通过面面俱到的生态环境监测，利用智慧化手段全方位、无死角地守护中国西部生态安全屏障。

表 1 呈现了祁连山国家公园界线内区域碳储量相关研究。尽管各项研究采用的方法、考察的区域面积均有不同，但是总体的结果显示，1990—2020 年，祁连山国家公园界线内区域碳储量整体呈上升的趋势，总体碳储量在数千万至数亿吨，平均碳密度在数十至数百 t/hm^2。

表1　祁连山国家公园界线内区域碳储量相关研究[1-6]

研究方法及模型	研究区面积/km^2	碳储量/Mt（碳密度/$t \cdot hm^{-2}$）			
		1990年	2000年	2010年	2020年
材积源生物量法[1]	2.65×10^4	—	—	1.90×10^1（201.07）	—
胸径-材积的一元模型[2]	139.68	—	—	1.52×10^1（96.19）	—
InVEST模型[3]	—	5.41×10^2（42.01）	5.49×10^2（42.63）	5.69×10^2（44.18）	—

1　刘建泉, 李进军, 邸华. 祁连山森林植被净生产量、碳储量和碳汇功能估算[J]. 西北林学院学报, 2017, 32(2): 1-7+42.

2　刘建泉, 李进军, 郝虎, 等. 祁连山青海云杉林生物量与碳储量及其影响因素分析[J]. 现代农业科技, 2017(12): 140-143+146.

3　胡鑫. 祁连山生态系统服务功能时空变化及价值分析[D]. 兰州: 西北师范大学, 2019.

4　王琼琳. 基于InVEST模型的祁连山东部主要生态系统服务功能评价[D]. 北京: 北京林业大学, 2021.

5　边瑞. 基于多源遥感数据的祁连山国家公园森林生物量估算研究[D]. 兰州: 兰州大学, 2021.

6　宋洁. 祁连山森林碳储量与森林景观格局时空变化研究[D]. 兰州: 甘肃农业大学, 2021.

续表

研究方法及模型	研究区面积/km^2	碳储量/Mt（碳密度/t•hm^{-2}）			
		1990年	2000年	2010年	2020年
InVEST模型[4]	3.17×10^3	—	—	—	1.97×10^1（173.36）
遥感、LiDAR[5]	5.02×10^4	—	—	—	4.26×10^2（87.23）
遥感、LiDAR[6]	5.02×10^4	2.84×10^1（45.38）	3.90×10^1（48.14）	3.18×10^1（48.39）	2.95×10^1（46.59）

二、祁连山国家公园碳储量核算方法体系

（一）应用森林资源调查方法估算碳储量

1. 材积源生物量法简介

材积源生物量法是一种基于森林树木体积的森林碳储量估算方法。这种方法通过测量树木的体积，使用预定义的生物量与体积比率来估算树木的生物量，从而估算森林的碳储量。

材积源生物量法适用于小范围、单位面积内树木数量和体积较为固定的森林普查，比如林木林分普查等。

2. 生物量及碳储量估算

刘建泉等采用材积源生物量法估算了祁连山国家级自然保护区境内，面积为265.3023万hm^{2}的森林植被碳储量、净生产力以及相应的碳汇价值[1]。该区域沿海拔自上而下发育有高山流石滩植被、高山和亚高山灌丛植被、森林植被、草原植被和荒漠植被，植被的垂直带谱十分明显，分布有1000余种高等植物、280余种脊椎动物和1700余种昆虫，生物多样性非常丰富；森林占地16.6834万hm^2，主要由青海云杉林、祁连圆柏林以及杨桦林组成，森林覆盖率达21.8%。可以应用以下公式以及相应系数估算森林碳储量。

$$B=\frac{V}{\mathrm{a}+\mathrm{b}V}$$

其中，B为单位面积的生物量，V为单位面积的蓄积量，a、b为不同森林类型的常数，根据傅伯杰等的《景观生态学原理及应用》确定。

根据表2，祁连山11种森林植被的总生物量为406.06×10^5t，其中，青海云杉林的生物量最大，为258.53×10^5t，其次为祁连圆柏林（44.28×10^5t）、红桦林（26.70×10^5t）、针阔混交林（23.37×10^5t），华北落叶松林的生物量最小；从林分生物量和碳密度来看，针阔混交林的单位面积生物量和碳密度最大，红桦林、山杨林、白桦林以及针叶混交林、阔叶混交林、油松林

1 宋洁, 刘学录. 祁连山国家公园森林地上碳密度遥感估算[J]. 干旱区地理, 2021, 44(4): 1045-1057.

等都有较大的单位面积生物量和碳密度，而华北落叶松林、青海云杉林、祁连圆柏林的单位面积生物量和碳密度低于平均值。11 种森林植被的总碳储量为 189.82×10^5t，其中青海云杉林的碳储量最大，为 119.55×10^5t，其次为祁连圆柏林、红桦林、针阔混交林，分别为 20.59×10^5t、13.05×10^5t、10.94×10^5t。森林植被的生物量和碳储量有相同的变化趋势，青海云杉林和祁连圆柏林有较大的生物量和碳储量，是因为这两种森林在祁连山林区分布面积大，而单位面积的生物量和碳密度都比较小。

表2　祁连山森林植被的生物量和碳储量

森林类型	面积/hm^2	林分生物量/t·hm^{-2}	生物量/t	碳密度/t·hm^{-2}	碳储量/t
青海云杉林	134 199.38	192.65	25 853 408.57	89.08	11 954 613.64
华北落叶松林	4.06	28.35	115.11	13.90	56.44
油松林	1068.43	498.24	532 337.34	247.93	264 891.06
祁连圆柏林	18 467.85	239.78	4 428 128.73	111.50	2 059 079.86
白桦林	2275.01	523.82	1 191 686.11	261.12	594 055.53
红桦林	5083.45	525.28	2 670 230.90	256.81	1 305 475.89
杨树林	532.45	520.00	276 874.47	245.39	130 657.06
山杨林	2675.34	524.06	1 402 066.78	247.36	661 775.52
针叶混交林	1719.02	498.22	856 457.79	245.48	421 976.75
针阔混交林	4213.31	554.68	2 337 054.40	259.70	1 094 208.87
阔叶混交林	2210.95	498.75	105 782.85	233.52	495 275.96
合计	172 449.25	—	39 654 143.05	—	18 982 066.5
平均值	—	418.53	—	201.07	—

3. 净生产量及碳汇价值估算

进一步的研究发现，林龄是影响森林植被生物量和碳储量的主要因子之一。在祁连山森林植被的生物量和碳储量的时间分布序列中，幼龄林处于植被发育的早期，生物量和碳储量在这一阶段不断地积累；植被发育为中龄林时，生物量和碳储量迅速增加，达到顶峰后，植被发育为成熟林；变为过熟林后，生物量和碳储量逐渐减少。祁连山林区森林植被的碳主要集中存储在中龄林和近熟林中，二者的碳储量分别占总碳储量的 49.05% 和 32.93%，而幼龄林和过熟林的碳储量分别仅占 2.83% 和 1.68%。

此外，估算森林净初级生产力与植被年凋落量得到森林植被的净生产量（见表 3），以估算研究区内的碳汇价值。利用两种不同的价格——JI（Joint Implementation，联合履约）价格（每吨二氧化碳 16 美元）和 CDM（Clean Development Mechanism，清洁发展机制）价格（每吨二氧化碳 24.2 美元），对祁连山森林植被碳汇价值进行估算，结果（见表 4）表明，祁连山森林植被碳交易的潜在价值为 1.11×10^9 美元（JI 价格）或 1.68×10^9 美元（CDM 价格），碳交易潜在价值最大的是青海云杉林，达到 7.01×10^8 美元（JI 价格）或 1.06×10^9 美元（CDM 价格），占总碳交易潜在价值的 63.15%。因此，青海云杉林在吸收大气中的二氧化碳、减缓温室效应、应对气候变化方面具有极为重要的作用。青海云杉林和祁连圆柏林有较大的生物量、碳储量、总生长量、总凋落量和净生产量，是因为这两种类型的森林在祁连山林区分布面积大，而单位面积的生物量和碳密度都比较小。因此，结合天然林资源保护工程、公益林建设工程，继续加强森林植被保护、退化植被恢复，提高祁连山森林植被的质量是增强碳汇潜力的重要途径。

表3　祁连山国家公园界线内区域森林植被的净生产量

森林类型	净生产量/$t \cdot a^{-1}$					合计	比例/%
	幼龄林	中龄林	近熟林	成熟林	过熟林		
青海云杉林	23 023.13	646 360.88	551 443.5	167 402.57	16 555.94	1 404 786.02	57.93
华北落叶松林	0	20.89	0	0	0	20.89	0
油松林	0	1037.5	0	21 720.47	0	22 757.97	0.94
祁连圆柏林	16 226.96	215 042.86	25 140.9	12 460.53	0	268 871.25	11.09
白桦林	3472.84	43 361.63	50 090.94	25 538.44	6314.72	128 778.57	5.31
红桦林	30 277.41	122 573.09	28 970.97	30 764.55	0	212 586.02	8.77
杨树林	1162.58	4263.85	14 765.7	2510.18	6067.83	28 770.14	1.19
山杨林	35 360.96	75 472.51	47 544.52	6365.23	1162.55	165 905.77	6.82
针叶混交林	2829.57	36 744.9	6907.91	1240.69	185.14	47 908.21	1.98
针阔混交林	1153.52	38 639.44	17 169.63	4953.32	2232.87	64 148.78	2.65
阔叶混交林	804.19	60 230.99	9117.21	7455.68	2971.06	80 579.13	3.32
合计	114 311.16	1 243 748.54	751 151.28	280 411.66	35 490.11	2 425 112.75	100
平均值	10 391.92	113 068.05	68 286.48	25 491.97	3226.37	220 464.80	—
比例/%	4.71	51.29	30.97	11.56	1.46	100	—

表4　祁连山国家公园界线内区域森林植被的碳交易潜在价值

单位：万美元

森林类型	价格	幼龄林	中龄林	近熟林	成熟林	过熟林	合计
青海云杉林	JI	758.05	29 864.24	28 849.42	9616.83	1045.20	70 133.73
	CDM	1146.55	45 169.67	43 634.75	14 545.45	1580.86	106 077.27
华北落叶松林	JI	0	0.33	0	0	0	0.33
	CDM	0	0.50	0	0	0	0.50
油松林	JI	0	53.25	0	150.08	0	1554.03
	CDM	0	80.54	0	150.08	0	2350.47
祁连圆柏林	JI	624.30	9614.35	1206.30	634.99	0	12 079.94
	CDM	944.25	14 541.71	1824.52	960.42	0	18 270.90
白桦林	JI	70.67	1068.30	1356.77	772.65	216.74	3485.13
	CDM	106.88	1615.80	2052.12	1168.64	327.81	5271.25

续表

森林类型	价格	幼龄林	中龄林	近熟林	成熟林	过熟林	合计
红桦林	JI	762.50	4354.34	1170.70	1371.26	0	7658.79
	CDM	1153.28	6585.94	1770.68	2074.03	0	11 583.92
杨树林	JI	22.27	99.00	377.09	71.64	196.52	766.52
	CDM	33.68	149.74	570.35	108.35	297.24	1159.36
山杨林	JI	681.53	1761.06	1219.65	182.38	37.79	3882.42
	CDM	1030.82	2663.61	1844.72	275.85	57.15	5872.15
针叶混交林	JI	94.21	1867.32	414.65	84.88	14.53	2475.60
	CDM	142.50	2824.32	627.16	128.38	21.98	3744.34
针阔混交林	JI	108.94	3816.87	1739.89	514.41	239.25	6419.36
	CDM	164.77	5773.01	2631.59	778.04	361.86	9709.28
阔叶混交林	JI	25.92	2123.14	337.44	293.23	125.90	2905.62
	CDM	39.20	3211.25	510.37	443.51	190.42	4394.75
合计	JI	3.15×10^3	5.46×10^4	3.67×10^4	1.50×10^4	1.88×10^3	1.11×10^5
	CDM	4.76×10^3	8.26×10^4	5.55×10^4	2.28×10^4	2.84×10^3	1.68×10^5

刘建泉等在样地调查的基础上，利用青海云杉胸径 - 材积的一元模型、青海云杉林蓄积量 - 生物量模型、相关性分析和主成分分析法，对祁连山国家公园（甘肃片区）界线内区域青海云杉林的蓄积量、生物量、碳储量以及影响青海云杉林碳储量的主要因子进行了研究。研究结果表明，青海云杉林单位面积的蓄积量、生物量和碳储量平均值分别为 $223.4454m^3/hm^2$、$136.0755t/hm^2$ 和 $96.1864t/hm^2$；总生物量和碳储量分别达到 2.59×10^7t 和 1.52×10^7t，其中中龄林和近熟林的生物量和碳储量分别占总量的 42.58% 和 41.13%，而幼龄林仅占 1.08%。

（二）应用生态模型估算碳储量

1. InVEST 模型简介

InVEST 模型是由美国斯坦福大学、世界自然基金会和大自然保护协会于 2007 年联合开发出的一种生态系统服务与权衡综合评估模型。InVEST 模型属于森林生态服务评估模型。它不仅可用于评估森林碳储量，还可用于评估森林生态系统提供的其他生态服务，如水土保持、野生动物保护等。InVEST 模型是一种综合性模型，旨在帮助决策者评估不同的森林管理选项对生态系统服务的影响，并在考虑生态服务和生态成本的基础上做出明智的决策。该模型利用 DEM（Digital Elevation Model，数字高程模型）、土地利用类型、土壤类型等数据，可实现对气候和土地利用变化等引起的生态系统服务功能的时空变化进行量化和描述，为政府及相关部门提供决策依据，在美国、哥伦比亚、印度尼西亚和中国等国得到了广泛的应用。该模型的评估结果可以用于实现某地区或流域生态系统服务功能的定量化和空间化以及生态系统服务价值量的计算，有利于开展生态系统动态管理，可为决策者权衡人类活动的效应和影响提供科学依据。

InVEST 模型中的 Carbon 模块将生态系统碳库划分为 4 个基本碳库，即地上生物碳（土壤以上所有存活植物中的碳）、地下生物碳（植物活根系统中的碳）、土壤碳（矿质土壤和有机土壤中的有机碳）和死亡有机碳（凋落物、枯木和垃圾中的碳）。碳储量由各土地利用类型 4 个基本碳库的平均碳密度乘以相应的土地面积获得。其计算公式如下：

$$C = C_{\text{above}} + C_{\text{below}} + C_{\text{soil}} + C_{\text{dead}}$$

$$C_{\text{total}} = \sum_{k=1}^{n} A_k \cdot C_k \quad (k = 1, 2, \cdots, n)$$

其中，C 为某土地利用类型单位面积碳储量之和，C_{above}、C_{below}、C_{soil}、C_{dead} 分别为地上生物量的碳密度、地下生物量的碳密度、土壤碳密度和死亡有机物碳密度，C_{total} 为区域生态系统碳储量，A_k 为某土地利用面积。InVEST 模型中的 Carbon 模块在计算中假设某一土地利用类型的碳密度不随着时间推移而变化。因此本报告所使用的碳密度数据从其他已有研究文献中获得。

2. 土地利用类型分析

开展土地利用类型分析选取 1980 年、1990 年、2000 年、2010 年、2018 年 5 个时间节点的土地利用数据，采用土地转移矩阵计算相邻两个时间节点（即 1980—1990 年、1990—2000 年、2000—2010 年、2010—2018 年）的土地转移方向以及转移面积，统计相应时段土地利用动态指数和土地利用重要性指数，定量化描述祁连山国家公园界线内区域 1980—2018 年土地利用变化的方向和强度。土地利用单一动态指数是指研究区内某一土地利用类型在一定时间范围内的数量变化，反映一定时间段内某土地类型的变化速率。土地利用综合动态指数是指研究区一定时间内土地利用变化的强度。土地利用重要性指数用于筛选土地利用变化过程中主要的土地变化类型，该指数越大，相应的土地利用类型在土地利用变化中更为重要，主导性更强。

依靠中国科学院资源环境科学与数据中心的地理信息数据，将祁连山国家公园界线内区域土地利用类型分为耕地、林地、草地、水域、建设用地和未利用地 6 类，分别取 1980 年、1990 年、2000 年、2010 年、2018 年 5 个时间节点研究祁连山国家公园界线内区域的土地利用类型变化情况（见图 1）以及碳储量变化情况，得出结论：耕地面积减少 43.83hm^2，降幅为 0.27%；林地面积增加 2469.87hm^2，增幅为 0.40%；草地面积减少 19 626.03hm^2，降幅为 0.91%；水域面积增加 78 021.54hm^2，增幅为 77.07%；建设用地面积增加 108.36hm^2，增幅为 13.49%[1]；未利用地面积降低 66 170.52hm^2，降幅 3.12%。

从土地利用类型变化趋势看，可以得出以下结论。

耕地面积呈现“减少—增加—快速增加—快速减少”的变化特点。耕地向林地和草地转化是其面积减少的主要原因，耕地向林地和草地转化的面积分别占耕地转出量的 32.13% 和 62.34%，这主要是因为退耕还林还草（1999 年）和牧草良种补贴（2011 年）政策的实施，政府鼓励牧区有条件的地方开展人工种草以减轻草原生态压力，增强饲草供应能力。

1　邓喆, 丁文广, 蒲晓婷, 等. 基于InVEST模型的祁连山国家公园碳储量时空分布研究[J]. 水土保持通报, 2022, 42(3): 324-334+396.

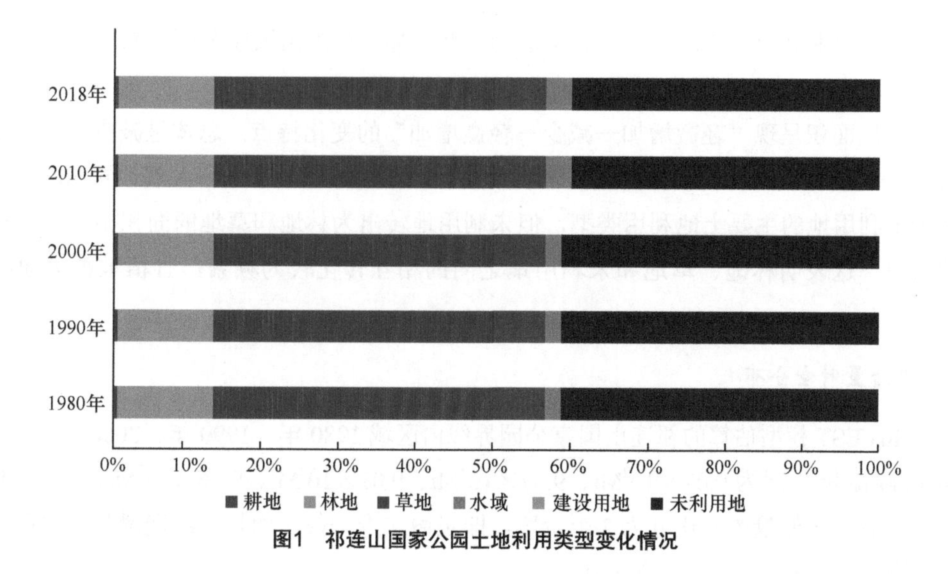

图1　祁连山国家公园土地利用类型变化情况

林地面积呈现“减少—增加—快速增加”的变化特点。2000 年后林地面积逐步增加，且 2010—2018 年增加速度最快，其土地利用单一动态指数为历史最大值（0.049%）。草地和未利用地转入森地，二者向林地转化的面积分别占林地转入量的 78.15% 和 17.61%，这是因为国家大力投资林业建设工程，包括退耕还林工程（1999 年）、天然林保护工程（2000 年）、三北防护林工程（1978 年）等。祁连山地区 2000—2010 年实施天然林保护工程后，森林覆盖率增加了 1.3%，活立木储蓄量增加了 $2.12\times10^6m^3$。

草地面积呈现“减少—增加—快速减少”的变化特点。1980—1990 年草地面积减少 $973.53hm^2$，其土地利用单一动态指数（-0.005%）和土地利用重要性指数（0.465）表明草地是该时期土地利用变化中较为重要的土地利用类型，初步呈现退化的趋势。2010—2018 年草地面积迅速减少，其土地利用单一动态指数（-0.112%）和土地利用重要性指数（0.553）上升。从转移方向看，1980—2018 年草地主要转出为林地和未利用地，草地向林地和未利用地转化的面积分别占草地转出量的 30.61% 和 65.52%，这表明草地退化程度逐步加深，草地趋于荒漠化、石漠化和盐渍化。20 世纪 80 年代初，草原地区开始实施“承包责任制”，承包、围封和过度放牧导致草地破碎化，草原植被覆盖面积减少。由于草畜平衡政策和草场资源分布之间的矛盾，导致牧民超载过牧、偷牧等行为屡禁不止，持续影响草原退化。总体而言，人类活动和政策干扰是草地退化的重要原因。

水域面积总体呈现“增加—减少—快速增加”的变化特点，水域主要由未利用地转入，未利用地向水域转化的面积占水域转入量的 91.24%。祁连山冰川过去 50 年处于物质亏损和退缩减薄的状态，根据对疏勒河径流的模拟发现，过去 40 年冰川融水对径流的平均贡献率为 23.60%，因此冰川消融产生的水文效应可能是水域面积增加的原因之一。

建设用地面积呈现“增加—减少—快速增加”的变化特点。建设用地主要由耕地、草地和林地转入，三者向建设用地转化的面积分别占建设用地转入量的 18.67%、16.33% 和 50.59%，这表明研究区内部分项目建设以侵占耕地、破坏林地和草地为代价。特别是 2010—2018 年建设用地面积激增 $198.90hm^2$，其土地利用单一动态指数为同期土地利用类型中的最大值（3.488%），这表明该时期国家公园界线内区域的人类活动逐渐增加。祁连山国家公园自然资源丰富，矿产开采、旅游开发及水电站建设加速了建设用地面积的扩张。

未利用地面积呈现“轻微增加—减少—轻微增加”的变化特点，总体呈减少趋势，2000—2010年减少速度最快。从转移方向看，未利用地主要转为林地、草地和水域。同期，林地和草地是转为未利用地的主要土地利用类型，但未利用地转出为林地和草地的面积小于林地和草地转入的面积，这表明林地、草地和未利用地之间的相互转化较为频繁，且植被覆盖面积逐渐增加。

3. 碳储量时空分布

使用InVEST模型估算的祁连山国家公园界线内区域1980年、1990年、2000年、2010年、2018年的碳储量分别为9.07×10^2Mt、9.07×10^2Mt、9.07×10^2Mt、9.16×10^2Mt、9.17×10^2Mt。从增长趋势看，碳储量的变化分为3个阶段，即轻微减少—快速增长—缓慢增长，目前，祁连山国家公园碳储量的变化正处于第三阶段。

祁连山国家公园的生态环境已经从“严重受损”逐渐过渡到“有序恢复”，它仍然是保障西部生态安全的巨大碳库。1980—2018年，土地利用变化导致祁连山国家公园界线内区域碳储量总体增加9.87×10^6t。生态系统的正演化（耕地、草地和未利用地转化为林地，耕地和未利用地转化为草地，未利用地转化为水域）导致碳储量增加4.71×10^7t，其占总碳储量增加量的97.52%；同时生态系统的逆向演化（林地流转、草地转为未利用地，耕地和草地转为建设用地）造成碳储量减少3.57×10^7t，其占总碳储量减少量的95.21%。

可以看出，1980—2018年祁连山国家公园界线内区域碳储量增加主要是由于生态系统的正演化，导致的高碳密度土地利用类型面积增加，植被覆盖率增加，以及土壤和植被中地上和地下碳储量增加。祁连山国家公园碳储量空间分布特征显著，与土地利用类型有一定联系。碳密度较高的地区主要集中在公园东段和中段东侧，以林地为主；碳密度比较低的地区主要集中在公园西段和中段西侧，以未利用地为主。

（三）应用遥感等技术估算碳储量

1. 应用遥感技术估算碳储量简介

遥感技术由于具有覆盖范围广、重复观测能力强等特点，目前已成为开展大尺度森林地上碳密度估算的首选。特别是LiDAR（Light Detection And Ranging，激光雷达），其由于具有直接测量森林垂直结构的能力，能够克服光学及微波遥感在高生物量地区出现的信号饱和问题，已被IPCC推荐为森林碳密度估算的有力工具。遥感技术与样地调查数据的结合，可以提供有关估计和校准的验证信息，能够进一步提升森林生物量估算能力与精度，相关技术在森林生物量研究领域的应用日渐增多。

宋洁和刘学录基于GLAS（Geoscience Laser Altimeter System，地球科学激光测高系统）数据、Landsat OLI（Operational Land and Imager，陆地成像仪）数据以及样地调查数据，在建立

不同类型森林地上生物量估算模型的基础上，利用基于 GLAS 数据提取的森林冠层高度对其脚印点森林地上碳密度进行估算，并通过 MaxEnt（最大熵）非参数化方法将脚印点森林地上碳密度外推到整个研究区，对祁连山国家公园森林碳储量进行估算，厘清祁连山森林碳储存地位；从森林面积、森林覆盖度、森林景观格局等角度全面分析祁连山森林景观时空动态变化情况，获得祁连山国家公园 2018 年平均森林地上碳密度的估算值和总蓄积量，二者分别为 $40.72\pm6.72t/hm^2$（见图 2）和 $28.58\pm4.72\times10^3Mt$。从分析结果看，祁连山国家公园碳密度与同在高海拔地区的重要的山地自然保护区（川西米亚罗自然保护区和内蒙古大兴安岭生态站）森林地上平均碳密度相近，这说明祁连山国家公园是重要的高海拔森林固碳场所。

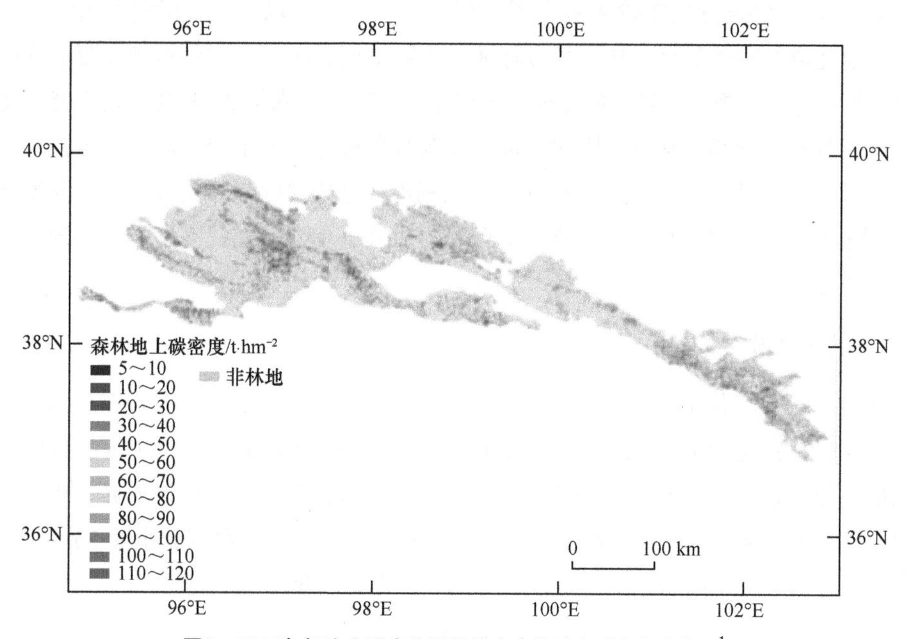

图2 2018年祁连山国家公园界线内森林地上碳密度分布图[1]

2. 使用 LiDAR 提升估算精度

被动式光学遥感数据包括高光谱和多光谱数据，遥感影像目前在森林信息获取研究中的应用较为普遍。然而，高光谱和多光谱数据都只能提供物体表面的光谱信息，可能无法让我们区分光谱相似但结构不同的物体，例如灌木与乔木。将主动式 LiDAR 数据与被动式光学遥感数据相结合，综合依据物体的垂直结构特征以及光谱特征进行分类，能够对具有相似光谱特征但垂直结构不同的物体进行更详细地区分，从而获得更高的分类精度。

宋洁将基于光谱与垂直结构综合特征分类的面积统计结果与 2018 年更新的二类调查数据及影像解译面积统计结果进行对比后发现，基于光谱与垂直结构综合特征分类的结果中各类型土地面积占总面积的比重与调查数据及影像解译面积统计结果中各类型土地面积占总面积的比重基本一致，7 种土地覆被类型的分类面积统计结果显示，森林面积的相对精度为 96.84%，各

1 邓喆, 丁文广, 蒲晓婷, 等. 基于InVEST模型的祁连山国家公园碳储量时空分布研究[J]. 水土保持通报, 2022, 42(3): 324-334+396.

类型土地面积的总体平均相对精度为92.09%。这说明将Landsat OLI影像的光谱特征以及经地形校正后的GLAS数据的垂直结构特征相结合用于山区土地分类能够提高山区森林范围识别的精度。相比仅依据光谱特征进行分类，依据光谱及垂直结构综合特征分类的精度明显提升，总体分类精度提高了10.67%。对于具有相似光谱特征但垂直结构不同的植被类型如森林、灌木、草地，这种方式对分类精度的提升作用明显，能使森林范围的识别精度提高。上述内容说明GLAS数据提供的垂直结构信息的加入能够增强不同类型土地之间的可区分性，使土地类型分类及森林范围识别更为精确。

边瑞发现，与单独使用一种数据源相比，将Landsat OLI数据和LiDAR数据结合可以改善AGB模型，当光谱数据与LiDAR数据相结合时，光谱数据可以提供云捕捉不到的关于土壤颜色和样方植被光谱的额外信息。在进行森林地上生物量估算时，不同遥感特征变量具有不同的饱和度和敏感性，使用饱和度较低的特征变量很难得到较高的森林AGB值，优化特征变量的选择有助于提高数据的饱和度水平。因此，选择多源数据进行变量组合，使其互相补充，对于提高数据饱和度水平是很重要的。LiDAR数据是预测森林结构参数理想的数据源。多光谱图像与LiDAR数据的结合，可以为植被结构参数的预测提供互补信息，在提高植被结构参数的预测精度方面具有潜力。

3. 森林覆盖度时空变化

森林覆盖度时空变化是影响碳储量变化的重要因素。参照国内外相关研究，本报告选取合适的遥感数据（包括遥感波段比，例如Green/Red，Green/NIR，Red/SWIR1等；植被指数，例如归一化植被指数、归一化绿波段差值植被指数等）作为自变量，以样地数据（样地森林碳储量）为因变量，使用多元线性回归模型，构建分析模型，同时使用数据集中的20%作为验证集以确认模型精度，避免过拟合。使用的多元线性回归模型如下：

$$C = \beta_0 + \beta_1 X_1 + \beta_2 X_2 + \cdots + \beta_n X_n + \epsilon$$

其中，C为森林碳储量，$X_k(k=1, 2,\cdots, n)$为前述提取的遥感数据，β_0为模型常数，$\beta_k(k=1, 2,\cdots, n)$为模型变量系数，$\epsilon$为附加误差。

基于更进一步的遥感以及相关数据分析得到，1980—2018年，针叶林面积变化的聚集强度相对阔叶林而言较高，这可能与阔叶林的分布较针叶林而言较为分散有关。而针叶林面积减少的聚集强度比面积增加的聚集强度更高。将以上森林面积变化密度分布图（见图3）与研究区行政区域进行叠加分析，发现针叶林面积增加密度较大的区域主要分布在张掖市肃南裕固族自治县、张掖市民乐县、武威市天祝藏族自治县；针叶林面积减少密度较大的区域主要分布在张掖市肃南裕固族自治县、武威市天祝藏族自治县、张掖市民乐县；阔叶林面积增加密度较大的区域主要分布在武威市天祝藏族自治县、张掖市民乐县、张掖市肃南裕固族自治县；阔叶林面积减少密度较大的区域主要分布在张掖市肃南裕固族自治县、张掖市民乐县、武威市天祝藏族自治县。可以看出，1990—2018年祁连山国家公园界线内森林面积波动较大的区域主要分布在以畜牧业生产为主的地区，且考虑到以上区域作为祁连山国家公园森林资源主要分布区域，在未来制定公园管理措施时，应注意实现畜牧业转型发展，协调地区经济发展与生态保护之间的关系。

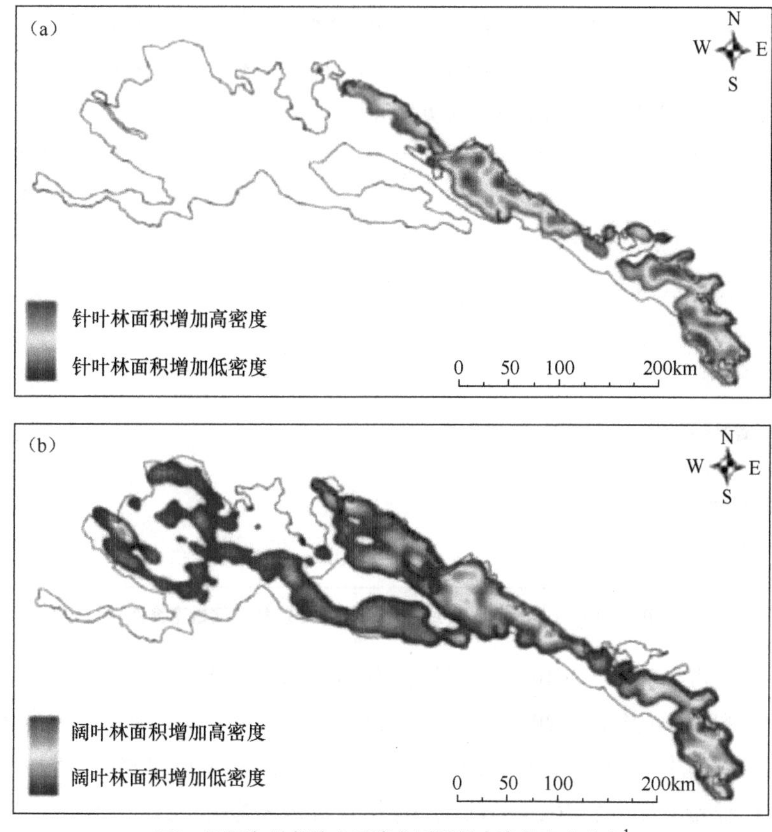

图3　不同年份祁连山国家公园界线内森林密度分布[1]

（a）1990年；（b）2018年

本报告从森林覆盖度入手进行分析，基于自然断点法，将研究区森林覆盖度分为3个等级：一级，森林覆盖度为10%～40%；二级，森林覆盖度为40%～70%；三级，森林覆盖度为70%～100%。根据对祁连山国家公园界线内区域2018森林覆盖度结果的统计，可以发现该区域1990—2018年森林覆盖度占比最大的值域均为70%～100%，且在2015年以前，森林覆盖度以40%～100%为主，未发现森林覆盖度有明显的变化。研究区内森林覆盖度较高的区域主要分布在祁连山中、东段针叶林较为密集的地区。

4. 碳储量时空分布

据估算，祁连山国家公园界线内区域1990年森林总碳储量为28.4×10^6t，平均森林碳储量密度为45.38t/hm^2，公园内森林碳储量密度主要分布在27～58t/hm^2；1995年森林总碳储量为29.23×10^6t，平均森林碳储量密度为46.19t/hm^2，公园内森林碳储量密度主要分布在28～60t/hm^2；2000年森林总碳储量为30.93×10^6t，平均森林碳储量密度为47.44t/hm^2，公园内森林碳储量密度主要分布在28～62t/hm^2；2005年森林总碳储量为31.44×10^6t，平均森林碳储量密度为48.14t/hm^2，公园内森林碳储量密度主要分布在30～62t/hm^2；2010年森林总碳储量为31.78×106t，平均森林碳储量密度为48.39t/hm^2，公园内森林碳储量密度主要分布在33～62t/hm^2；2015年森林总

1　宋洁. 祁连山森林碳储量与森林景观格局时空变化研究[D]. 兰州: 甘肃农业大学, 2021.

碳储量为 30.82×10^6t，平均森林碳储量密度为 46.74t/hm^2，公园内森林碳储量密度主要分布在 34 ～ 59t/hm^2；2018 年森林总碳储量为 29.49×10^6t，平均森林碳储量密度为 46.59t/hm^2，公园内森林碳储量密度主要分布在 32 ～ 61t/hm^2（见图 4）。

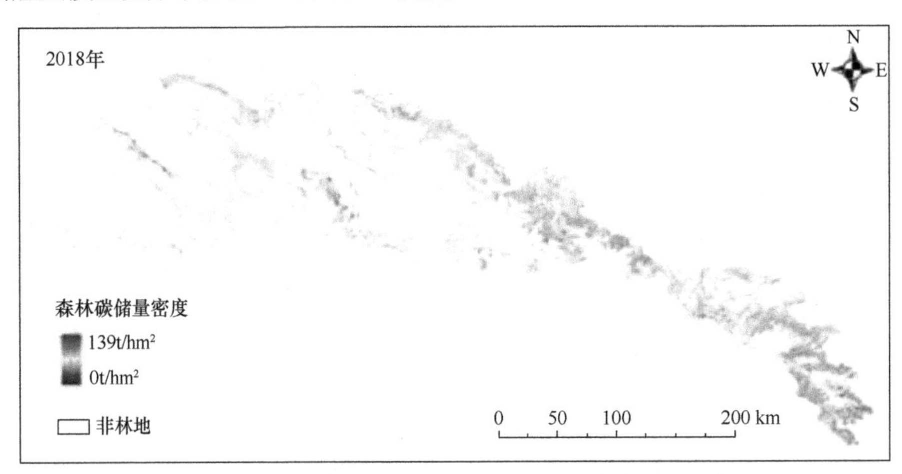

图4　祁连山国家公园界线内区域2018年森林碳储量密度图[1]

从时间角度分析，1990—2010 年，研究区森林碳储量密度变化以增加为主，1990—2000 年，森林碳储量密度增幅基本在 20t/hm^2 以内。2000—2005 年，森林碳储量密度增幅显著提升，有 44.89% 的栅格碳储量密度增幅达到 20 ～ 40t/hm^2，有 12.89% 的栅格碳储量密度增幅达到了 40 ～ 60t/hm^2，碳储量密度增加 20t/hm^2 以上的栅格数占林区总栅格数的 68.83%。2005—2010 年，森林碳密度增长速度与 2000—2005 年相比减缓，增幅主要在 20t/hm^2 以内，碳密度增加 20t/hm^2 以上的栅格数是 2000—2005 年增加 20t/hm^2 以上栅格数的 58.79%。2010—2018 年，研究区森林碳密度持续降低，降低幅度主要在 20t/hm^2 以内。

分析发现，1990—2018 年，对于不同的海拔梯度，森林碳储量变化的程度从强到弱依次为海拔 2770 ～ 3770m ＞海拔 3770 ～ 4770m ＞海拔 1770 ～ 2770m ＞海拔 4770 ～ 5740m；对于不同的坡向，森林碳储量变化的程度从强到弱依次为阴坡＞半阴坡＞半阳坡＞阳坡；对于不同的水平范围梯度，森林碳储量变化的程度从强到弱依次为东段＞中段＞西段；对于不同的行政区域梯度，森林碳储量变化的程度从强到弱依次为甘肃＞青海。此结果与森林面积在各空间梯度的排序基本一致，即森林面积越大，森林碳储量变化的程度越明显。

三、针对祁连山国家公园碳储量核算的建议

对于现有的碳储量估算模型，结合各类文献与报道，可总结出其各自的优缺点。

基于森林资源清查的传统模型，例如胸径 - 材积的一元模型，具有以下优点：简单易行，只需要测量胸径，无须对整棵树进行采样或遥感分析；数据较容易获取，可以通过地面直接测量获取；可用于多个树种和不同生态环境，胸径是适用于不同树种的统一指标。但是，其也存在一些相应的缺点，如一元模型仅考虑一种影响因素（胸径），不能全面反映树的生物量，导

1　宋洁. 祁连山森林碳储量与森林景观格局时空变化研究[D]. 兰州: 甘肃农业大学, 2021.

致估算偏差较大；不适用于同一森林的不同树种，树种的生长速率、密度、叶面积等因素不同，不能用一个统一的模型估算；不适用于受环境影响的树木，林分环境的温度、水分、光照等因素对树木生长有影响，不能简单使用一元模型估算。

使用生态模型进行预测具有如下优点：可以模拟森林碳循环过程，评估森林碳储量；可以预测未来的碳储量变化情况；可以评估森林碳储量受环境因素影响的情况。但基于假设的模型也存在一些不足：模型自身不够可靠，导致结果不准确；使用模型计算、预测均需要大量的数据并进行验证，否则可能导致结果不准确；受模型假设与参数的影响，结果很可能不准确。

使用遥感等技术确定碳储量具有如下优势：成本低，基于现有的数据可以快速评估大面积的森林；可以避免人为因素的干扰，如量测误差、数据记录误差等；可以评估森林的空间分布情况，得到森林碳储量的空间分布图。但是，受限于遥感的特点，这种方式仍然存在不足：难以识别森林中的每一棵树；受天气影响，图像质量可能不佳，相关分类很可能受到影响；受数据质量影响，结果可能不准确。

综上所述，单独采用上述 3 种方式之一均可获得祁连山国家公园森林碳储量的相关数据，但三者均存在各自的不足。因此，从成本、效率、准确性三者均衡的角度出发，结合国家青藏高原科学数据中心中的大量关于祁连山国家公园的数据集，可采用以遥感为主的方式估算国家公园内的碳储量以及碳汇情况，并通过 LiDAR、合成孔径雷达等技术进一步提升估算精度，同时，将遥感数据与实地调查数据相结合以进一步提升测算准确性。

除模型差异外，更重要的因素还包括数据、人才储备等，只有拥有准确、完善的数据，培养科研人才和建立专业团队，才有可能获取更准确的碳储量数据，进而做出更好的关于生态环境的决策。下面给出相关的建议。

（1）应当加强数据收集与整合，同时消除各套系统间的壁垒。对于缺乏碳储量核算工作资料的地区，首先需要进行数据收集和整合工作。可以借助相关机构和专家的帮助，对该地区的土地利用、森林覆盖、能源消耗等方面的数据进行收集和整合，以获取相关的碳储量数据；或向国家公园保护区内的群众推广一些简单的碳储量核算方法，将模型推算数据与实际测量数据进行对比，进一步提升模型的精确性。

（2）在拥有大量数据的前提下，接入内部现有信息化建设平台。在有余力的情况下，针对海量数据建立一个全面的碳储量核算数据库，包括森林、土地、水域、沉积物等自然资源碳储量数据，以及相关碳排放数据等，这可以为政府制定碳减排政策提供科学的数据支撑。在此基础上，可以将相关数据向科研院所或公众开放，以获取真实评价。在拥有大量数据的情况下，可以考虑引入国际先进的碳储量核算技术和软件，比如 Carbo-Link 和 Carbon Asset Management System 等，这些技术和软件有助于对碳储量进行更准确的测量和评估，提高数据的可信度和精度。

（3）依托科研院所相关成果，制定碳储量核算管理规范，建立专门的碳储量核算团队，对碳储量核算工作进行标准化管理，确保数据的可靠性和准确性。加强碳储量核算领域的人才培养，培养更多的碳储量核算专业人才，提高整个领域的技术水平和管理水平。加强对碳储量核算工作的宣传和普及，提高公众对碳储量核算的认识和重视程度，促进社会各界积极支持和参与碳储量核算工作。

第十二章　祁连山国家公园运营风险评估和保险制度构建

摘要：近年来，甘肃省委、省政府深入贯彻习近平生态文明思想，坚决扛起祁连山生态环境保护政治责任，全面彻底解决突出问题，祁连山生态环境持续向好。搭建完善的灾害预警和治理体系是体制建设需重点关注的任务之一。在实践层面，既要从改善基础硬件环境的视角出发，也要从完善园地协同机制的层面入手，“软硬”结合，才能形成强大合力，筑牢国家公园灾害防控体系的“四梁八柱”。这有助于在统筹经济社会发展和生态环境保护的过程中，找到实现二者共赢的契合点，避免对自然造成破坏。本章分析了祁连山国家公园运营风险评估和保险制度构建。

关键词：风险评估　防控体系　保险制度

一、运营风险分析与防控体系构建

（一）祁连山国家公园内各类灾害

1. 地质灾害

祁连山地处青藏、内蒙古、黄土三大高原交会地带，祁连山国家公园总面积5.02万平方千米，其中，甘肃片区面积3.44万平方千米，占总面积的68.5%，其涉及甘肃省河西地区7个县（区）。地质灾害是祁连山国家公园内最为严重的自然灾害类型之一，具有来势猛、成灾快、数量多、损失大、灾后恢复治理困难等特点。

祁连山既有崩塌、滑坡、泥石流等地质灾害，也有各种地质环境问题。许多学者选择祁连山典型地段，开展“小流域链式地质灾害成因机制”“地质灾害早期识别”等相关研究，使祁连山成为地质灾害研究的高地。研究地质灾害的发生便于在重点区域设置地质灾害提醒标牌，规划紧急避险点。还便于在灾害隐患点全部安装主、被动防护网等简易防控设施。在日常防控方面，祁连山国家公园管理部门依托地方政府承担隐患巡查和预警责任。

2. 森林火灾

森林火灾具有突发性强、蔓延迅速、危害性高等特点。随着全国森林资源总量不断增长和天然林限制采伐等政策的落地实施，祁连山国家公园内可燃物载量已超出可能发生森林火灾的临界值。周边社区农事用火、民俗用火和生活用火等较为频繁，防火形势持续严峻。近年来，好几起草原火灾都是由祭祖烧纸引发的，春节前夕和清明节期间，树木和牧草枯死，含水率较低，加上天干物燥，不时有大风天气，在有火源的情况下，极易引发森林草原火灾。火灾相关数据如表 1 与表 2 所示。

表1　人为活动引发的森林草原火灾所占比例[1]

单位：%

时间段	烧荒	焚烧杂草	施工	吸烟	野炊	祭祖烧纸
1980—1999年	8	31	12	22	6	21
2000—2020年	2	15	21	13	20	29

表2　2009—2017年我国部分省（自治区、直辖市）森林火灾总次数及火场总面积[2]

省（自治区、直辖市）	重庆	四川	贵州	云南	西藏	陕西	甘肃	青海	宁夏	新疆
火灾总次数	469	3009	5485	2374	41	924	125	98	152	333
火场总面积（hm^2）	1861	28 472	52 596	74 458	599.4	4282	1007	1627	1253	1252

故祁连山国家公园建立了入山登记制度、野外用火制度和用火审批制度，利用“防火码”小程序，对进入林区的人员和车辆进行管控，杜绝火种进山入林，严格执行 24 小时值班和领导带班制度，并与市、县政府及林草、森林公安、森林武警等部门协调配合，广泛开展警示教育。目前，祁连山国家公园在火灾防控上仍需进一步明确护林员的巡护路线，结合视频监控、无人机巡护、安防系统监管等科技手段，加大对重点区域的巡护和监测力度，同时提高防火应急能力，进一步强化半专业化扑火队伍建设，做好防火物资购置、配备、维护保养等工作。

3. 林业有害生物灾害

祁连山国家公园内的林业有害生物灾害主要分为病害、鼠害、虫害 3 类。其中，病害主要有云杉叶锈病、云杉落针病；鼠害主要源自中华鼢鼠、大沙鼠；虫害主要源自云杉梢斑螟、云杉四眼小蠹、丹巴鳃扁叶蜂、落叶松球蚜、落叶松叶蜂、云杉球果小卷蛾、圆柏大痣小蜂等。祁连山国家公园内林业有害生物数量多、分布广、隐匿性强且难以一次性消灭，相关防治工作难度大、任务重[3]。

祁连山国家公园涉及的多个县（区）属于虫害病疫区，整体防控形势较为严峻。除此之外，相关调研还发现祁连山国家公园内的柳杉和杉木林受鼠害较为严重。故综合防治要遵循“预防为主，治理为辅”的原则，将生物防治、物理防治、化学防治结合应用，以达到最优防治效果。

1　蒋志成, 蒋志仁, 王小芳, 等. 祁连山保护区东段人为活动与森林草原火灾相关性分析[J]. 林业科技通讯, 2021, (8): 50-52.

2　中国统计年鉴编委会. 中国统计年鉴[M]. 北京: 中国统计出版社, 2018.

3　周丰. 林草有害生物综合防治技术: 以甘肃祁连山自然保护区为例[J]. 现代园艺, 2023, 46(10): 169-171.

（二）防控体系构建

甘肃省于2012年启动森林保险试点工作，首先在庆阳市、平凉市、天水市、陇南市率先实施，逐步向全省推广。

为保证国家公园森林保险管理工作有章可循、规范有序开展，甘肃省林业厅早在2015年就联合甘肃省财政厅、甘肃省保监局印发了《甘肃省政策性森林保险定损理赔操作规程（试行）》（以下简称《规程》）。

《规程》共7个部分，对森林保险进行了准确定位。森林保险分为政策性森林综合保险和其他森林保险。政策性森林综合保险是指享受中央财政保费补贴，为保障因自然灾害损毁的森林的再植（育）、病虫害防治成本而开展的保险活动。再植（育）成本是指林木受灾损失后，恢复林地植被所需成本，包括郁闭前的整地、苗木、栽植、施肥、管护、抚育等费用。其他森林保险指除森林综合保险以外的，享受政府保费补贴的涉林保险活动。

《规程》明确了省级保险监督管理部门及省级林业主管部门负责对森林保险业务实施监督管理；省级林业主管部门协助承保机构宣传森林保险政策，并对森林保险查勘定损工作进行指导和帮助。财政部门负责会同有关部门积极申请中央财政森林保险保费补贴资金，按照规定的负担比例，及时足额落实本级政策性森林保险保费补贴资金，加强政策性森林保险保费补贴资金及保险赔款监管，确保资金专款专用。

《规程》明确规定了承保、保费补贴对象及补贴比例，公益林保险金额确定为500元/亩，综合保险费率为2‰，商品林保费由财政和林业经营者共同承担，中央财政补助30%、0.36元/亩。省财政厅、省林业厅根据经核实的承保签单数量，将中央和省级财政承担的保费补贴资金拨付各有关市（州）、县（区）财政局和省级直属单位；市（州）财政、林业部门将本级按比例应承担的保费补贴资金拨付各县（区）。省级直属单位和县（区）财政部门应及时将保费补贴资金划转到保险经办机构；市直单位的保费补贴由市（州）划转到保险经办机构。

《规程》对加强森林资源保护，提高林业抵御自然灾害和林农灾后自救能力，规范保险行为，推动政策性森林保险工作规范有序开展具有重要的意义。

近年来，祁连山国家公园甘肃省管理局张掖分局的生态公益林全部投保，林业有害生物防治资金主要来源于森林保险理赔，理赔资金根据年度林业有害生物灾害发生报案情况确定，发生程度达到中度以上，按25元/亩理赔。2019—2022年，森林保险理赔累计赔付760.1万元，另有中央财政和省级财政每年拨付10万～15万元。尽管如此，由于祁连山林区的平均防治成本在60元/亩左右，而森林保险理赔的赔付标准为25元/亩，防治经费严重不足，导致防而不治。2019—2022年祁连山国家公园甘肃省管理局张掖分局林业有害生物森林保险理赔资金如表3所示。

表3　2019—2022年祁连山国家公园甘肃省管理局张掖分局林业有害生物森林保险理赔资金统计

理赔年度	理赔资金/万元	资金用途
2019—2020	234.2	林业有害生物防治
2020—2021	252.3	
2021—2022	273.6	
合计	760.1	

二、监测预警及防控体系建议

（一）地质灾害防控体系

强化地质灾害前期预警，及时开展隐患区修复治理。在时间布局上，应把每年的汛期（5—9 月）作为地质灾害防控重点期；在空间布局上，建议把重点工程和人口相对密集区作为防控重点地。在工作安排上，应注重巩固已有基础，把加强监测预报、科普宣传和改进规划指导作为重点；在管理环节上，把激活园地联动和明确治理责任作为重点。

1．健全地质灾害监测预警体系

加强以护林员为主体的兼职监测员队伍建设，完善群测群防网络体系。注重新技术、新方法和新设备的推广应用，开展典型地质灾害专业监测示范。加强汛期气象预报预警科学研究，健全地质灾害气象预报预警平台。加强地质灾害信息系统开发和数据库建设，搭建园地信息共享平台，提升服务水平。

2．完善地质灾害调查评价体系

开展地质灾害隐患调查评价、动态巡查、重点区域地质灾害勘查与灾害风险评估是做好地质灾害防控工作的基础，目的是摸清家底、查明机理、明确危害、落实预案，以便采取有针对性的防治措施。结合第一次全国自然灾害综合风险普查，全面摸清国家公园范围内地质灾害风险隐患底数，建立全域普查和动态巡查相结合的调查评价机制，为各级管理机构和地方政府有效开展防控工作、保障区域生态安全提供决策依据。

3．完善地质灾害治理体系

集中有限资金，采取科学、经济、合理的治理方式，逐步改善区域自然地质环境条件。对于国家公园范围内威胁较多人口的隐患点，属地管理机构要密切配合地方政府，做好各项防灾减灾和搬迁避让工作；对于未威胁人口但对已建基础设施造成潜在影响的灾害多发区，应科学评估灾害风险，采取遗弃避让或实施必要的加固、重新设防等工程维护措施，确保不影响其原有承载功能的发挥。

（二）火灾防控体系

开展森林火灾防控体系建设应突出早期防控，遵从“早发现、早出动、早扑灭”的基本准则。可以开展预警监测、通信指挥等智能系统建设，促进国家公园火灾防控从“人海战术、被动扑救、耗时低效”向“智慧防火、主动出击、快速歼灭”转变。

1．完善防火道路等基础工程

结合各片区已有道路规划，兼顾森林生态旅游开发，科学布局森林防火道路，保证防火道路高标准、高质量，延长其使用年限。适当补充建设瞭望塔，发挥其在大面积林区火情监测中的作用。在实施过程中，区内防火道路应尽量与地方应急道路建设标准相吻合，确保救援车辆行驶顺畅。

2. 新建若干应急救灾停机坪

结合国家公园火险等级区划，建设若干应急救灾停机坪，方便运送扑火物资和扑救人员等。停机坪应尽量设在一般控制区，要求周围无高大乔木遮挡，以免影响直升机飞行。对于拟建停机坪的区域，仅对地面进行平整处理，不加以硬化，从而减少对原生森林植物的破坏，同时定期进行地面平整维护。

3. 推动无人机巡护指挥系统落地应用

率先在火灾高危区建设无人机巡护指挥系统，条件成熟后可将其推广至祁连山国家公园全域范围。推进无人机在火场和航空巡护中的应用，使其通过搭载摄像设备、双向无线影像和数据传输设备，执行特殊情况下的火警侦察和巡护任务。特别是在林火发生早期不容易监测到火点的情况下，借助无人机遥感影像可提升火点识别和高效预警的能力。

（三）林业有害生物防控体系

森林病虫害被称为“不冒烟的森林火灾”，开展相关防治工作意义重大。应立足实际，以提高常规防治和应急防治水平为重点，注重新技术、新方法的应用，推动建立“功能齐备、配置合理、运转顺畅、协调高效”的林业有害生物防控体系。

1. 关注易受威胁区域有害生物灾害的发生趋势

以县（区）为单位，组织对辖区内易受病虫害侵染的区域开展经常性巡回检查。例如，受人为干扰严重、生物多样性差、生态环境状况不良的林地，受火灾、雨雪冰冻、干旱、洪水等突发性灾害干扰后的林地，以及历史上林业有害生物灾害频发的林地等。根据森林病虫的生物学特性，选择在有害生物始盛期或病虫害显露期进行。

2. 注重新技术、新方法的应用和推广

传统有害生物防治方法费时、费力，对基层工作人员的专业性要求较高，这也是制约祁连山国家公园防控能力进一步提升的关键因素。可购置一批符合当地实际状况的物联森防监测设备，减少人力和时间成本；适时引入“虫脸”智能识别系统，开发数据记录、监测管理和远程监控数据采集系统，降低基层管理专业门槛，提高有害生物风险识别的精度等。

3. 加强各级管理机构治理能力建设

注重机构队伍建设，强化专业岗位技术培训，保障组织机构完善和队伍健全。持续加强国家公园范围内现有国家级中心测报点建设，配备和更新野外监测数据记录仪等现代化信息采集工具；选取具有代表性的区域，创建国家公园远程监控数据采集系统。条件成熟时，在甘肃建设遥感监测区域站和预测预报中心。

三、保险制度建立分析与优化建议

（一）地质灾害保险制度评估保险制度

随着保险业的发展，保险补偿慢慢进入人们的视野，成为灾后补偿的一种重要方式，且其具有补偿程度高、资金分配客观等优点。但我国现阶段并未建立地质灾害保险制度，现有的财产保险虽对地质灾害有所涉及，但赔付额度较小，地质灾害高发的农村基本都在承保范围之外，因此建立地质灾害保险制度具有一定的必要性。

1. 损失分布拟合

对地质灾害损失分布进行拟合一般可从两个方面着手：①以年度损失为单位，对以往每年地质灾害总损失分布进行拟合，得到其分布函数；②以每次损失为单位，对历年每次地质灾害损失分布进行拟合。鉴于我国关于地质灾害损失的数据统计机制的建立时间较晚，年度总损失的统计数据较少，若采用第一种方法，拟合效果将较差，因此本节对历年各次地质灾害损失分布进行拟合。常用的分布有对数正态分布、韦伯分布、广义帕累托分布等。本节所用的分布函数如下：

$$F(x)=\begin{cases}F_1(x),\ x<\mathrm{u};\\ F_2(x),\ x\geqslant \mathrm{u}\end{cases}$$

式中，$F_1(x)$ 为根据实际数据选取的分布函数，常用对数正态分布函数、指数分布函数等来刻画；$F_2(x)$ 为采用 MGPD（Meliorated Generalized Pareto Distribution，改善广义帕累托分布）来刻画的函数；u 是门限值，通过对损失数据何时服从 MGPD 分布而确定的；x 为随机变量。其中 $F_2(x)$ 可表示为：

$$F_2(x)=\begin{cases}1-[1+\xi\left(\dfrac{x}{\sigma}\right)\theta]-1/\xi,\ \xi\neq 0\\ 1-\mathrm{e}^{[-\left(\frac{x}{\sigma}\right)\theta]},\ \xi=0\end{cases}$$

式中，$x>0$，形状参数 $\xi>0$，尺度参数 $\sigma>0$，位置参数 $\theta>0$。

2. 保费厘定

保费厘定主要是基于分布函数进行模拟得到损失值，地质灾害保险无赔付上限与自留额，风险由保险公司独立承担。对保险公司来说，地质灾害发生的次数越多、经济损失越大以及伤亡人数越多的地区，其风险权重就越大。其分布函数如下：

$$F(x)=\begin{cases}\displaystyle\int_0^x\frac{1}{0.9641\sqrt{\pi x}}\mathrm{e}^{-\frac{\ln x-3.021}{2\times 0.9641^2}}\mathrm{d}x,\ x<100\\ 1-\dfrac{97}{1595}\left[1+1.056\times 10^{-6}\times\left(\dfrac{x-100}{52.9}\right)0.774-\dfrac{1}{1.056\times 10^{-6}}\right],\ x\geqslant 100\end{cases}$$

3. 针对保险制度的建议

（1）加快建立地质灾害保险制度

现阶段，地质灾害造成的损失严重，并且现阶段的救灾工作具有一定的滞后性，地质灾害也会给人们的生活造成影响。建立地质灾害保险制度不仅可以加快救灾步伐，改善保险补偿程度低的现状，而且可以减轻政府的压力。

（2）合理划分地质灾害风险区域

不同地区地质灾害风险存在差异，各个地区民众的投保积极性也存在差异：地质灾害风险越高的地区，民众投保的积极性越高，但是保险公司的积极性会相对较弱；地质灾害风险较低的地区，情况则相反。因此按地区收取不同的保费不仅可以调动民众投保的积极性，而且还能很好地反映地质灾害风险。

（3）扩大保险覆盖范围

在全民参与的假设下计算出的保费，均在民众可承受的范围之内。投保率对保费的影响较大，投保率越低，保费越高，将会超出民众的承受范围，使其投保积极性降低，影响保险市场的稳定。民众对保险的需求越大，保费越低，因此可采取加强对地质灾害保险的宣传、由政府给予民众适当的补贴等措施使更多的民众投保。

（4）政府积极采取相应措施

地质灾害高发区大多处于较为偏僻的山区，受传统文化和环境的影响，当地民众对保险认识不足，投保积极性较弱，但是其对政府的信赖度较高，只要政府出面，他们就会积极响应国家的制度政策。由于偏远地区民众的收入水平较低，保费对一个家庭来说还是一笔不小的开支。政府可以制定相应的政策，将地质灾害保险指定为强制保险，这样可以提升投保率，降低保费。政府还可以建立相应的基金项目，对民众进行投保补助，以减轻民众的经济负担。

（二）森林保险评估及保险制度

森林保险制度为林业生产、林区生活提供了可靠保障，对于保护森林资源、保障生态安全，提升新时代林业现代化建设水平，推进生态文明建设具有重要作用，这体现在 3 个方面：一是稳定林业生产，为灾后植被恢复提供经济补偿支持，缓解地方财政、林业经营主体的经济压力，进而加快植被恢复速度；二是增强风险控制能力，推动保险公司直接或间接开展林业方减损工作，降低出险率和受灾损失。

1. 国家公园森林保险

根据相关资料，国内目前有多家保险公司提供森林保险业务，其中人保财险的承保面积所占比例最大（见图 1）。

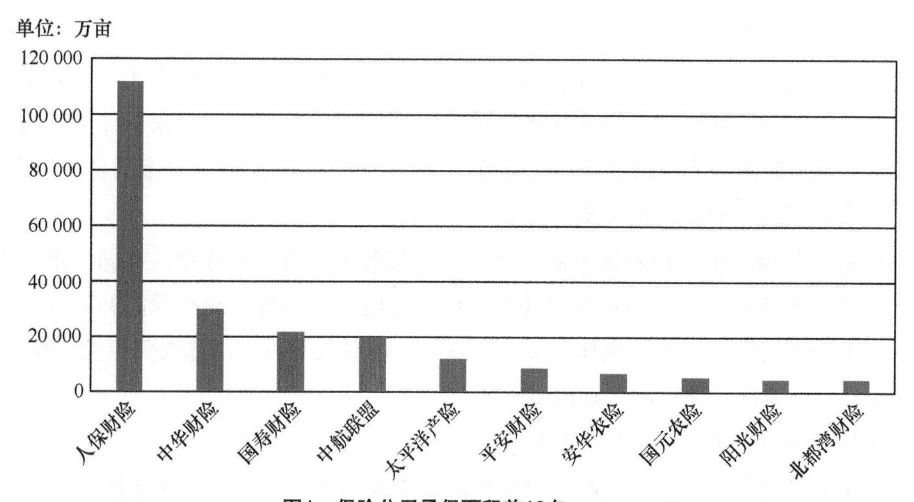

图1　保险公司承保面积前10名

2. 保险费率厘定

（1）稳定性原则

森林火灾保险费率应在短期内保持稳定，不能经常变动，以免增加经营机构业务量，影响保险公司诚信度，同时导致投保人难以合理估计投保费用，损害投保人利益。

（2）灵活性原则

费率水平应在短期内保持稳定，但从长期来看，森林火灾保险费率应根据风险水平、技术水平的变化进行相应调整，保持一定的灵活性。

（3）控制性原则

不同风险区域的费率水平应有所差别，以反映不同区域在减灾、防灾管理水平方面的区别，通过收取不同层次的保费，可以维持费率与风险之间的公平性，并督促投保人采取减灾、防灾措施。

费率是森林火灾保险的核心影响因素。可以基于风险区划理论，综合考虑自然和经济等相关因素，建立风险指标体系，采用主成分分析法，对国家公园内的森林火灾风险水平进行衡量，并将其划分为低风险、较低风险、中风险、较高风险和高风险 5 个区域。根据风险区域划分结果，运用 BP（Back Propagation，反向传播）神经网络算法对下一期各省市的森林火灾受害率进行预测，从而得到各省市相应的森林火灾保险费率。这样可使森林火灾保险费率厘定更加科学、精准、可行，充分发挥费率在森林火灾保险发展中的作用。

3. 对森林保险制度的建议

（1）对森林保险进行科学区划

不同区域内的灾害风险、林业发展状况、经济水平、林农收入、保险营销环境及公共财政等的差异决定了森林保险的险种、费率、政府补贴力度、市场需求弹性的差异。对森林风险进行科学区划有利于保证森林保险费率的科学性和合理性。

（2）对森林火灾保险费率进行动态调整

由于各地的自然、经济及风险控制措施等因素经常变化，森林火灾风险也会发生相应的变化。因此，各区域森林火灾保险费率不应该是一个恒定的数值，应根据森林保险的实际发展情况和森林火灾风险的改变及时进行动态调整，以此促进森林保险惠及更多的林业生产者。

（3）实施区域化财政补贴政策

在促进森林保险的健康发展方面，财政补贴起着至关重要的作用。不同省市由于受到经济发展及财政收入的影响，对森林保险补贴的依赖程度存在差异，森林保险补贴带来的效用也不尽相同。由于不同地区面临的森林灾害风险不同，费率水平不同，林农负担水平存在较大差异，这就要求政府实施区域化财政补贴政策。

（4）因地制宜地创新森林保险险种

为了拓宽业务范围，提高森林保险险种的适用性，各保险公司应针对各个区域的实际情况，不断加大产品创新力度，提供具有当地特色的、种类更为繁多的森林保险险种。创新森林保险险种，要充分考虑当地的风险状况及费率水平，结合实际和客户需求，为客户提供个性化的产品和服务。保险公司实现森林保险险种创新，可以弥补现行中央财政保费补贴型森林保险的不足，同时也能为相关部门完善森林保险保费补贴政策提供可吸收、可借鉴的实践经验。

第十三章　祁连山国家公园“山水林田湖草沙”差异化生态补偿机制研究

摘要：生态环境和自然环境是人类赖以生存的物质基础，对经济的发展具有巨大的推动作用。构建以国家公园为主体的自然保护地体系，是建设美丽中国、促进人与自然和谐共生、推进自然生态保护的一项重要措施。自然保护区实施封闭式保护，严格限制和禁止对区内自然资源的开发和利用等制度要求，使得自然保护区内居民和当地政府的经济利益受到影响。而生态补偿是实现区域可持续发展和区域之间协调发展的重要手段，建立和完善生态补偿机制是实现人与自然和谐发展的重要战略选择。差异化生态补偿机制的建立有利于调和各利益相关者之间有关生态利益和经济利益的冲突，协调不同环境因素对生态补偿的需求差异，在维护社会公平、保护生态环境方面具有十分重要的意义。本章主要阐述了祁连山国家公园差异化生态补偿现状，国家公园差异化生态补偿存在的问题，总结了祁连山国家公园差异化生态补偿制度完善路径，为我国国家公园最终实现自然与经济的协调发展提供决策参考依据。

关键词：差异化　生态补偿　祁连山国家公园　山水林田湖草沙

党的十八届三中全会提出建立国家公园体制这一重点改革任务，党的十九大报告提出建立以国家公园为主体的自然保护地体系。甘肃省认真践行“绿水青山就是金山银山”的生态文明理念，建立以国家公园为主体的自然保护地体系，坚持以习近平新时代中国特色社会主义思想为指导，牢固树立“生态保护第一、国家代表性、全民公益性”的国家公园建设理念，扎实开展国家公园建设工作。

生态补偿作为一种能够实现生态持续供给和社会公平的经济政策手段，在解决国家公园建设过程中的环境保护与经济发展失衡问题上被寄予厚望。生态补偿是调动各方积极性、保护生态环境的重要手段。虽然我国在较长时间的生态补偿转移支付实践中取得了一定成果，但国内生态补偿领域还存在管理体制机制不健全等问题，这些问题已成为影响国家公园建设的关键所在。

为保障祁连山国家公园生态安全，需要使生态保护补偿力度与财政能力相匹配，并加大纵向补偿力度，将投资向重点生态功能区的基础设施和基本公共服务设施建设倾斜。根据生态效益外溢性、生态功能重要性、生态环境敏感性和脆弱性等特点，在重点生态功能区转移支付中实施差异化补偿。完善以生态环境要素为实施对象的分类补偿制度，结合生态保护地区生态保护成效和经济社会发展状况，划定补偿水平并对不同要素的生态保护成本给予适度补偿。例如，对于受损河湖、水土流失重点防治区等重点区域，加强水生生物资源养护，积极进行生态保护补偿。结合公益林现状，应完善公益林补偿标准动态调整机制，健全天然林保护机制，鼓励地方结合实际对公益林实施差异化补偿，进一步加强天然林资源保护管制。构建完善生态保护补偿制度，针对农业生态、湿地生态、草原生态的情况，逐步改善生态补偿机制，对因保护生态不宜开发利用和暂不具备治理条件的区域依法实施封禁保护政策[1]。

一、祁连山国家公园差异化生态补偿现状

自2017年国家开启祁连山国家公园体制试点以来，中央财政通过国家重点生态功能区转移支付资金、中央预算内文化保护传承利用工程项目资金和中央财政国家公园补助等资金渠道推动国家公园的建设和发展。2020年，中央财政设立“国家公园专项补助”，同时甘肃省也将国家公园建设相关经费纳入了省级预算安排。2018—2020年，祁连山国家公园在生态保护补偿与修复、自然资源调查监测、自然教育与生态体验、国家公园勘界立标、保护设施设备运行维护、野生动植物保护等方面累计投入建设资金共14.73亿元（2018年4.09亿元、2019年3.77亿元、2020年4.15亿元、2021年2.72亿元），其中，中央资金14.22亿元，省级资金0.51亿元。甘肃省通过加大国家公园建设投入，提升国家公园生态系统质量，保护生物多样性，进一步完善基础设施建设，使国家公园生态环境持续向好。

为了不断健全大熊猫国家公园自然保护区生态补偿机制，国家发改委结合国家公园体制试点，将祁连山生态补偿示范区纳入国家西部大开发“十三五”规划，积极开展，拓展生态补偿资金渠道、建立生态补偿标准体系和明确利益双方责权相配套政策框架试点工作。甘肃省也采取了相应措施。①完成生态补偿立法相关的研究工作，制定并印发了《甘肃省贯彻落实〈建立市场化、多元化生态保护补偿机制行动计划〉实施方案》，以及制定了《甘肃省流域上下游横向生态保护补偿试点实施意见》，积极争取成为生态综合补偿试点省份，落实资源有偿使用政策和完善生态补偿机制，集中在祁连山地区黑河、石羊河流域开展上下游横向生态补偿试点，目前已落实首期奖补资金3500万元。②2018年甘肃省公益林区划落界完成后，将国家公园范围内符合公益林区划界定标准的林地全部区划界定为公益林，符合标准的公益林全部纳入森林生态效益补偿补助范围。③以“生产生态有机结合、生态优先”为基本方针，贯彻落实草原禁牧和草畜平衡制度，大力发展饲草产业，引导牧区发展舍饲，推动草原畜牧业转型升级、提质增效。目前省级每年向祁连山国家公园（甘肃片区）8个县（区、场）下达禁牧、草畜平衡奖励资金4.15亿元。④积极补偿国家公园范围内适宜开展生态补偿的湿地，按每人每年1.6万元的标准对酒泉分局片区的盐池湾党河湿地进行生态效益补偿。

20世纪90年代以来，国家陆续发布了包括《自然保护区条例》《森林法实施条例》《退耕还林条例》等在内的一系列有关生态补偿的政策性文件，并制定了与生态补偿相关的法律。1998年修正的《森林法》第一次从法律层面明确了生态补偿的原则，规定“国家设立森林生态效益补偿基金，用于提供生态效益的防护林和特种用途林的森林资源、林木的营造、抚育、保护和管理。森林生态效益补偿基金必须专款专用，不得挪作他用”。《防沙治沙法》明确规定对使用资金补偿退耕还林还草等生态环保行为给予政策优惠，以此推动生态保护行为的实施，例

1 深化生态保护补偿制度改革[N].人民日报, 2021-09-13(001).

如规定“采取退耕还林还草、植树种草或者封育措施治沙的土地使用权人和承包经营权人，按照国家有关规定，享受人民政府提供的政策优惠”[1]。根据防沙治沙的难度和面积，县级以上地方人民政府应按照国家相关规定，对从事防沙治沙活动的个人和单位给予财政贴息、资金补助、税费减免等优惠。2021 年修正的《草原法》规定了“在草原禁牧、休牧、轮牧区，国家对实行舍饲圈养的给予粮食和资金补助”以及“对在国务院批准规划范围内实施退耕还草的农牧民，按照国家规定给予粮食、现金、草种费补助”。2022 年就修正的《野生动物保护法》第十九条规定“因保护国家和地方重点保护野生动物，造成农作物或者其他损失的，由当地政府给予补偿。补偿办法由省、自治区、直辖市政府制定”。甘肃省坚持把祁连山生态环境问题整改作为重大政治任务和基础性底线工作，通过制定《甘肃祁连山国家级自然保护区矿业权分类退出办法》《关于开展全省各级各类保护地内矿业权分类处置的意见》，配套财政资金，按照“共性问题统一尺度、个性问题一矿一策”的思路，引导矿业权分类实施、严格施行“三种退出方式”，完成有效退出[2]。

国家林业和草原局现已启动专项规划，编制并印发《祁连山国家公园总体规划（试行）》，持续开展祁连山生态环境综合治理、“山水林田湖草沙”综合治理等工作，推动湿地保护、森林生态效益补偿、天然林保护、“三北”防护林、退耕还林还草等重点生态工程实施。根据生态环境部公布的祁连山国家级自然保护区核心区、缓冲区、实验区范围，甘肃片区设立矿业权全面退出保护区法定界线，中止祁连山保护区内矿产资源勘探开发活动，目前片区内 115 宗矿业权已分类退出 97 宗；祁连山国家级自然保护区实现了森林蓄积量和面积的双增长，目前森林覆盖率达到 22.56%，相较建区初期，森林蓄积量增长 27.78%；针对项目区草原超载、草原严重退化现象设立了草原围栏，目前祁连山国家公园草原总面积达 2 096 811.3 公顷，东部草甸、草原平均盖度多在 50% 以上，西部荒漠草原平均盖度达到 25% 左右[3]；对于湿地，适时推进退耕还湿试点工作，建立干旱地区湿地生态用水补偿机制。

二、国家公园差异化生态补偿存在的问题

我国差异化生态补偿尚存在不足。首先，立法体系支撑不足。当前，我国缺乏完善的生态补偿转移支付相关法律法规。尽管我国已有一些针对生态补偿或转移支付的法律法规，但其更多地阐述原则性规定，没有详细规定资金来源、使用标准和方式等深层次内容。同时，生态补偿项目不明确、标准无法统一。我国在长期的生态补偿实践中先后出台了多项生态补偿政策，试图运用经济手段对项目中受到损失的利益相关者进行补偿。鉴于生态保护工作的长期性，这些项目对应的补偿政策也应该长期实施。但实践中，这些补偿政策往往只以项目、计划或工程的形式实施，缺乏法律法规支持，这影响了其实施效果。此外，由于生态补偿的涉及面广，包括生态补偿的专项转移支付在内的工作均需诸多部门的联动配合。尽管国家已设置国家公园管理局来统筹国家公园建设，但在实际运行中，该机构类似于议事协调机构，缺乏明确的事权。

1　刘东赫. 国家公园生态补偿转移支付制度优化路径研究: 以祁连山国家公园为样例考察[J]. 黑龙江生态工程职业学院学报, 2022: 4-9+83.

2　丁文广, 勾晓华, 李育. 祁连山生态绿皮书: 祁连山生态系统发展报告[M]. 北京: 社会科学文献出版社, 2021.

3　张莉丽. 甘肃省祁连山国家公园草地资源现状及持续利用对策[J]. 甘肃科技, 2021: 1-4.

事权模糊直接导致国家公园管理局在生态补偿财政转移支付资金的使用过程中难以发挥建设性作用，政策难以统一，生态补偿政策的执行效率也极低[1]。

三、祁连山国家公园差异化生态补偿制度完善路径

为促进国家公园生态系统恢复、健全管理体系，甘肃省应建立差异化生态补偿制度，通过综合评估和核算国家公园内气候调节、矿业退出、水源涵养、水土保持、生物多样性保护等产生的生态服务价值的流量和流向，结合地区实际的经济发展和生态环境状况，制定生态补偿标准，同时也要结合受偿者实际遭受的利益损失以及采取相关措施带来的机会成本。由于生态环境是不断变化的，在制定生态补偿标准时考虑的因素也会随之变化，因此生态补偿标准要具有弹性和灵活性，并定期重新确定，以适应经济社会发展和生态保护[2]。

（一）差异化生态补偿需求

生态补偿制度的重要性是由环境资源外部性、生态建设特殊性、环境保护迫切性决定的；建立生态补偿制度也是企业布局调整，在产业升级换代过程中协调利益损失的需要。我国生态补偿机制建设取得了显著成效，补偿范围不断扩大、补偿标准不断提高、补偿方式也更加多样。但考虑到政策目标，生态补偿机制仍有待完善。

我国推行的生态补偿政策不是简单的环境经济手段，而是社会发展调节手段，目的是实现区域公共服务均等化、城乡融合发展等多政策目标融合，最终实现人与自然和谐发展。但纵观我国多省的生态补偿实践，生态补偿均以资金补偿为主，这使地方政府不断加大环境整治力度，甚至不惜牺牲经济发展机会。因此，需要科学规划生态补偿目标，将生态补偿政策目标综合化，使区域融合发展、公共服务均等化及乡村振兴等目标相融合。在生态环境方面，应统筹考虑流域水环境、水资源、水生态、森林生态系统的保护需求；在区域协同发展方面，应突出流域生态环境保护对区域产业发展的增值作用和产业发展对生态环境治理的反哺作用等。

生态补偿受偿地区往往是生态地位重要、生态环境良好的区域，在《全国主体功能区规划》中多属于限制开发区域或禁止开发区域。然而，这些区域经济发展基础薄弱，单纯的经济补偿对这些地区来说仅是杯水车薪，缺少可持续性。建立健全流域生态补偿机制就是要从根本上解决问题，转变“输血式”补偿，培育更多绿色经济新增长点，采用“造血式”补偿方式。为推动生态资源向生态资本转化，需要在生态保护、产业发展、市场体系、科技研发等领域协同发力，解决流域生态环境保护、生态产品供给、生态产品交易等方面的问题。此外，关于政策实施成效评估、监督检查反馈机制的顶层部署依然缺失。建立综合考虑政策、经济、文化等因素的政策制定、政策执行、监测评价、动态评估、督查整改闭环工作机制，构建各个政策环节总体协调的开放系统的良好政策体系，对于完善生态补偿制度具有重要意义。

1 刘东赫. 国家公园生态补偿转移支付制度优化路径研究: 以祁连山国家公园为样例考察[J]. 黑龙江生态工程职业学院学报, 2022: 4-9+83.

2 方思怡. 国家公园生态补偿法律制度研究[J]. 黑龙江人力资源和社会保障, 2021, 20: 112-114.

（二）生态效益补偿制度框架建立

生态效益补偿制度是运用经济学、法学、生物学等学科知识，调节生态系统，从而调整各利益相关主体权利义务关系的稳定长效制度。自2004年建立森林生态效益补偿制度以来，我国生态效益补偿政策不断完善。此外，我国还建立了水资源节约补偿、资源开发补偿、污染物减排补偿等多元化、市场化补偿机制。为推动完善国家公园生态效益补偿制度，我国还探索了生态流域上下游补偿机制。各地方政府根据自身财政状况，自主衡量生态修复发展目标，建立并实施生态效益补偿制度。例如，陕西省逐渐投入资金建设现代化林业产业体系，持续推进沿黄防护林提质增效和高质量发展工程；江西省积极探索新生态效益补偿方法（禁伐补贴、分区分类补偿以及非公有森林赎买等）；广西壮族自治区开征生态税，构建多元化补偿资金筹集机制，大力开发再造林碳汇项目，使碳汇交易额在2019年达到138.57万元。

作为调整国家公园生态环境保护中环境及经济利益关系的重要政策手段，生态补偿政策可以平衡流域内上下游利益相关方的利益关系，追求社会、经济、生态环境等综合效益最大化，加快区域绿色高质量发展，带来更高的经济效益，实现流域内社会经济可持续发展。

（三）差异化生态补偿标准设计方法

生态补偿标准确定是生态补偿研究的难点。由于关系到生态补偿项目的成本有效性，生态补偿标准的差异化是生态补偿标准设计的重要方面。生态补偿的目标决定了生态补偿的主体和客体，进而决定了生态补偿资金的筹集渠道。依据生态补偿目标和生态补偿资金的筹集渠道，可以划定生态补偿的区域范围以及生态补偿的核算单元。生态补偿标准的制定需要依据生态系统服务价值，然而目前生态系统服务价值的全核算结果与生态补偿主体的承受能力之间往往存在较大差异，因此在差异化生态补偿标准制定中，不同的生态补偿主体，可以根据生态补偿目标选择特定的生态系统服务价值进行补偿。

区位环境因素包括立地自然条件、区域发展定位、资源相对稀缺程度等。生态系统服务价值相对高的区域，如水源地和自然保护区的维系对维系区域生态安全特别重要。资源相对稀缺程度高的生态系统服务，其价值也会越高。这些区位环境因素制约生态公益林生态服务功能是否可以稳定长效发挥，也影响了生态系统服务的相对重要性和相对稀缺程度，因此，在构建生态补偿标准时，应该充分考虑环境参数、区划参数和稀缺度参数等区位环境因子[1]。

常见差异化生态补偿评估模型包括Tobit模型、碳生态补偿模型和差异化模型，通过模型评估可以更快更好地确定生态补偿标准，而科学的生态补偿标准是促进生态建设项目得以有效实施和持续推进的关键，生态补偿标准核算方法很大程度决定了生态补偿的合理性和科学性。

1. Tobit模型

Tobit模型也称为样本选择模型或受限因变量模型，是因变量的取值满足某种约束条件的模型。Tobit模型具有可以有效地处理截断数据、估计精度和可信度较高等优点。为了测度生态差

1　盛文萍, 甄霖, 肖玉. 差异化的生态公益林生态补偿标准: 以北京市为例[J]. 生态学报, 2019: 45-52.

异特征主要影响因素的方向、强度，模型的应用分为两步。第一步，通过 SBM（Slacks-Based Measure，非期是超效率）模型评估出 DMU（Decision Making Units，评估决策单元）的生态效率值；第二步，以第一步中得出的生态效率值为因变量，以影响因素为自变量，建立回归模型，通过自变量的系数判断影响因素对生态效率的影响方向和强度，从而判断差异化补偿所需的特征变量[1]。

2. 碳生态补偿模型

（1）碳中和目标下碳生态补偿模型

利用生态足迹法，若研究区内的土地利用碳排放值高于碳吸收值，说明该区域内的土地利用碳吸收量不足以抵消其产生的土地利用碳排放量，该区域的碳排放会对其他区域生态环境造成影响，则该区域为碳生态补偿主体，其他区域为碳生态补偿客体。碳生态补偿主体需要向碳生态补偿客体提供补偿[2]。基于此，研究人员可以根据区域的经济发展差异、生态基础差异、碳排放强度差异、生态本底差异、资源禀赋差异等对土地利用中的碳排放量和碳吸收量进行修正，并进一步根据人口、土地等差异对基准值进行修正，确定碳生态补偿对象和标准。

（2）区域碳生态补偿优先级划分

在碳生态补偿过程中，为了提高补偿的保护率和资金的有效使用率，需要考虑该地区对补偿的迫切需要程度。因此，可借鉴苏恒等提出的“生态补偿优先级”（Eco-compensation Priority Sequence，ECPS），分别衡量研究区单元的碳生态补偿支付或受偿情况。若某区域的生态补偿优先级较低，则说明该区域在支付或者接受碳生态补偿后，对自身经济状况影响较小；反之影响较大。

3. 差异化评价

完整性与原真性是相辅相成的，国家公园的生态系统完整性和原真性评估体系旨在为生态补偿提供依据。与一般的生态系统完整性和原真性评估不同，该体系不仅要反映国家公园生态系统的综合生态功能，还需要具备简洁易用、实用性强、数据易于获取等特点，并且符合生态补偿标准的要求。

（四）差异化生态补偿意义与价值

目前，我国国家公园的建设大多依托于重大生态功能区，因此差异化生态补偿对于维护国家生态安全具有重要意义。差异化生态补偿作为平衡不同地区收入差异的重要手段，可以在一定程度上帮助国家公园范围内的具有重要生态保护职能的地区，在修复和保护生态环境的同时促进经济发展。这一国家层面的统筹可以在一定程度上缓解经济发展和环境保护之间的矛盾。构建完善的差异化生态补偿制度可以积极推动国家公园的建设过程。完善的生态补偿制度，在

1 马晓君. 约束条件下中国循环经济发展中的生态效率: 基于优化的超效率SBM-Malmquist-Tobit模型[J]. 中国环境科学, 2018: 3584-3593.

2 李璐. 碳中和目标下武汉城市圈县域空间横向碳生态补偿: 基于土地利用碳收支差异[J].生态学报, 2023, 43(7): 2627-2639.

宏观层面有利于引入社会力量构筑国家生态安全屏障，在微观层面可以提高全民参与维护国家生态安全的主动性。从社会层面来说，完善的生态补偿制度可以增加投入生态补偿的款项，运用市场机制以调动更多社会主体参与对环境风险的防控，逐步形成生态系统良性循环，有助于生态安全系统的进一步完善。对于市场来说，在政府采购生态补偿的相关服务时，由生态补偿带来的良性竞争在政府的积极引导下可以促进重大生态修复工程更快、更好地落地，进一步优化国家公园涉及地区乃至全国范围内的生态安全格局。

国家公园所覆盖地区的经济发展水平往往较低。以祁连山国家公园为例，其辖区包含多个经济发展处于较低水平的地区。构建差异化生态补偿制度可以降低该地区农牧民从事生态服务行业产生的机会成本，或者对生态服务的提供者给予适当的奖励，进而平衡修复活动产生的权利义务与生态环境保护关系，降低生态保护过程中产生的成本，从而调动社会力量参与生态环境保护与修复工作的积极性，实现环境保护与经济发展之间的平衡。国家公园涉及地区的农牧民虽然放弃了对林地、耕地、草场的使用权，但仍可以通过参与生态补偿活动获得经济收入。这种方式也有助于实现共同富裕，并符合国家乡村振兴战略目标。

自改革开放以来，我国的经济发展取得了举世瞩目的成就，但长期以来的粗放型发展对生态环境所造成的破坏也不容忽视。重点生态功能区的建设除引发了发展权与生存权之间的冲突外，还引起了生态破坏带来的代际公平问题。在经济发展过程中，发展权与环境权密切相关。优良的环境有助于为经济发展提供更丰富的资源，并在一定程度上促进可持续发展。差异化生态补偿可以在较大程度上缓解发展权和环境权之间的矛盾，在保障环境权的同时，也能保护生态功能区和后代的发展权。

第十四章　祁连山国家公园宣传效果提升——基于国内外的经验

摘要：祁连山国家公园作为我国重要的自然保护区，具有独特而典型的自然生态系统和丰富的生物多样性。为了提升宣传效果，祁连山国家公园可以借鉴国内外其他国家公园宣传路径的主要形式，主要包括网络宣传、多媒体展示、旅游手册和地图等；也可以汲取其经验，包括明确目标市场定位、创新宣传方法等。尽管祁连山国家公园在保护珍稀濒危野生动植物和自然风光方面具备优势，但宣传覆盖范围有限、宣传内容不够多样化、缺乏互动和参与性、缺乏个性化定制服务等问题仍存在。因此，建议祁连山国家公园突出特色、创新方法、转变思路，以国际视角设置相关话题，通过综合利用传播渠道和传播手段提升宣传效果，进一步吸引更多人关注和参观。

关键词：祁连山　国家公园　宣传路径

一、国内外国家公园宣传路径的主要形式及经验

（一）主要形式

1. 网络宣传

建立官方网站和社交媒体账号，提供公园的介绍、景点推荐、活动信息等内容，通过网站和社交媒体与公众进行线上互动和传播信息。这种形式的宣传可以迅速传达信息，吸引更广泛的受众。

2. 多媒体展示

利用视频、照片等多媒体形式展示公园的自然风光和生物多样性，以精美的影像吸引公众。这种形式的宣传能够生动地展示公园的美景和独特之处，给人留下深刻的印象。

3. 旅游手册和地图

制作精美的旅游手册和地图，以介绍公园的特色景点、路线规划和旅游注意事项。这些旅游手册和地图可以方便游客了解公园的各项信息，并为游客提供参观游玩的指引。

（二）经验

1. 开展目标市场定位

根据祁连山国家公园的特色和定位，确定目标宣传市场，针对不同的游客群体制定相应的宣传策略和内容。将珍稀濒危野生动植物保护和生态保护作为宣传的核心，突出祁连山国家公园在物种保护和自然环境方面的独特性。展示野牦牛、雪豹、白唇鹿、黑颈鹤、冬虫夏草、雪莲等野生动植物的珍贵性和濒危状态，以及公园内丰富的自然景观和生物多样性，吸引游客关注。

2. 创新宣传方法

除了采用传统的宣传手段，如网站和旅游手册，还可以探索更多创新性的宣传方法。例如，利用 VR（Virtual Reality，虚拟现实）或全息投影等高科技手段，让游客身临其境地体验祁连山国家公园的自然美景，提升宣传效果。提供教育和解释服务，配备专业的导游和讲解员，为游客提供有关公园的生态知识和保护信息，增强游客的环保意识。

3. 强化互动和参与性

在宣传路径中增加互动与参与性元素，让游客能够参与其中，而不仅仅是被动接收信息。例如，组织户外活动和生态体验项目，让游客亲身参与大熊猫保护和自然环境保护工作，增强他们的参与感和认同感。

4. 提供个性化定制服务

根据不同游客群体的需求和兴趣，为其提供个性化定制服务。例如，为喜欢摄影的游客提供专门的摄影导游，为科学爱好者提供专业的讲解服务，让游客能够根据自己的兴趣和需求深入了解祁连山国家公园的自然风光和文化底蕴。

5. 拓宽宣传渠道

除了利用传统的宣传渠道，如网站和社交媒体，还可以选择其他宣传渠道，如旅游节目、纪录片、旅游博览会等，加深游客对祁连山国家公园的认知和了解。

二、祁连山国家公园宣传成效及现存问题

（一）宣传成效

1. 国际国内关注度显著提高

国内方面，根据中国旅游研究院发布的《国家公园大数据发展报告》，在以下 9 个国家公园体制试点单位中，祁连山国家公园和神农架国家公园的好评率和推荐率均为最高（见图 1）。

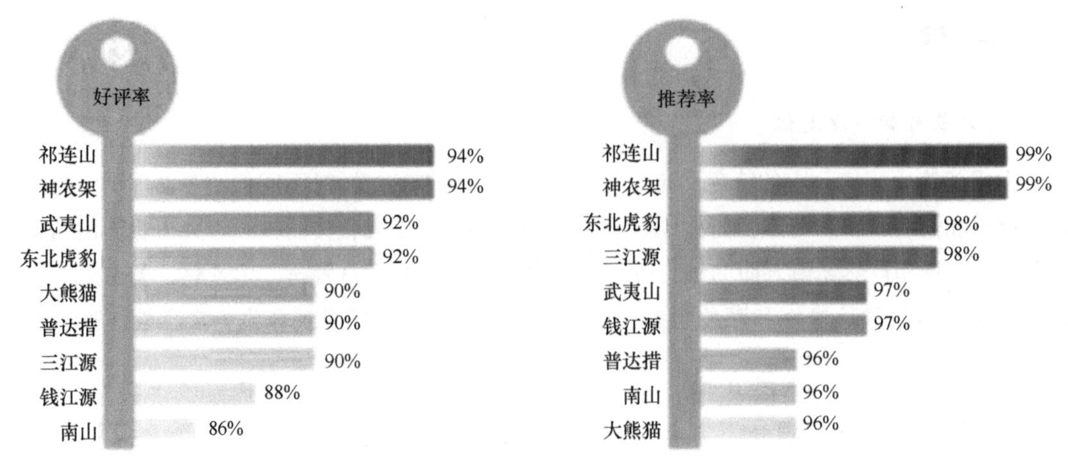

图1 国家公园排行榜

国际方面，国家公园的自然保护和文化传播不仅对我国具有重要的意义，对于全球都有着重要的作用。随着世界格局的多元化和全球局势的变化，社会意识形态相互交织、影响，变得更加错综复杂，这使得在跨文化背景下进行文化传播、故事讲述和话题构建面临一些障碍。但是为构建人类共有的美好家园而携手奋斗，为保护生物多样性而共同努力，是能够引起共鸣的议题，能普遍被国际国内大众接受和关注，符合国内国际双循环相互促进的思路。祁连山国家公园在野生动植物物种保护的生态环境理念构建、人类命运共同体构建方面占有不可替代的重要地位。依托祁连山国家公园中生物多样、和谐共生的现实将中国故事讲述得更加生动精彩，为我国从不同角度设置相关话题，掌握舆论引导主动权提供了关键工具，有利于我国进一步增强国际话语权，并在更大范围内推动思想、文化、信息的共享与传播。

2. 生态保护理念转变效果显著，公众参与热情显著提高

祁连山国家公园设立的初衷就是构建自然保护地体系，修复生态系统。在这个过程中，获得当地居民的认可至关重要。国家公园宣传工作是推进甘肃自然保护地体系和治理能力现代化工作的重要组成部分，祁连山国家公园通过主动发布环保话题，有效地宣传了“建设美丽甘肃，我是行动者”的理念，也为我国打赢污染防治攻坚战营造了良好的氛围。祁连山国家公园遵循“公众在哪里，宣传就要到哪里”的宣传理念，并且面向不同受教育程度、年龄阶段和角色定位的受众采用不同形式的宣传路径，遵循“既要统一思想、凝聚力量，又要拓宽平台、提高声量”的原则，实现了重大信息同时发布，形成了上下联动、左右互动的舆论引导合力，使宣传内容的影响范围不断扩大。

（二）现存问题

祁连山国家公园在保护珍稀濒危野生动植物和自然风光方面具有独特的优势，但在宣传方面还存在一些问题。

1. 宣传覆盖范围有限

目前的宣传渠道未能覆盖更广泛的受众群体，祁连山国家公园需要开拓更多的宣传渠道，如与媒体合作、参加旅游展览会等，从而提升知名度。

2. 宣传内容不够多样化

除了宣传珍稀濒危野生动植物和自然风光，祁连山国家公园还可以通过宣传当地的文化遗产、历史故事等来丰富宣传内容，吸引更多拥有不同兴趣爱好的游客。

3. 缺乏互动和参与性

祁连山国家公园可以通过举办摄影比赛、自然科普讲座等活动，鼓励游客积极互动和参与活动，增强宣传影响力和优化游客的体验。

4. 缺乏个性化定制服务

祁连山国家公园可以根据游客的需求和兴趣，为其提供个性化的旅游线路和服务，提升游客的满意度和回头率。

三、祁连山国家公园宣传效果提升

（一）突出特色

祁连山国家公园开展宣传工作要突出特色，增强传播内容的吸引力和感染力，深入推进宣传教育和国际交流合作，积极主动发声，加强与中央主流媒体的战略合作，深度挖掘园区宣传题材，提高信息采编质量，特别是要继续加强与央视《秘境之眼》栏目的互动，提高社会认知度。开展深入持久的宣传，提高公众对国家公园的认知度和依法保护意识。加强与国内外其他国家公园、第三方机构的合作交流，促进自身科研保护能力的提升。与科研院所及非政府组织建立合作关系，落实具体合作事项，使其能够为国家公园的高质量发展提供技术支持。

（二）创新方法

传播渠道和传播手段的综合利用对于今后祁连山国家公园在国际化传播报道和产品形态创新方面都至关重要。例如，将传统媒体的内容优势和新媒体的传播优势进一步结合，充分利用新技术新应用，将短视频和网络直播相结合，在原有报道渠道的基础上进一步丰富报道平台，例如 TikTok、YouTube 以及相关直播平台，进一步提升传播效果。在内容呈现上，可以综合运用视频点播、VR 全景、实时直播、延时视频、慢直播等手段，实现环保理念传播效果的最大化。例如，采用直播和视频回放的形式让观众了解公园中动物的生活状态和生活习性，从而达到理想的宣传科普效果。这种 24 小时陪伴式的播放具有长时段性、信息流转速度慢的特点，无剪辑、无解说，注重原生态性和实景优化。慢直播营造出“想象的共同体”，对传播对象和传播环境没有造成人为的影响，增强了客观性。这种传播手段对于野生动植物保护、自然生态展示具有重要意义，将它和短视频、纪录片、新闻报道等手段综合利用，用多元化的表述方式、互动体验和创新的空间叙事手法让国内外传播对象“云”游览祁连山国家公园，有利于达到更理想的宣传效果[1]。

（三）转变思路

良好的话题能够起到理想的舆论引导作用，通过吸引用户关注与讨论，能够增加自身的价值和内涵，并提升用户的认知水平。祁连山国家公园要想获得国外用户的认可，就要转变传播视角，满足其欣赏需求。一些我们熟稔于心的事物，对国外用户来讲可能十分新奇，在国外用户群体中能引起强烈反响，这就要求我们换位思考，将祁连山国家公园所蕴含的中华民族的智慧和东方文明的象征意义阐释并传播好。在祁连山国家公园的国际化传播过程中，我们既要融入本土化、多元化的元素，同时还要通过多种方式和渠道引入国际视角，不仅展现出中国特色，还要使传播内容与国外用户的观念认知相吻合；转变人与自然二元对立的观念，不把自然仅视作满足人类需求的工具，而是通过野生动物保护、自然资源观察等多种方式开启与国际用户的共同认知，从而更好地解读中国方案和中国主张。

1 李郁. 三江源国家公园国际传播力提升路径探析[J]. 社科纵横, 2022, 37(4): 139-144.

Ⅲ 分报告

大熊猫国家公园（甘肃片区）

第十五章　大熊猫国家公园制度体系建设特色分析

摘要：《建立国家公园体制总体方案》的出台，突出了国家公园管理机构的核心地位，成为国家公园管理机构构建与发展的基石。本章阐述了大熊猫国家公园（甘肃片区）的总体规划，分析发现大熊猫国家公园（甘肃片区）形成了4级垂直管理体系，其对国家公园开展央地协同管理、事权统筹分级和逐级管理等工作意义重大。辅以执法体系、生态监测体系，通过与地方政府协调联动、跨省协同管理和辅助协同管理，并以资金及科技为保障基础，完善大熊猫国家公园（甘肃片区）整体管理体系，创新性地改变管理分散的局面，同时为国家公园管理机构建立提供了宝贵经验。

关键词：国家公园规划　垂直管理　大熊猫国家公园（甘肃片区）　管理运行

一、引言

2016年以来，以《建立国家公园体制总体方案》《关于建立以国家公园为主体的自然保护地体系的指导意见》为依据，我国初步建立了由国家林业和草原局（国家公园管理局）统一监管、各国家公园管理机构负责日常管理的国家公园管理体系。尽管国家公园管理体系有了统一的组织形式，但国家公园在进行管理体系建设时，依然存在管理低效、职责模糊、机制不全和协同不当等较大问题[1]。

我国国家公园体制已由"经验引介"走向"本土探索"，尽管有基于对全球范围的政府治理结构与法制体系的应然性分析，但仍然缺少以当地实际为基础的国家公园管理运行机制的实质性解答。大熊猫国家公园（甘肃片区）通过前瞻性规划，构建创新性国家公园管理体系，探索建立权责明晰的国家公园管理机构[2]，以突破现阶段基于央地关系所产生的体制。因此，可以系统分析大熊猫国家公园试点方案、设立方案、总体规划、管理机构设置及协同管理机制，总结大熊猫国家公园（甘肃片区）内部各组织机构及各要素之间运作的制度体系优势、生态成效与社会效益，并根据现存问题提出建议，推动大熊猫国家公园（甘肃片区）体制建设。

1　丁文广，田莘冉，张慧琳. 基于环境善治的祁连山国家级自然保护区管理体制机制研究[M]. 北京：社会科学文献出版社，2018(12).

2　赵胡兰. 中国国家公园管理体制与机制研究[D]. 北京：中国科学院大学，2020.

二、总体规划内容

（一）大熊猫国家公园（甘肃片区）建立的意义

大熊猫是世界生物多样性保护的旗舰物种，现仍存在种群密度低、栖息地破碎化等问题[1]。大熊猫国家公园（甘肃片区）的建立，有利于增强甘肃省大熊猫栖息地的连通性、协调性和完整性，并促进甘肃省大熊猫栖息地生物多样性和典型生态脆弱区整体保护，实现对重要自然资源和自然生态系统的原真性、完整性和系统性保护，促进人与自然和谐共生。

（二）总体要求及主要任务

以习近平生态文明思想为指导，大熊猫国家公园（甘肃片区）遵循“保护优先、永续发展”“创新体制、有效管控”和“统筹协调、和谐共生”等原则，在管理体制机制、大熊猫保护及栖息地修复、生态系统等方面进行改革，以优化保护管理方式，建成生物多样性保护示范区域、生态价值实现先行区域、世界生态教育展示样板区域。

（三）专项规划与方案

在大熊猫国家公园体制试点期间，根据甘肃省的实际情况，编制《大熊猫国家公园白水江片区总体规划》《大熊猫国家公园甘肃片区总体规划（2022—2030年）》《大熊猫国家公园体制试点白水江片区专项规划、方案（纲要）》《大熊猫国家公园白水江片区大熊猫栖息地生态系统保护与修复专项规划》等一系列规划方案，为大熊猫国家公园（甘肃片区）各项工作的开展确定了方向。

（四）与周边自然保护地关系规划

白水江国家级自然保护区划入大熊猫国家公园（甘肃片区）的总面积为183 650公顷（占白水江国家级自然保护区面积的100%），占大熊猫国家公园（甘肃片区）总面积的71.4%；裕河省级自然保护区和洛塘林场等区域共划入大熊猫国家公园白水江片区的总面积为56 690公顷（占裕河省级自然保护区和洛塘林场等区域面积的100%），占大熊猫国家公园（甘肃片区）总面积的22.1%；文县岷堡沟林场划入大熊猫国家公园白水江片区的总面积为16 751公顷（占文县岷堡沟林场区域面积的100%），占大熊猫国家公园（甘肃片区）总面积的6.5%。

三、管理运行机制

目前，大熊猫国家公园（甘肃片区）设立白水江管理分局和裕河管理分局2个管理部门，共设

---

1 王玉琴. 坚持规划引领切实做好大熊猫国家公园白水江片区体制试点工作[J]. 甘肃林业, 2018(1): 21-23.

置 8 个保护站，1 个大熊猫驯养繁殖中心和 1 个国家公园监测中心。白水江管理分局设置部门 14 个，包括办公室、资源管理科、天然林资源保护管理办公室、森林病虫害防治检疫站、大熊猫管理办公室、国家公园管理科、国家公园信息科等。白水江管理分局和裕河管理分局共有事业编制 228 人，其中裕河管理分局的 87 人为自收自支事业编制。本文根据资料，通过整合大熊猫国家公园（甘肃片区）管理运行中存在的问题及对应的解决方案（见图 1），解析其制度体系建设发展情况。

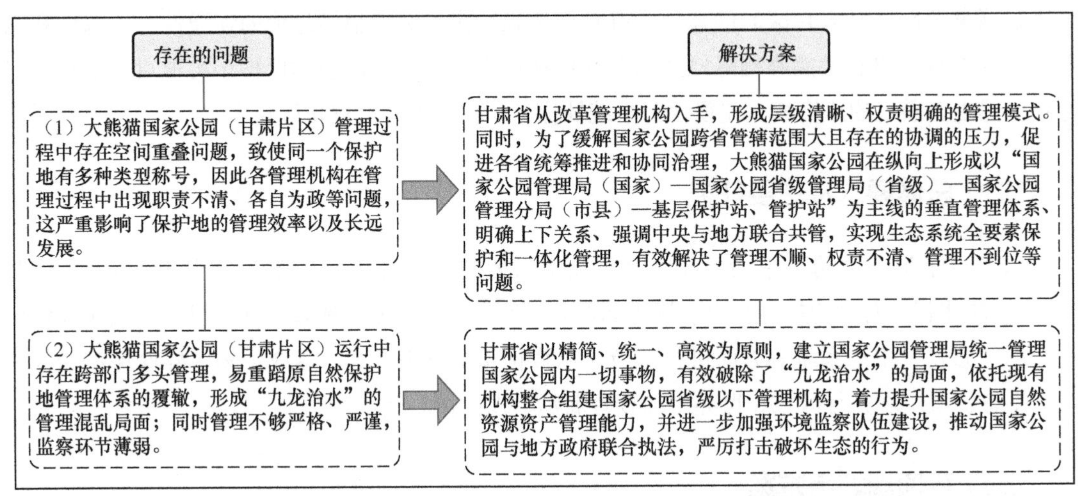

图1　大熊猫国家公园（甘肃片区）管理运行中存在的问题及对应的解决方案

根据大熊猫国家公园建设发展实况，可得出如图 2 所示的大熊猫国家公园（甘肃片区）机构图。大熊猫国家公园（甘肃片区）管理机构设置与责任分配呈现中央与地方共管的模式，管理机构形成以“国家公园管理局（国家）—国家公园省级管理局（省级）—国家公园管理分局（市县）—基层保护站、管护站”为主线的 4 级垂直管理体系，并辅以执法局、监测中心，明确划分大熊猫国家公园各级管理主体责任[1]。

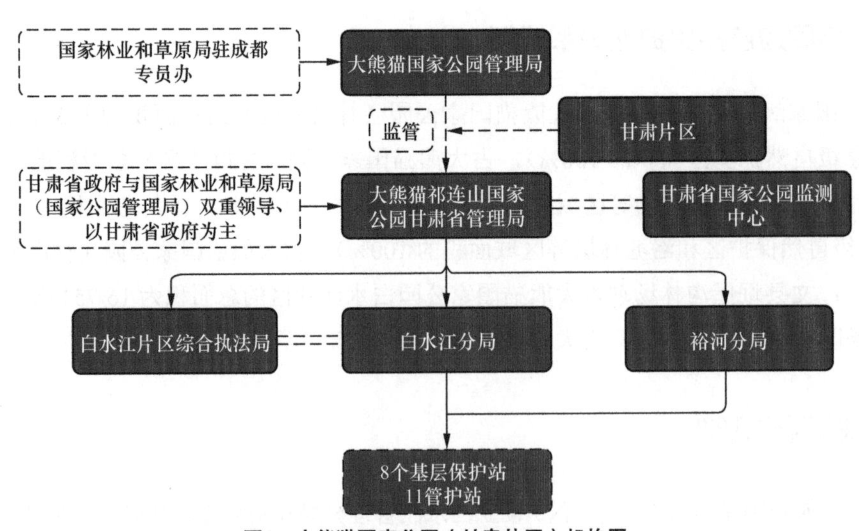

图2　大熊猫国家公园（甘肃片区）机构图

1　李晟, 冯杰, 李彬彬, 等. 大熊猫国家公园体制试点的经验与挑战[J]. 生物多样性, 2021, 29(3): 307-311.

（一）管理机构

1. 大熊猫国家公园管理局

在中央层面，依托国家林业和草原局驻成都专员办，组建大熊猫国家公园管理局。2018年，大熊猫国家公园管理局正式揭牌成立，统一大熊猫国家公园的管理权责，其主要权责为：

（1）代表中央直接行使所有权，主要负责自然资源资产的保护、管理和运营和国土空间用途管制，并组织国家公园内自然资源资产统计工作及申请确权登记；

（2）代表国家行使相关法律法规执法权，并负责拟定统一的国家公园规划、生态保护政策和标准；

（3）组织编制中央投资预算和明确资金安排，负责重大项目审批，指导监管发展工作，协调跨省管理重大问题等。

在国家公园管理局的统一领导下，大熊猫国家公园管理局通过打破行政区划界限，按照自然边界、临近相似区域和行政区划相结合的原则，在大熊猫国家公园（甘肃片区）实行统一、垂直的四级管理体制。

2. 大熊猫祁连山国家公园甘肃省管理局

在省级层面，大熊猫祁连山国家公园甘肃省管理局实行甘肃省政府与国家林业和草原局（国家公园管理局）双重领导、以甘肃省政府为主的管理体制，由大熊猫国家公园管理局监管，其主要工作内容为：

（1）负责国家公园全民所有自然资源资产管理，编制国家公园保护规划和年度计划，承担园区内自然资源资产调查、监测、评估和特许经营管理、社会参与管理、宣传推介等工作，配合开展国家公园自然资源确权登记工作；

（2）负责园区内生态保护修复工作，编制国家公园生态修复规划，组织实施有关生态修复重大工程。

3. 大熊猫国家公园（甘肃片区）管理分局

为了提升管理效能，以甘肃白水江国家级自然保护区管理局县级机构和陇南市林业和草原局为依托，分别成立了大熊猫祁连山国家公园甘肃省管理局白水江管理分局和大熊猫祁连山国家公园甘肃省管理局裕河管理分局。此外，将园区内涉及自然资源和生态保护的地方政府有关部门和人员部分划转国家公园管理机构，园区内从事公益性管护的国有林场划转国家公园管理机构，其主要责任具体为：

（1）贯彻执行国家有关生态环境保护及国家公园管理的法律、法规和方针、政策，并负责规定权限内的项目审批和国家公园内的资源环境综合执法；

（2）开展生态保护修复、特许经营和社会参与等工作，承担辖区内自然资源资产的调查统计工作；

（3）协调地方政府落实国家公园核心保护区、生态修复区内的生产经营设施退出和生态移民搬迁工作。

4. 大熊猫国家公园（甘肃片区）基层保护站、管护站

为了健全完善业务科室，甘肃省在大熊猫国家公园（甘肃片区）管理分局下系统布局8个基层保护站、11个管护站，调整充实管护人员，明确管护职责，全面提升大熊猫国家公园自然资源管护基础保障水平。

不同基层保护站的具体职责根据实际情况确定，但其统一的主要工作内容为：

（1）负责资源调查、巡护、监测、防灭火、野生动植物保护等工作；

（2）向辖区内群众宣传法律法规，并落实辖区内相关法律法规和政策；

（3）负责组织辖区内造林绿化、育苗及森林经营等工作，组织实施公益林和商品林培育，封山育林，负责种苗管理、幼苗抚育。

（二）辅助协同管理及支撑保障机制

1. 与地方政府协调联动

大熊猫国家公园体制试点期间，甘肃省建立了工作协调推进机制，实现了上下联动、部门配合、局省会商、专家会诊的局面，并成立了由甘肃省分管副省长任组长，甘肃省林业和草原局、省发改委等19个省直相关部门和陇南市政府相关负责人为成员的协调领导小组，主要负责统筹协调大熊猫国家公园（甘肃片区）总体方案编制以及片区范围、管理体制和实施方案的研究确定等工作。同时，甘肃省林业厅成立了国家公园筹备工作协调推进领导小组及办公室，负责大熊猫国家公园（甘肃片区）的范围、总体规划的研究确定以及行业管理体制的整合设置，指导、推动有关政策措施的落实。陇南市及武都区、文县政府，白水江、裕河自然保护区管理局也成立了相应领导小组和办公室来针对性地提升大熊猫国家公园（甘肃片区）的基层管理效能。

2. 跨省协同管理

大熊猫国家公园地处甘肃、四川、陕西三省交界处，实现大熊猫国家公园相关工作统筹协调需要甘肃、四川、陕西片区之间的协调配合。为改变条块分割、管理分散的传统模式，充分发挥协调机制作用，整合调动多方力量，持续健全跨省协同管理机制，甘肃省提出“一盘棋”理念，主动与各省相关部门协调对接，成立了大熊猫国家公园协调工作领导小组，建立了体制试点“四方会商”机制，健全了甘川陕三省大熊猫国家公园联席会议机制，同时与各省共同探索开展跨区域、跨部门联合执法，推动形成齐抓共管的工作合力。

3. 辅助协同管理

（1）白水江片区综合执法局

甘肃省以省公安厅森林公安局白水江分局为基础组建白水江片区综合执法局。目前，综合执法局已挂牌成立，相关工作已逐步展开，其工作内容主要为整合国家公园所在地资源环境执法机构、人员编制，组建统一的执法队伍，根据授权由大熊猫国家公园管理局实行并牵头负责指导、监督、协调国家公园各自区域内资源环境综合执法，加大对违法、犯罪活动的震慑力度，

这对于维护大熊猫国家公园的稳定性、安全性具有重要意义。

（2）甘肃省国家公园监测中心

甘肃省设立的国家公园监测中心（例如陇南市国家公园监测中心），是甘肃省国家公园建设中的科研监测业务的支撑单位，通过承担大熊猫国家公园（甘肃片区）的自然资源监测调查、区域生物多样性保护成效评估、珍稀濒危动植物和典型生态系统科学研究，进行专业技术人员培训，开展科普宣传、学术交流等工作，促进了甘肃省国家公园的生态监测监管及其科研教育资源的发掘。

4. 资金保障及科技保障

（1）资金保障

大熊猫国家公园（甘肃片区）管理局根据《大熊猫国家公园白水江片区社会捐赠管理办法（试行）》《大熊猫国家公园白水江片区吸引社会资金和国际资金参与国家公园建设方案（试行）》，积极吸引社会资本参与大熊猫国家公园建设，为大熊猫国家公园（甘肃片区）的自然生态保护提供了基础保障。相关资金主要用于勘界立标、自然资源监管监察、灾害防治与应急管理、天然林保护、森林资源管理、森林生态效益补偿、动植物保护等。其通过合理分配财政拨款及结余资金，加大对生态保护的投入，为野生动植物建立良好的生存环境，为园区未来的发展奠定坚实基础。

（2）科技保障

大熊猫国家公园（甘肃片区）科技系统紧紧围绕甘肃片区工作任务，通过成立科技创新联盟、打造“智慧白水江”大数据应用平台、建立研究中心、设立科技项目等方式，初步构建了完备高效的科技支撑体系。

白水江分局邀请中国科学院、中国林业科学院等国内科研机构的院士、专家组建大熊猫国家公园体制试点白水江片区顾问专家咨询组，在全国率先成立大熊猫祁连山国家公园（甘肃片区）科技创新联盟，对大熊猫国家公园（甘肃片区）生态资源进行科学研究，开展野生动物救护体系建设、野猪危害调查及防治技术研究等科研课题7个；出版《大熊猫生态适宜性评价及生态安全动态预警》等科普书籍；和高等院校合作，在大熊猫生态学、生物多样性保护和修复等方面展开科学研究；以大熊猫国家公园资源“一张图”数据库为基础，初步建成了智能化、可视化“天空地”一体化监测网络，借助该网络可有效辨识野生动物种类，逐步实现对大熊猫等动物个体的识别。

四、管理制度体系建设优势

分析大熊猫国家公园（甘肃片区）的管理运行机制等内容，可以发现大熊猫国家公园（甘肃片区）在发展中所形成的自上而下的“垂直管理模式”、职权配置方式和灵活多样的协同管理运行机制等对其制度体系建设具有重要意义，对其他国家公园制度体系的进一步完善具有重要借鉴作用。

（一）自上而下的“垂直管理模式”

甘肃省坚持和落实大熊猫国家公园（甘肃片区）的中央事权定位，由国家林业和草原局（国家公园管理局）作为中央政府的主管部门，负责国家公园的具体保护和管理工作；综合中央事权的政策要求、央地关系的走向以及垂直管理的体制优势等因素，确立大熊猫国家公园自上而下的“垂直管理模式”，构建以“国家公园管理局（国家）—国家公园省级管理局（省级）—国家公园管理分局（市县）—基层保护站、管护站”为主线的4级垂直管理体系，并通过执法局、监测中心的协同辅助，有效增强了管理能力。其中，国家公园管理局（国家林业和草原局主管）是行使国家公园管理职责的主管部门。各国家公园管理机构由国家林业和草原局直接领导，其代表中央对国家公园进行统一管理，具有相当的权威性，有利于强势推进国家公园的管理，并作为负责国家公园日常管理的具体主体，能够有效确保机构的相对独立性。

垂直管理是保障国家公园管理整体性和系统性的最佳模式，这是权责分配、机构协调等因素作用下的应然选择。同时，大熊猫国家公园（甘肃片区）采用“垂直管理模式”充分体现了效率原则，能够快速贯彻中央管理国家公园的意志和政策，有利于解决国家公园管理机构受地方政府制约的问题，预防出现条块管理的现象；大熊猫国家公园（甘肃片区）管理机构作为派出机构，是依具体国家公园而设立的，这有利于其运用信息优势依据各国家公园自然禀赋和土地权属的不同进行差异化管理，有助于真正实现国家公园“保护为主”的功能定位。

（二）管理职权配置明晰

管理职权是指行政主体实施行政管理活动的权能，职权配置是央地协同管理体制建设的关键一环。《建立国家公园体制总体方案》未对国家公园管理机构的管理职权做出明确规定，这是导致各管理机构无法有效发挥管理职能的原因之一。因此，甘肃省通过建立国家公园管理机构与地方政府协调管理的机制并厘清二者之间的权责边界，将管理职权进行合理划分，保证各机构的职责明晰。

大熊猫国家公园（甘肃片区）的权责划分既保证了甘肃省国家公园管理机构管理职能的有效发挥，也发挥了地方政府作为社会信息和民意诉求直接观察者、传递者的作用；甘肃省通过建立以空间治理和空间结构优化为主要内容的规划体系，显著缓解了部门职责交叉重复的状况；同时，在甘肃省国家公园领域进行央地事权的合理划分，确定了由管理机构和地方职能部门分别协同综合执法、监测科研的具体领域，建立起相互配合、优势互补的协同管理机制，显著提高了甘肃省国家公园的管理效能。

（三）灵活多样的协同管理运行机制

大熊猫国家公园（甘肃片区）肩负着维护国家生态安全屏障、保育生物资源的重要使命，在国家生态安全战略格局中占有重要地位。经过不断地建设发展，大熊猫国家公园（甘肃片区）逐步建立起灵活多样的管理运行机制并使其在实际工作中发挥重要作用。大熊猫国家公园的协同管理机制提高了甘肃省政府与地方、与他省的协调联动效率；完善的社会参与机制鼓励了社区参与大熊猫国家公园（甘肃片区）的建设管理；生态保护机制破解了环境治理难题；支撑保障机制确保了管理体制的高效运转；健全的自然资源监管机制稳固了对大熊猫国家公园（甘肃片区）自然资源的保护。

五、制度体系建设成效

大熊猫国家公园（甘肃片区）管理运行机制建设，是甘肃省国家公园建设的重要组成部分。基于对协同管理运行突出工作的探索了解，并结合对大熊猫国家公园（甘肃片区）协同管理运行机制的系统总结，可以发现甘肃省通过多方探索合作所形成的管理运行机制不仅提高了大熊猫国家公园（甘肃片区）的系统性，同时也为甘肃省国家公园的发展带来了巨大的优势。

（一）管理机构管理效能大幅提升

明晰有效的管理是国家公园正常运行的先决条件，甘肃省通过创新管理方式、优化资源配置等措施，提升了大熊猫国家公园（甘肃片区）的管理能力，并促进了生态系统的保护与修复工作。甘肃省创新性地设置“国家公园管理局（国家）—国家公园省级管理局（省级）—国家公园管理分局（市县）—基层保护站、管护站”的4级管理机构，明确上下关系，强调中央与地方联合共管，实现生态系统全要素保护和一体化管理，有效解决管理体制不顺、权责不清、管理不到位等问题，避免大熊猫国家公园（甘肃片区）管理工作中出现“九龙治水”“小马拉大车”等权力分散、权力放任、权能不符的情况，显著加强对大熊猫国家公园（甘肃片区）的整体系统管理。同时，更具针对性、指向性地细化对大熊猫国家公园（甘肃片区）的山水林田湖草沙等组成元素的目标管理，严格落实管理责任，严控基层管理，全面促进国家公园的管控，使国家公园的管理能力得到进一步提升。

（二）整体协同管理机制持续完善

大熊猫国家公园（甘肃片区）协同管理机制是提升国家公园管理能力和区域有效治理水平的重要举措之一，甘肃省通过与相关政府部门进行合作，综合考虑大熊猫国家公园跨区域管理中存在的难题，建立更具针对性的协同管理机制，设置专业性机构，并不断进行完善，加强国家公园全面管理。为充分保障大熊猫国家公园（甘肃片区）区域内工作的正常开展，甘肃省通过责权落实机制、工作开展机制和工作协调机制不断促进大熊猫国家公园（甘肃片区）与地方政府之间的协同联动，初步完善园区的协同管理机制。甘肃省通过改变条块分割、管理分散的传统模式，充分发挥协调机制的作用，整合调动多方力量，持续健全协同管理机制；通过参与组建大熊猫国家公园协调领导小组，建立跨省协调机制，合力推动大熊猫国家公园体制建设工作，主动与相邻省市相关部门协调对接，协同推进大熊猫国家公园（甘肃片区）体制评估反馈意见整改和验收评估相关工作，推动形成齐抓共管的工作合力，不断健全协同管理机制和监管机制，并结合园区工作内容，联系大熊猫国家公园（甘肃片区）实际情况，不断研究更合适的国家公园协同管理机制。同时，甘肃省通过开展跨区域、跨部门联合执法和监测评估，设置综合执法局和监测中心，增强大熊猫国家公园（甘肃片区）的管理能力，进一步完善协同辅助机制。

（三）国家公园全民共享更加深入

甘肃省探索建立社区共建共管机制，推动实现国家公园全民共享。支持大熊猫国家公园（甘肃片区）原住民参与甘肃省国家公园管理，以《甘肃省国家公园社区共管共建方案（试行）》为依据，通过多种社区参与方式，积极推进大熊猫国家公园（甘肃片区）生态利益社区共享。同时，积极构建国家公园体制下的新型社区，推动共建共治共享，促进当地居民参与生态保护、公园管理等工作，把生态管护的触角进一步伸向社、组、户，让相关居民成为国家公园的守护者，使全民共享持续深化。将园区内现有草原、湿地、林地管护岗位统一为生态管护公益岗位，建立生态公益“一户一岗”机制，聘用生态护林员，在保障原住民基本生存生活权益的同时，促进大熊猫国家公园（甘肃片区）生态效益共享。引导社区居民发展长续农牧产业、清洁能源产业和生态旅游产业，充分利用大熊猫国家公园（甘肃片区）自然资源，使大熊猫国家公园（甘肃片区）全民共享更加深入。

（四）园区保护保障涵盖内容不断丰富

大熊猫国家公园（甘肃片区）最主要的任务就是保护区域内自然生态的天然循环，甘肃省重点从原住民活动和农田利用等多方面入手，确保大熊猫国家公园（甘肃片区）全区域处于保护范围，并通过持续实施天然林保护、生态公益林补偿等重点项目，进一步强化管理，丰富了园区保护保障涵盖内容；通过建立资金和科技保障机制，保障国家公园资金运转和高新技术运用，进一步提高了国家公园的生态保护水平。

甘肃省对大熊猫国家公园（甘肃片区）大熊猫栖息地采取一系列修复保护保障措施，大力实施植被恢复、封山育林、防治森林有害生物等措施，并兴建大熊猫迁徙生态廊道，园区退化和被破坏的植被基本得到恢复。并且，为进一步加强保护保障，甘肃省不断加强对国家公园的综合执法管控，打击违法行为，提高保护能力，促使国家公园生态系统质量稳步提升，生物多样性得到有效保护。

（五）自然生态保护监管系统逐步完备

甘肃省坚持国家公园保护方向，积极推进监测监管工作常态化、规范化、制度化，实行最严格的保护制度，切实保障大熊猫国家公园（甘肃片区）生态安全，使自然生态保护监管系统逐步完备。甘肃省通过开展综合科学考察或主要保护对象专项调查，提升了国家公园的信息化、智能化水平，并通过明确管护内容、落实管护责任、完善管护体系，层层签订管护目标责任书，严格执行巡护制度，不断健全监管机制，提升硬件水平，初步建立了全方位、立体式的监管巡护体系。同时，制定专业化的执法监管方案和建立监测信息网络，开展执法检查、巡护执法、禁牧区执法检查等专项行动，有效震慑了违法犯罪活动；搭建国家公园现代化信息监测网络，实现了区域内局、站、点、重要卡口、道路的互联互通、远程定位、远程可视化操控和远程监督监测；强化自然资源监管，实现了大熊猫国家公园甘肃片区范围监测全覆盖，促使自然生态保护监管系统逐步完备。

六、制度体系科学高效建设的建议

尽管大熊猫国家公园（甘肃片区）已经具备充足的实践经验，并取得了一定的管理成效，但是同样存在国家公园管理机构设置不够具体、监测手段单一和资金保障长效机制不够完善等问题。针对这些问题，可以参考以下建议进行解决。

（一）高效设置国家公园管理机构

在国家公园管理机构正式设立之后，应当加强目标管理，增强大熊猫国家公园（甘肃片区）管理局的机构效能。大熊猫国家公园（甘肃片区）尽管已经有了一套完整的管理体制，但是管理机构重叠、多头管理的现象依然存在，因此，大熊猫国家公园（甘肃片区）管理单位作为管理任务执行机构，应坚持专业化的组织原则，围绕资源与环境保护、游憩福利保障、社区发展等核心目标，建立生态与环境保护监测部门、自然资源资产管理部门、党政办公室等目标管理部门和公共事务管理部门、社区管理部门、财务规划部门等实施保障部门；将权限范围外的职能交由国家林业和草原局等权力分配部门或协调机构执行，同时通过执法监督纪检部门来限制或禁止基层管理机构的职能延伸，建立并完善强制秩序和共识秩序的约束机制，避免权力放任现象或“纸上公园”的出现。同时，大熊猫国家公园（甘肃片区）主管部门要切实履行职责，督促国家公园各成员单位进一步加强组织领导、健全规章制度、细化职能职责、严格内部管理、强化业务指导，理顺任务分配，并通过人事部门的合理人员管理、分配，保障园区保护管理事务的有序推进，提升管理运行效能。

（二）健全生态环境变化监测监管机制

运用现代遥感（卫星遥感、无人机、地面调查）等技术手段建立全面的监测网络，进行区域生态环境全天候监测，实现对大熊猫国家公园（甘肃片区）生态环境的快速监测以及准确评估。进一步提升大熊猫国家公园（甘肃片区）生态环境风险监测评估与预测预警能力，借助科研投入建立科学完善的生态环境风险预警和监测体系，能够实现对大熊猫国家公园（甘肃片区）森林火灾、泥石流等自然灾害的快速预警和实时监测。同时也需要建立完善的自然灾害应急响应机制和政策保障机制，以提高自然灾害监管应急响应能力；建立一个综合完善的监管平台，以统筹监管区域的社会经济发展以及生态环境保护。

（三）理顺跨区域多元主体协同治理路径

首先，提升大熊猫国家公园（甘肃片区）多元主体对跨区域协同治理理念的认知水平。从大熊猫国家公园（甘肃片区）生态环境的整体性保护出发，跨越行政边界，构建分工协作、优势互补的多元主体协同治理机制。其次，设立跨区域多元主体协同治理机构或平台，定期组织地方政府部门代表、企业代表、社会组织代表就国家公园的规划、政策及相关法律法规征求意见，并就生态环境的保护、资源的开发利用及相关治理措施进行充分的沟通、交流与合作，对统筹协调国家公园生态环境保护多元主体之间的关系以及各主体的具体行为起着总枢纽作用。最后，加强信息系统互联和公共数据共享。在大熊猫国家公园（甘肃片区）范围内充分加强跨区域政府部门之间的协同，制定跨区域协同治理信息资源共享目标，整合国家公园政府信息平台，推进生态环境保护和修复信息资源共享，实现各部门信息的有效整合、互联互通，避免重复建设和公布的数据不一致的现象，从而真实全面地反映国家公园环境保护和修复的总体状况，为多元主体有效参与生态环境治理提供先决条件。

（四）完善资金保障长效机制

基于《关于推进国家公园建设若干财政政策的意见》的精神，加快研究中央和省级政府如何按照事权划分出资保障国家公园的建设与运行。大熊猫国家公园（甘肃片区）尽管在不断积极吸引发展资金，但是资金保障相对来说并不全面。因此，需要发挥集中力量办大事的体制优势，整合并统筹使用多渠道资金，完善项目申报体系。开展生态系统评价，建立保护成效与资金投入挂钩的机制，把有限的资金优先安排到真正的短板和急需解决的问题上。同时，应建立完整、系统、客观的支出标准和拨款机制以及统一的资金申请运营机制，统一资金拨付程序，设立大熊猫国家公园（甘肃片区）资金财政专户，将资金直接拨付给省内各个国家公园管理机构，实行专款专用，使其及时到位。

同时，完善大熊猫国家公园（甘肃片区）的社会捐赠制度，吸引更多的社会资本为国家公园建设提供支持。继续加强自然教育与宣传，扩大国家公园的社会影响力，成立基金委员会统一接受社会捐赠。推广特许经营模式，适度开发特色入口社区，将优质的生态环境和自然资源转化为市场竞争力，逐步增强“造血”能力。

第十六章　大熊猫国家公园生态资源与人文资源保护现状分析

摘要：大熊猫国家公园（甘肃片区）气候温润，有着丰富的生态资源与独特的人文资源。本章将具体阐述大熊猫国家公园（甘肃片区）内的生态资源与人文资源，以及功能分区现有工作进展；同时整合大熊猫国家公园（甘肃片区）生态巡护、科学生态修复工作和综合执法管控等一系列的生态资源保护手段，分析大熊猫国家公园（甘肃片区）生态保护修复成效，为其他国家公园开展生态人文保护提供经验。

关键词：大熊猫国家公园（甘肃片区）　生态资源　人文资源　功能分区　生态保护修复

一、引言

在“绿水青山就是金山银山”理念的指导下，加强国家公园内的生态资源与人文资源保护尤为重要。大熊猫国家公园（甘肃片区）地形地貌独特、气候温润，有着丰富的生态资源与独特的文化景观。大熊猫国家公园（甘肃片区）动植物资源种类繁多，分布有多种国家级保护动植物、省级重点保护动物，同时拥有多姿多彩的白马藏族文化和自然景观。大熊猫国家公园（甘肃片区）的建设对大熊猫和其他动植物的保护具有重要意义，有利于维护自然生态的生物多样性和基因多样性，形成人与自然和谐共生的新局面[1]，同时加强对民族文化的保护。本节具体描述大熊猫国家公园（甘肃片区）的生态资源、人文资源、功能分区的相关内容，并分析总结其生态保护修复成效，同时向大熊猫国家公园（甘肃片区）开展生态人文保护提出建议。

二、生态资源分布情况

大熊猫国家公园（甘肃片区）涵盖长江支流嘉陵江流域，是长江的重要水源涵养地，其自然地理条件独特，气候温暖湿润，生态资源非常丰富。园区的主要目标是保护大熊猫、珙桐等多种珍稀濒危野生动植物及其赖以生存的自然生态环境和生物多样性，构建人与自然和谐共生的生态。

（一）动物资源

大熊猫国家公园（甘肃片区）动物资源极其丰富，根据调查，白水江片区有昆虫 24 目 227 科

1　洪文泉, 王代强, 秦骥. 聚焦大熊猫国家公园: 共建人与自然和谐相处的乐园[J]. 环境与生活, 2022, 169(4): 46-47.

2138种、鱼类4目8科68种、两栖类2目8科28种、爬行类3目11科37种、鸟类16种43科275种、兽类7目28科77种，分布有多种珍稀濒危物种，存在11种国家一级保护动物、41种国家二级保护动物、7种省级重点保护动物，珍稀动物主要有大熊猫、金丝猴（仰鼻猴）、羚牛（扭角羚）、云豹、林麝、绿尾虹雉等，区内共有脊椎动物485种，隶属32目98科273属，占甘肃省脊椎动物总数的65.45%。同时，大熊猫国家公园白水江片区不同植物带分布的动物种类不同，如表1所示。

表1　大熊猫国家公园白水江片区不同植物带分布的动物种类

植物带名称	分布的动物种类
常绿落叶阔叶混交林	鼠类、黄鼬、翠鸟、戴胜、锦鸡、锦蛇、游蛇、蛙类、大鲵等
落叶阔叶林	大林姬鼠、毛冠鹿、竹鸡、雉鸡、杜鹃、蝮蛇、大蟾蜍等
针阔叶混交林	大熊猫、金丝猴、林麝、中华竹鼠、红腹角雉、蓝马鸡、蝮蛇等
针叶林	扭角羚、岩松鼠、青鼬、鹪鹩、星鸦、绿尾虹雉等
高山灌丛草甸	石貂、岩羊、石鸡、绿尾虹雉等

同时，大熊猫国家公园裕河片区内有鱼纲2目4科24种，两栖纲2目8科15种，爬行纲3目8科28种，鸟纲14目45科192种，哺乳纲7目26科71种。保护动物中，属于国家一级保护动物的有大熊猫、豹、川金丝猴、羚牛、林麝、金雕等11种；属于国家二级保护动物的有猕猴、藏酋猴、小熊猫、豺、黑熊、青雕、石貂、水獭、大灵猫、金猫、羚、斑羚、大鲵、格彩臂金龟、黑耳鸢、鹊鹞、大鵟、白尾鹞、雀鹰、松雀鹰、普通鵟、凤头鹰、棕尾鵟、草原雕、红隼、猎隼、斑头鸺鹠、短耳鸮、鬼鸮、纵纹腹小鸦鹰鸮、灰林鸮、黄腿渔鸮、血雉、蓝马鸡、红腹锦鸡、红腹角雉、勺鸡等61种。

（二）植物资源

根据资料，大熊猫国家公园裕河片区有高等植物（维管植物166科698属）共1722种，其中有国家一级保护野生植物红豆杉、南方红豆杉等4种，国家二级保护野生植物岷江柏木、秦岭冷杉、厚朴、油樟香果树、连香树、水青树、红豆树、水曲柳、喜树等37种。园区内还分布有大型真菌38科74属207种。

大熊猫国家公园白水江片区有大型真菌41科122属294种、苔藓23种、蕨类植物33科67属196种、种子植物136科813属1810种，其中有国家一级保护植物6种、二级保护植物44种，省级重点保护植物17种，中国特有种995种；有竹类资源18种，大熊猫主食竹5种。大熊猫国家公园白水江片区保护植物名录（部分）和其他珍稀及省级保护植物名录分别如表2、表3所示。同时，大熊猫国家公园白水江片区植被垂直分布特征明显，自下而上划分为以下5带。

①海拔1000m以下为常绿落叶阔叶混交林，主要树种为栎类、油桐、棕榈等。

②海拔1000～1700m为落叶阔叶林，主要树种为栎类、山杨、桦、槭等。

③海拔1700～2900m为针阔叶混交林，除栎类、槭、椴外，2300m以下有华山松、油杉、

三尖杉等，2300m 及以上是以云杉、冷杉为主的混交林。

④ 海拔 2900 ~ 3500m 为针叶林，主要为由冷杉、云杉、铁杉等组成的针叶纯林。

⑤ 海拔 3500m 以上为高山灌丛草甸，本带大部分岩石裸露，散生高山绣线菊、竹类等灌丛。

表2 大熊猫国家公园白水江片区保护植物名录（部分）

植物名称	科名	保护等级
珙桐	蓝果树科	国家一级
光叶珙桐	蓝果树科	国家一级
银杏	银杏科	国家一级
红豆杉	红豆杉科	国家一级
南方红豆杉	红豆杉科	国家一级
独叶草	毛茛科	国家一级
岷江柏木	柏科	国家二级
秦岭冷杉	松科	国家二级
大果青冈	松科	国家二级
巴山榧	红豆杉科	国家二级
野大豆	豆科	国家二级
红豆松	豆科	国家二级
喜树	蓝果树科	国家二级
连香树	连香树科	国家二级
红椿	楝科	国家二级
鹅掌楸	木兰科	国家二级
厚朴	木兰科	国家二级
四叶厚朴	木兰科	国家二级
西康玉兰	木兰科	国家二级
水青树	木兰科	国家二级
水曲柳	木犀科	国家二级
梓叶槭	槭树科	国家二级
香果树	茜草科	国家二级
大叶树	榆科	国家二级
黄柴	芸香科	国家二级
油樟	樟科	国家二级
楠木	樟科	国家二级

表3 大熊猫国家公园白水江片区其他珍稀及省级保护植物名录

植物名称	科名	保护等级
红茴香	八角科	省级
延龄草	百合科	省级
水冬瓜	桦木科	省级
油桐	大戟科	省级
文县乌桕	大戟科	省级
黄耆	豆科	省级
紫荆	豆科	省级
杜仲	杜仲科	省级

续表

植物名称	科名	保护等级
穗花杉	红豆杉科	省级
核桃	胡桃科	省级
白桦	桦木科	省级
山白树	金缕梅科	省级
大麻	兰科	省级
独花兰	兰科	省级
领春木	领春木科	省级
星叶草	毛茛科	省级
黄连	毛茛科	省级
紫斑牡丹	毛茛科	省级
四川牡丹	毛茛科	省级
羽叶丁香	木樨科	省级
狭叶瓶尔小草	瓶尔小草科	省级
七叶树	七叶树科	省级
金钱槭	槭树科	省级
庙台槭	槭树科	省级
漆树	漆树科	省级
香水月季	蔷薇科	省级
猥实	忍冬科	省级
三尖杉	三尖杉科	省级
紫茎	山茶科	省级
油茶	山茶科	省级
水杉	杉科	省级
杉木	杉科	省级
银鹊树	省沽油科	省级
铜钱树	鼠李科	省级
麦吊云杉	松科	省级
红杉	松科	省级
铁坚油杉	松科	省级
马尾松	松科	省级
刺楸	五加科	省级
桃儿七	小檗科	省级
八角莲	小檗科	省级
青檀	榆科	省级

三、人文资源保护留存现状

（一）民族人文

大熊猫国家公园（甘肃片区）内生活着白马藏族，其丰富多彩的民族文化凸显了大熊猫国家公园（甘肃片区）浓厚的民族风韵，是大熊猫国家公园（甘肃片区）中一道独特的人文风景线。目前白马藏族被称为氐族的后裔，氐羌文化在陇南地域与汉族文化融合形成了独特的白马文化。白马藏族人擅长歌舞，每年农历正月初一到十五、四月十八日和十月十五日是白马藏族的重要节日，在此期间，各部落的人们会进行“十二相舞”表演和跳传统舞蹈——“曹盖”，并以铜号、鼓拨为伴乐。白马藏族拟兽舞蹈体现了白马藏族与自然界和谐相处、天人合一的思想。文县共兴建6个“池哥昼”传习所，古朴典雅的建筑和多功能的设施被游客高度赞赏，白马藏族原始而古朴的生活与优秀的民俗文化也由此得到传播。因此，甘肃省对文县白马藏族地区的大力建设是对白马藏族文化的保护和有力宣传，对白马民俗文化的发展极为有利，同时也保证了白马藏族文化的完整性、原真性。

（二）自然人文景观

大熊猫国家公园（甘肃片区）拥有许多人文景观，如见证战火纷飞的古老廊桥、三国名将邓艾的雕塑、庙宇文化古迹壁画；此外，还有优美的自然景观，如图1所示。其中，文县碧口镇石坊廊桥又称文县合作化桥，主体为臂式廊桥，历史悠久，始建于明代，原名广济桥，早在清代就是文县到达南坪（现九寨沟县）的重要通道，为白水江上唯一的一座古桥。石坊廊桥有着极高的观赏和保藏价值，堪称古建筑中的瑰宝。这些丰富的人文古迹和优美的自然景观不断彰显着大熊猫国家公园（甘肃片区）厚重的文化古韵与自然气息。

图1　大熊猫国家公园（甘肃片区）自然人文景观

四、功能分区现有工作进展

大熊猫国家公园（甘肃片区）位于甘肃省东南部，地处陕、甘、川三省交界处和秦岭山系与岷山山系的交会地带，由甘肃白水江国家级自然保护区、甘肃裕河省级自然保护区、文县岷堡沟林场和武都区洛塘林场等区域组成，是大熊猫的重要分布区，也是甘肃省生物多样性最为丰富的区域之一，在大熊猫国家公园中占有重要位置。

国家公园一般分为一般控制区和核心保护区，大熊猫国家公园（甘肃片区）在分区工作中应将大熊猫野生种群的高密度分布区以及其他重点保护栖息地等优先划入核心保护区。

针对以大熊猫野生种群和栖息地保护为核心的生态功能定位，为确保大熊猫种群稳定繁育，甘肃省主要通过增强大熊猫栖息地的连通性、协调性、原真性、完整性和合理划定大熊猫国家公园范围与功能分区，同时坚持生态保护第一原则、“大稳定、小调整”原则、依据地形地貌划界原则和统筹协调原则对大熊猫国家公园（甘肃片区）进行生态功能分区工作[1]。自2018年以来，针对大熊猫国家公园（甘肃片区）生态功能分区，各部门开展了很多工作，直至2018年4月上旬，甘肃省人民政府向国家林业和草原局上报了《大熊猫国家公园白水江片区范围和功能区总体勘界方案》，这标志着甘肃省完成了大熊猫国家公园体制试点白水江片区范围和功能区勘界划分工作。2022年12月，甘肃省林业和草原局（大熊猫祁连山国家公园甘肃省管理局）根据国务院批复的《大熊猫国家公园设立方案》确定的大熊猫国家公园范围分区和《国家公园管理暂行办法》《国家公园管理局办公室关于推进编制〈大熊猫国家公园总体规划〉的函》《国家林业和草原局国家公园（自然保护地）发展中心关于加快推进第一批国家公园勘界工作的函》《自然保护地勘界立标规范》（GB/T 39740—2020）等政策规范要求，组织白水江分局、裕河分局和有关技术单位，通过对大熊猫国家公园（甘肃片区）范围分区界线位置和走向等信息的分析确认，勘定能够在现地准确清晰识别的国家公园范围分区边界线，并将其作为国家公园科学、精准管理的基础和依据。

根据大熊猫国家公园（甘肃片区）功能分区结果，大熊猫国家公园（甘肃片区）以核心保护区为主导，从核心保护区和一般控制区两个层面来协调人与自然的关系，大熊猫国家公园（甘肃片区）各功能区面积分布如表4所示。政府加强对核心保护区的保护，禁止人类活动，实施严格的生态保护措施，保护大熊猫等珍稀野生动植物的生存环境；在一般控制区，通过积极开展科学研究，探索生态保护和生态旅游的可持续发展模式，推广先进的生态保护技术和管理经验。同时，政府通过加强对周边城镇的管理和规划、控制人类活动，保护生态环境和生态系统的完整性和稳定性。分区后，大熊猫国家公园（甘肃片区）土地利用现状为：林地面积232 954.71公顷，占总面积的90.6%；耕地面积11 068.47公顷，占总面积的4.3%；水域面积1169.25公顷，占总面积的0.5%；未利用地面积10 812.78公顷，占总面积的4.2%；建设用地面积1085.79公顷，占总面积的0.4%。甘肃白水江国家级自然保护区划入大熊猫国家公园（甘肃片区）核心保护区的面积为109 563公顷（占白水江国家级自然保护区划入总面积的59.7%）、

1 母金荣, 赵龙. 在探索创新中抓住牛鼻子、蹚出新路子: 大熊猫国家公园白水江片区体制试点工作纪实[J]. 甘肃林业, 2021, 187(4): 12-15.

划分一般控制区的面积为 74 087 公顷（占白水江国家级自然保护区划入总面积的 40.3%）；甘肃裕河省级自然保护区和洛塘林场等区域划入大熊猫国家公园（甘肃片区）核心保护区的面积为 35 237 公顷（占裕河省级自然保护区和洛塘林场等区域划入总面积的 62.2%）、划入一般控制区的面积为 21 453 公顷（占裕河省级自然保护区和洛塘林场等区域划入总面积的 37.8%）；文县岷堡沟林场划入大熊猫国家公园（甘肃片区）核心保护区的面积为 2159 公顷（占文县岷堡沟林场划入总面积的 12.9%）、划入一般控制区的面积为 14 592 公顷（占文县岷堡沟林场划入总面积的 87.1%）。

表4　大熊猫国家公园（甘肃片区）各功能区面积分布

所在区域	功能区	分区后面积/公顷	占总面积的比例/%	占本区域面积的比例/%
大熊猫国家公园（甘肃片区）	小计	257 091	100.0	100.0
	核心保护区	146 959	57.2	57.2
	一般控制区	110 132	42.8	42.8
甘肃白水江国家级自然保护区	小计	183 650	71.4	100.0
	核心保护区	109 563	42.6	59.7
	一般控制区	74 087	28.8	40.3
甘肃裕河省级自然保护区和洛塘林场等区域	小计	56 690	22.1	100.0
	核心保护区	35 237	13.7	62.2
	一般控制区	21 453	8.4	37.8
文县岷堡沟林场	小计	16 751	6.5	100.0
	核心保护区	2159	0.8	12.9
	一般控制区	14 592	5.7	87.1

五、生态保护修复成效

（一）开展生态巡护工作——打造坚实生态护栏

国家公园的日常生态巡护工作是生态资源保护的重要手段，可以更直观、更迅速地对国家公园进行生态观察和生态保护，对于了解园区发展动态及开展后续工作都具有重要意义。

为确保大熊猫国家公园（甘肃片区）的基础巡护工作顺利开展，甘肃省组织制定《大熊猫自然保护地巡护技术规程》《大熊猫祁连山国家公园甘肃省管理局白水江分局自然资源管护制度》《大熊猫国家公园白水江片区生态公益性管护员管理办法》等文件，并配合大熊猫国家公园管理局制定并印发了《大熊猫国家公园野外巡护管理办法（试行）》，以规范生态巡护工作。在严格遵循各项巡护文件的基础上，白水江分局设置了 70 条巡护线路，巡护线路长 350 千米，职工每年巡护出勤 15 120 人次；裕河分局设置了 99 条巡护线路，巡护线路长 970 千米，职工每年巡护出勤 15 680 人次。园区内巡护人员每天填写巡护日志，实现了对大熊猫国家公园（甘肃片区）主要区域全覆盖，有效保障了野生动植物资源安全。

（二）科学规划生态保护修复工作——保证生态资源“健康”

大熊猫国家公园（甘肃片区）体制试点开展以来，根据白水江分局的监测数据，放牧、采药、竹子开花等因素对大熊猫栖息地都有一定影响。为了促进白水江片区大熊猫野生种群恢复及栖息地修复，大熊猫国家公园甘肃省管理局组织制定了《大熊猫国家公园白水江片区大熊猫人工繁育—野化训练—放归复壮野生种群专项方案》《大熊猫国家公园白水江片区大熊猫栖息地生态廊道建设方案》《大熊猫国家公园白水江片区清理整顿现有不符合国家公园功能定位和保护要求的产业项目与设施方案》，分析了白水江片区大熊猫保护中存在的主要威胁，有序推进大熊猫栖息地生态保护和修复工作。

大熊猫国家公园（甘肃片区）持续实施天然林保护、退耕还林还草等重点工程，进一步强化工程管理，提高工程实施效果；依托中央文化旅游提升工程和重点生态功能区转移支付项目，通过采取人工造林、补植补造、平茬复壮、修枝割灌、封山育林、人工管护修枝等措施，加强大熊猫栖息地生态保护和修复。2017 年以来，其共完成植被恢复 2767 公顷，封山育林 6166.7 公顷，建设大熊猫迁徙生态廊道 2 处，防治森林有害生物 66.7 公顷，退化和被破坏的植被基本得到恢复。

（三）加强综合执法管控——打击生态资源破坏活动

综合执法是完善自然资源综合执法管理体系，解决自然资源执法监管“碎片化”问题的重要手段，甘肃省通过印发《大熊猫国家公园白水江片区综合执法工作试点方案》（甘公园发〔2020〕23 号）和《大熊猫国家公园白水江片区自然资源环境综合执法专项行动方案》（甘公园发〔2020〕25 号），参与制定《甘肃、四川、陕西三省大熊猫国家公园资源环境联合执法行动方案》，不断积极推进相关工作。同时，结合中央环保督察、“绿盾”行动、“绿卫 2019”森林草原联合执法专项行动等工作，大熊猫国家公园（甘肃片区）白水江分局、裕河分局和白水江片区综合执法局开展了联合执法行动。并且，甘肃省通过制定并印发《人类活动对大熊猫国家公园生态环境负面影响专项管控方案》《关于切实加强大熊猫、雪豹等珍稀濒危野生动物野外种群及其栖息地保护管理的通知》等文件，积极组织开展白水江片区自然资源环境综合执法专项行动，打击森林及野生动植物资源违法犯罪专项行动，依法查处资源环境违法行为，有效杜绝非法猎杀和经营利用野生动物等事件的发生，切实加强自然资源和生态环境保护。挂牌成立大熊猫国家公园陇南片区法庭和碧口环保旅游法庭，为大熊猫国家公园建设提供了有力的司法保障。积极配合国家林业和草原局开展专项执法行动，加强对森林资源和野生动植物资源的保护和监督，严厉打击涉林及野生动植物违法犯罪行为。

六、针对生态人文保护的建议

大熊猫国家公园（甘肃片区）的生态人文保护是甘肃省国家公园发展建设的重要部分，其因地制宜实施的一系列措施都产生了显著的效果。在系统分析大熊猫国家公园（甘肃片区）的保护工作后，本文从其环境质量提升、生态修复和区域发展等方面提出相关建议。

（一）以公园建设为抓手，筑牢生态屏障

大熊猫国家公园（甘肃片区）应持续开展园区天然林保护、退耕还林还草、防护林体系建设、水土流失综合治理、山地生态修复保护和珍稀濒危野生动物生境维护等一系列工作。在稳定提高区域生态质量的基础上，精准开展森林质量提升、中幼林抚育与退化林修复等相关工作。加强国土空间规划和使用管制，将生态保护、基本农田、城镇开发等方面的空间控制界限落实到位，加大力度减少原住居民对大熊猫栖息地的占用，提高生态屏障的稳定性，推动生态功能的全面提升。

（二）以资源保护为载体，促进生态修复

大熊猫国家公园（甘肃片区）应结合园区的实际情况，完善有关大熊猫国家公园保护和生态廊道建设的技术标准；通过人工促进自然更新的方式，对竹林进行复壮，并扩大竹子的种植面积。为提高大熊猫等野生动物生境的连通性与完整性，应采用贴近自然的工程学方法，构建重要生境连接廊道。同时，加强遥感技术、“天空地”一体化技术、大数据分析技术、人工智能技术和智慧决策管理技术等在国家公园监测和管理中的集成应用，探索对高密度大熊猫种群实施调控和异地放归的有效方法。

（三）以生态文旅为重点，统筹区域发展

大熊猫国家公园（甘肃片区）可采取资金补助、技能培训、就业指导和转产支持等措施，开展综合生态补偿工作。进行大熊猫国家公园入口社区建设和友好示范社区创建，充分发挥国家公园的休闲游憩和自然教育功能，开展游学共享、教育科普，优先发展大熊猫文创经济，衔接经济社会发展规划和国土空间规划，优先通过租赁等方式规范流转集体土地。积极吸纳社会组织参与生态保护和社区发展，优先聘用社区居民从事园区生态管护和社会服务工作，促进生态与经济协调发展。

第十七章　大熊猫国家公园资金保障机制和特许经营制度

摘要：回顾资金保障机制历史问题，结合多元化投融资保障机制现状，大熊猫国家公园提出了一系列多元化投融资机制发展路径，建立了产权、层级支出责任、部门管理权限相匹配的国家公园管理体制。建立统一规划、集中管理的特许经营制度，有助于建立多元化投融资机制，实现与生态环保要求相匹配的大熊猫国家公园资金保障。现有大熊猫国家公园的特许经营制度为生态产品价值实现提供了制度与管理保障，在发展地区经济的同时保护了生态环境，实现了双赢，为其他国家公园在建立资金保障机制和多元化投融资机制方面提供了宝贵的实践经验。

关键词：大熊猫国家公园　资金保障　特许经营制度　多元化投融资

2017年，《大熊猫国家公园体制试点实施方案（2017—2020年）》明确提出根据大熊猫国家公园建设需要，中央财政通过现有资金渠道加大支持力度，加大基础设施、生态移民、生态廊道、科研监测、生态保护补偿等方面的投入。

大熊猫国家公园除了得到中央的经济支持以及借鉴其他国家公园的经验，还需要探索建立符合自己特色的资金保障机制来适应发展的需要，并建立完善的特许经营制度来完善资金保障体系。除此之外，大熊猫国家公园还需要建立多元化投融资机制，让多方参与，共同获益，形成合作共赢的良好局面，开创人与自然和谐发展的新格局，真正实现大熊猫国家公园生态产品的价值，实现“生态经济化，经济生态化”。

一、管理资金保障机制历史问题

（一）土地权属复杂

历史遗留问题，如土地权属复杂，一直是制约我国国家公园发展的重要因素。由于土地权属问题与基础设施建设、保护国家公园自然和文化资源核心项目的实施、国家公园日常运营和管理以及生态补偿资金的分配紧密相连，因此国家公园管理资金的分配和使用也受到土地权属问题的影响。土地权属复杂曾导致大熊猫国家公园建设任务十分繁重，发展缓慢。

（二）多元化资金保障机制尚未形成

目前，大熊猫国家公园建设主要存在资金保障不足的问题，相关资金仍主要来自中央、地方各级财政投入，大熊猫国家公园的建设还会受到资金来源渠道狭窄、社会资本投入不足、未形成稳定持续生效的投入机制等问题的影响。一方面，有效开展特许经营面临重大挑战，存在无法律依据，经营范围和准入标准不明确，运营监督和惩罚机制不完善，公众参与度低，信息公开不充分等问题。另一方面，尽管社会公益资金和民间资本有参与意愿，但大熊猫国家公园试点相关政策制度和法律保障的不完善，阻碍了其探索社会投入机制的脚步。企业、慈善家、基金会等资助国家公园的平台尚未建立，公众捐赠虽有所增加但仍不成规模，社会资本的潜力有待挖掘和激发。

（三）中央和地方共同财政事权与支出责任界定模糊

科学界定国家公园事权范畴是国家公园开展体制建设和规范运行的基础，责任、财力与事权共同构成事权划分的前置要素和基本条件。建立财事匹配的央地资金保障体系，不仅能为国家公园更好地履行中央事权提供话语权，也能减轻地方政府的财政支出压力。虽然大熊猫国家公园事权的基本轮廓已逐渐完善，但在自然资源资产管理、生态保护、特许经营等的定义及事权划分方面，仍有界定不清晰、跨区域管理体制不健全等问题。此外，大熊猫国家公园支出责任划分和财政事权仍有不清晰、不规范、不合理的问题。

二、多元化投融资保障机制现状

我国自国家公园体制试点以来，不断加大对国家公园的投资力度。中央财政投入累计达到60亿元[1]。2017—2019年，除在原有中央预算的投资专项中安排资金外，国家发改委在文化旅游提升工程专项下特设国家公园体制试点资金，共投资38.69亿元；财政部通过一般性转移支付向各试点省投资共9.8亿元。2020年，我国将国家公园支出划入林业草原生态保护恢复资金范围，并投入预算10亿元。首批10个国家公园试点单位已基本形成分级统一的管理体制，增加了资金投入并对运行机制进行了改革创新。但目前国家公园在收支管理、支出责任划分、预算管理层级、财政事权和转移支付体系等方面仍存在不规范、不统一的问题，这将对进一步完善国家公园体制产生影响。

目前，我国采用3种国家公园管理模式。在国家公园管理实践过程中，3种模式都存在中央和地方共同财政事权的情况，要以鼓励相容等事权划分原则为依据进行分解细化，如矿业权退出、生态移民等。甘肃省内国家公园管理模式为中央地方共同管理。国家公园管理模式具体如表1所示。

表1　国家公园管理模式

国家公园	管理模式
东北虎豹国家公园	中央直管
大熊猫国家公园、祁连山国家公园	中央地方共同管理
其他国家公园如武夷山国家公园、钱江源国家公园等	中央委托地方管理

1　臧振华. 中国首批国家公园体制试点的经验与成效、问题与建议[J]. 生态学报, 2020, 40(24): 8839-8850.

（一）财政投入保障机制

大熊猫国家公园原则上属于中央事权，试点期内由财政统筹支持，中央财政通过现有渠道予以支持。因此，在试点期间，作为省一级财政预算单位，甘肃省政府为主要资金管理机构。而随着建设的深入，管理模式逐步转为以事权确定支出责任的模式，即把国家公园园区建设、运行、管理所需资金逐渐纳入中央财政支出范围。现阶段，中央财政主要采用转移性支付方式加大对大熊猫国家公园的支持力度，如地方均衡性转移支付、重点生态功能区转移支付、有关生态环境保护专项转移支付等方式。

大熊猫国家公园坚持规划引领，精准谋划项目，设立国家公园重点项目库，目前已建成生物多样性保护、栖息地保护修复、自然资源清查、基础设施建设等七大类共 258 个项目，预计投资 89.3 亿元。此外，投资 1.22 亿元用以提升国家公园建设质量，推动建设保护利用设施、自然教育与生态体验融合发展项目、入口社区共建共管等项目实施。建立以财政投入为主的多元化资金保障制度，把大熊猫国家公园建设、管理、保护所需经费纳入财政预算范围，确保大熊猫国家公园在生态修复、生态保护补偿、生态搬迁补偿、自然教育、科学研究、科普宣传、野生动植物保护、基础设施建设、森林草原防灭火、巡护监测、林草有害生物防治、野生动物致害补偿等多方面的财政投入。

在以中央财政为主的资金保障机制下，大熊猫国家公园正在探索和发展多元化的投融资模式。表 2 为我国国家公园的投融资模式。

表2　我国国家公园的投融资模式

投融资模式	具体方式
全社会筹集资金参与	探索建立全社会捐赠制度，面向全社会多渠道、多门路筹集资金；接受国内企业、民间团体、个人等捐赠的资金；接受国外资助
建立金融支撑体系	通过融资担保机制，撬动金融机构加大对绿色产业的信贷支持力度；完善监管机制，有效防范金融风险；完善商业性金融支撑保障，依托综合运营平台等参与融资
特许经营	与行政审批部门联合制定国家公园特许经营许可办法；在严格保护国家公园核心保护区的基础上，在一般控制区合理设置特许经营项目，依法收取特许经营费用；适度适当发展旅游项目，将所得资金用于解决国家公园资金不足的问题，丰富资金来源

（二）特许经营制度

目前，大熊猫国家公园已经启动了多地区的特许经营试点活动，且编制了试点项目实施方案。针对历史遗留问题，如特许经营尚无统一概念、未形成标准等，大熊猫国家公园管理局印发了《大熊猫国家公园特许经营管理办法（试行）》（以下简称《办法》）。

《办法》对大熊猫国家公园的特许经营进行了明确的规定，围绕特许经营管理模式和招标方案、特许经营管理办法和退出机制、特许经营收入管理办法，对在大熊猫国家公园开展特许经营活动时应当遵守的原则和要求进行编制。

在特许经营项目准入和审批方面，《办法》依据大熊猫国家公园的情况，将特许经营项目分为 5 类，并对每一类项目对象制定特定要求，以便进行分类审批处理。此外，《办法》明确了各类特许经营项目确立所需达到的要求，强调必须在公开、公平、公正、有偿的原则下实行特许经营权出让，以及保障原住民、集体经济组织、对原住民就业有贡献的企业的竞争优先权。同时，《办法》还对特许经营合同签订与履行以及特许经营收益分配相关事项进行了明确的规定，强调了对特许经营的监督和评价，以保证大熊猫国家公园的特许经营制度有序运行，促进大熊猫国家公园内的经济发展，为大熊猫国家公园的资金保障提供持续的动力，使大熊猫国家公园逐渐摆脱对中央政府财政投入的资金依赖，逐步实现资金自给自足。

三、大熊猫国家公园多元化投融资机制完善路径

大熊猫国家公园的多元化投融资机制目前来说还是存在一定的不足，因此需要进一步完善。

（一）建立产权、层级支出责任、部门管理权限相匹配的国家公园管理体制

健全归属清晰、权责明确、保护严格、流转顺畅的现代产权制度是经济发展、社会进步的前提[1]。党的十八届三中全会提出，完善自然资源资产产权制度和用途管制制度，需统一确权登记草原、荒地、森林等自然生态空间，建设监管有效、权责明确、归属清晰的自然资源资产产权制度。划清全民所有、不同层级政府权所有、不同集体所有、全民所有与集体所有之间的边界，明晰中央级国家公园设立标准，在明确权属的基础上，明确事权和支出责任，为自然资源资产管理提供基础支撑。

财政支出责任不合理，地方、中央事权划分不清逐渐成为国家公园管理中的核心问题。推进国家公园建设，不仅要合理划分中央政府与地方政府的基本公共服务事权和支出责任，并以法律形式确定，还要综合考虑成本效率、收益范围等因素。对于改革阻力大、操作难度高的事权，也应积极创造条件，解决现实矛盾。

此外，要整合部门间的管理权限，逐步建立独立的国家公园管理局，由其统一负责各类国家公园的行政监管。

（二）建立生态保护、环境治理需求相匹配的国家公园财政投入机制

在《自然资源领域中央与地方财政事权和支出责任划分改革方案》关于推进国家公园建设若干财政政策的意见》的基础上，依据各省级政府对山、水、林、田、湖、草、沙等领域的生态治理需求和政策，各级管理部门建立相匹配的国家公园生态保护与治理财政投入机制。遵循环境治理、生态保护“一盘棋推进”的思路，构建“1+N”生态文明建设财政奖补政策机制，整合并优化目前的单项生态治理政策，结合该地区生态文明建设“高质量发展超越”的要求建立相应的财政投入体系。省政府层面统一出台整体生态保护与治理方案，联合山、水、林、田、湖、草、沙各项生态要素以及土、气、水各生态环境领域的相关生态保护机制政策措施，构建统一协调、统一评估、统一规划的系统化财政投入政策体系。在新出台生态保护财政投入政策

1 刘珉, 胡涛. 国家公园管理研究: 从公共财政视角[J]. 林业经济, 2017: 3-8.

时，应以调整优化指标体系、扩大资金规模等为原则，健全生态保护财政投入需求评估机制，考虑解决问题，并避免政策“碎片化”[1]。

（三）总体规划、规范治理的特许经营制度

在统一规划的基础上，应尊重并科学利用国家公园内的自然与人文资源，结合功能分区和管理方案，编制特许经营项目专项规划或特许经营管理办法，对特许经营项目的数量、类型、活动范围、经营时间等做出明确规定。规范管理流程，采取“专门管理、分级负责、统一监督、充分试点”的管理模式。

在实施特许经营的过程中，应通过竞争机制选择最优方案，激励企业或其他组织提供更加优质的产品和服务。此外，应对国家公园开展特许经营工作的能力和条件进行综合评估，分阶段、分项目范围、分各国家公园实际，明确国家公园特许经营制度的发展框架、思路和方向。

具体的特许经营制度优化途径包括完善法律体系，健全保障机制；规范管理流程，开展试点工作；严格准入机制，设定淘汰和奖惩机制；建立监管机制，提高监管的有效性；科学制定收支标准，加强资金管理；建立反哺机制，推进社区共建共管共享。

1　苏珊珊. 进一步健全生态保护补偿机制的财政政策建议[J]. 中国财政, 2020: 70-71.

第十八章　大熊猫国家公园地区经济协调与转型发展工作特色

摘要：大熊猫国家公园通过发展符合功能定位的生态产业，积极探索产业转型方式，如种植水果、中药材、茶叶等，还开展食用菌种植、蜜蜂养殖、生态旅游、乡村旅游、文化产品销售等项目。另外，大熊猫国家公园开展水源地保护项目，包括太阳能杀虫灯安装、水源地垃圾回收、水源地管理培训等工作，从根本上减少水源污染；在结合经济产业现状与自身主体功能定位的同时，努力发挥地区地理优势和生态优势，带动当地经济发展。但在发展中也存在一定的不足，如对于旅游业这一具有巨大潜力的发展项目缺少系统性的投入和建设。

关键词：经济发展　协调发展　转型模式　发展要素

一、地区经济发展现状分析

（一）特色种植业

陇南是甘肃唯一属于长江水系并拥有亚热带气候的地区，种水稻、产茶叶，冬天不集中供暖，被誉为“陇上江南”。以茶叶为例，陇南是中国茶叶生产的最北端区域之一，也是甘肃唯一的茶叶产区。康县、文县、武都三县（区）交界处海拔 600 ～ 1200m 的林缘地带，是陇南的茶叶生产基地。

在大熊猫国家公园甘肃白水江片区的李子坝村，每当夏茶进入采摘期时，茶园里随处可见茶农们忙碌的身影。当地茶园主要分布在海拔 900 ～ 1200m，该地带也是毛冠鹿和黑熊等动物的栖息地，与大熊猫和羚牛等国家一级重点保护野生动植物的栖息地仅有 400m 的高度差。为了保护这些珍稀野生动物，村民们成立了义务巡护队，定期开展巡护监测。李子坝村位于一般控制区，禁止开发性、生产性建设活动。作为村民的主要经济来源，茶园现引进了 200 多套太阳能杀虫灯，以防止病虫入侵。目前全村茶叶年产量为 12 万千克，年产值达到 1500 万元。

（二）生态旅游业

中国自古就有山岳崇拜，山与宗教、风俗结合形成了山岳文化，因此在国家级风景名胜区中，山岳类的数量最多。而大熊猫国家公园位于甘肃省的东南部，处于秦岭山系和岷山山系的交会地带，可以凭借地理优势和生态特色发展旅游业。

甘肃省结合大熊猫国家公园的功能定位和地形条件，通过发展符合大熊猫国家公园功能定位的生态产业，积极探索产业转型。据初步统计，大熊猫祁连山国家公园甘肃省管理局白水江分局、裕河分局指导蜜蜂养殖社区居民 1074 户，扶持生态旅游企业 1 家、乡村旅游接待户 22 家、生态文化产品生产销售点 3 处、其他接待服务点 2 处。通过一系列产业转型，大熊猫国家公园很好地实现了生态保护与经济发展同步推进，深入贯彻了人与自然和谐共生的环保理念。

结合大熊猫国家公园的特色，甘肃省应继续充分利用白水江片区林缘区气候、植被、动物等方面的优势，将生态保护与经济发展相结合，实现社会、经济、生态三者效益的有机统一，塑造旅游品牌，发展有特色、有教育、有文化、有保护的生态旅游、休闲旅游、体验旅游、文化旅游、教育旅游。

二、经济协调与转型发展

生态补偿作为一种能够实现生态持续供给和社会公平的经济政策手段，在解决国家公园建设过程中的环境保护与经济发展失律问题上被寄予厚望。居民长期依托当地生态资源与环境繁衍生息，国家公园的严格保护底线容易导致居民传统的以自然资源利用为基础的生活生产方式受到限制等，而生态补偿能够拓展居民参与国家公园建设的渠道，既可以解决利益矛盾，又可以提升居民在促进国家公园产业融合发展方面的技能，是调动各方积极性、保护生态环境的重要手段。

1. 生态补偿基本状况

（1）相关法律法规

20 世纪 90 年代初，我国开始对生态补偿进行研究和实践。这一时期，我国的生态补偿立法从两个层面起步：一是以法律、法规形式存在的国家立法机关、中央政府的立法；二是以规章、地方性法规形式存在的地方自发性的探索实践。这些立法实践活动为我国全面建立生态补偿法律制度提供了丰富的经验。

为了明确对陆生野生保护动物造成的人身伤害或者财产损失的政府补偿，甘肃省政府出台了《甘肃省陆生野生保护动物造成人身伤害和财产损失补偿办法》，文县政府制定了《文县陆生野生保护动物造成人身伤害和财产损失补偿试行办法》《文县陆生野生保护动物造成人身伤害和财产损失补偿工作实施方案》。甘肃省管理局组织起草了《大熊猫国家公园野生动物危害补偿办法（草案）》来进一步加强白水江片区野生动物肇事损害赔偿工作。除此之外，甘肃省制定了相关政策来明确补偿范围、领域、标准、主客体等内容，如《大熊猫国家公园白水江片区国家公园内居民长效生态补偿机制方案》[1]。

2017 年，《大熊猫国家公园体制试点实施方案（2017—2020 年）》明确提出根据大熊猫国家公园建设需要，要求中央财政通过现有资金渠道加大支持力度，加大基础设施、生态移民、生

1　陈皕. 国家公园生态保护补偿法律问题研究[D]. 成都: 西南财经大学, 2020.

态廊道、科研监测、生态保护补偿等方面的投入；在整合生态保护资金的基础上，加大重点生态功能区转移支付力度；探索建立对国家公园社区居民的长效生态保护补偿机制，通过资金补助、技能培训、就业引导、转产扶持等方式实施补偿。根据我国国家层面制定的有关生态补偿的法律法规，我国尚未形成针对生态补偿的专门立法，目前生态补偿相关的立法规定分布于各单行法中。随着生态环境与经济发展矛盾的加剧，我国逐渐认识到可以利用经济手段缓和生态保护与经济发展的矛盾，并开始大力研究生态补偿制度。实施生态补偿是维护公平、保护自然、保持区际和谐的必要措施，而差异化生态补偿机制有助于推动主体功能区规划、加快区域协调发展，是保障生态脆弱地区发展权、调整区域利益失衡的重要手段。差异化生态补偿可以根据时空、类型的差异，分阶段分类分区地加以实施，因时因势因地制宜，以提高大熊猫国家公园自然保护区生态补偿的效果。国家逐渐重视生态补偿对保护环境的重要性，并通过立法的方式推进生态补偿工作[1]。

（2）主要补偿方式

目前我国还未形成可用于解决国家公园生态问题的系统、科学的补偿标准体系。在生态保护补偿的实践中，考虑到实用性问题，处理方式通常存在“一刀切”的现象；在核算补偿标准时采用机会成本和直接投入成本核算方法，但这种补偿标准缺乏灵活性和公平性，忽略了各地区生态环境、经济发展状况等方面的差异，限制了大熊猫国家公园生态保护补偿的开展。相较于成本法，采用生态足迹法或意愿调查法核算补偿标准对大熊猫国家公园来说更为适合。为实现生态补偿资金的合理分配，生态足迹法运用科学模型分析生态系统服务的供给与需求，各省可依据对生态系统服务功能的需求占比分配补偿资金，从而合理地解决跨行政区域生态补偿资金分配难题。意愿调查法通过调查补偿者支付意愿与受偿者受偿意愿核算补偿标准，由此得到的补偿标准能够基本满足受偿者意愿，是域外国家公园普遍采取的补偿标准。在实施生态保护补偿的过程中，要根据实际情况，合理地评估大熊猫国家公园的社会、经济与生态效益后制定补偿标准，综合考虑多方面因素，构建科学、有效的计量模式，从而保障大熊猫国家公园生态服务的持续供给。经过一段时间的探索，我国已逐步采取相关措施。

1）对国家公园所在地政府进行补偿

生态补偿机制的稳定和持续运行与生态补偿资金密切相关[2]，财政转移支付是国家公园生态补偿资金的主要来源。财政转移支付包括纵向财政转移支付和横向财政转移支付，纵向财政转移支付是目前国家公园生态补偿的实现形式，我国尝试将横向财政转移支付作为今后主要的国家公园生态补偿实现手段，其包括跨省的财政转移支付和省内各地方之间的财政转移支付。地方政府可以通过间接的资本输入和直接的财政转移支付获得生态补偿。间接的资本输入采用“飞地经济”模式，符合当地经济发展的要求，可以促进区域间协调发展、提升当地经济水平，进而实现政府职能，为国家公园所在地政府带来环境保护所产生的特别发展机会；直接的财政转移支付主要由财政支付和省内地方政府间的横向财政转移支付、中央和省级政府专项的生态

1　黄润源. 生态补偿法律制度研究[D]. 上海: 华东政法大学, 2009.

2　张和曾. 国家公园生态补偿机制的实现: 以利益相关者均衡为视角[J]. 广西社会科学, 2021(9): 118-123.

补偿基金支撑[1]。

2）对投资国家公园建设的企业进行补偿

企业在国家公园建设中的较大投资是否能获得利润取决于国家公园的公益性，政府可以通过生态补偿鼓励企业参与国家公园的建设管理活动。生态补偿的方式包括两种。第一，建立环境补贴制度。该制度通过直接给予环境补贴和税收优惠等方式促进企业环境绩效的提高，并设立专门的行政机构对企业投资的真实性进行检验和评估，同时将有违规行为的企业列入环境信用黑名单[2]。第二，建立企业环境绿色名单制度，即企业环境信用评价制度。以建立企业环境绿色名单制度的方式补偿企业，把对国家公园建设进行投资的企业划入行政机构的企业环境绿色名单内，并且在国家公园建设过程中实施政府采购项目和建设项目招投标时优先考虑这些企业。

3）对原住居民进行补偿

第一，给予原住居民发展机会。由国家公园管理局指导，从国家公园建设产业化入手，以在国家公园内投资建设的企业为主体，安排相关企业招聘原住居民，为原住居民提供生态公益性岗位，帮助原住居民学习相关知识并参与国家公园的建设、维护工作。第二，解决原住居民生态补偿标准差异化问题。由于个体作为国家公园生态补偿法律关系中的权力主体，考虑到个人收入等自变量对国家公园保护意愿的影响，我国对个人的补偿应采取差异化的标准进行。生态补偿对高收入人群的影响更大，可以采取差异化的偏向低收入人群的标准，使其获得合理的补偿[3]，引导其参与生态环境保护，从而落实“造血式”补偿。对于森林的生态补偿，2018 年，甘肃省完成公益林区划落界工作，将白水江片区内符合公益林区划界定标准的公益林全部纳入森林生态效益补偿补助范围，下达落实农民管护补助资金，用于集体林的管护工作；在草原方面，2016—2020 年，国家继续实施禁牧补助和草畜平衡奖励两项政策，并实施新一轮草原补奖政策，提高禁牧补助和草畜平衡奖励标准。甘肃省财政每年向白水江片区涉及的 2 个县区投资 1387 万元，其中武都区 1114 万元、文县 273 万元。补奖政策直接增加了原住居民的现金收入。

4）建立特许经营制度进行生态补偿

目前，大熊猫国家公园四川片区已启动绵阳、德阳、大邑、卧龙等地的特许经营试点项目前期工作，编制了试点项目实施方案。但国家公园范围内现有旅游业生态规范管理问题较突出。其主要经营形式为传统观光、滑雪滑草活动、缆车体验，部分区域有餐饮、住宿、露营等业态，大众旅游带来的生态环境质量下滑、产品质量水平不稳定及多头治理等问题较为突出。现有经营活动与国家公园特许经营规定存在差异，保护优先原则和利用强度之间的平衡点较难把握。

为了破解上述难题。大熊猫国家公园试点区划分出集体土地 7756 平方千米，其面积占总面

1 张瑞萍，曾雨. 国家公园生态补偿机制的实现：以利益相关者均衡为视角[J]. 广西社会科学，2021(9)：118-123.

2 尚洪涛，祝丽然.政府环境研发补贴、环境研发投入与企业环境绩效：基于中国新能源企业产权异质性的数据分析[J]. 软科学，2018，32(5)：40-44.

3 吴中全，杨志红，王志章. 生态补偿、精英俘获与农村居民收入：基于重庆市酉阳县11个易地扶贫搬迁安置点的微观数据[J]. 西南大学学报（社会科学版），2020：69-78+194.

积的 28.59%。国家公园的管控措施一定程度上限制了原住居民和村集体生产经营自主权，这是国家公园管理面临的一大难题。大熊猫国家公园从 3 个方面入手探索，取得了阶段性进展。一是与集体组织合作，大力推进合作保护，充分利用生态公益性岗位和特许经营优先权，鼓励集体组织与国家公园管理机构签订管护协议，合作保护面积超过 50%。二是与原住居民合作，鼓励原住居民利用自有生产生活设施发展餐饮、住宿、生态采摘等特许经营活动，免收特许经营费，调动其保护资源和生态的积极性。三是与集体经济组织合作，通过集体资产入股，探索集体资产参与国家公园建设并分享利益的模式。

2. 完善生态补偿制度的对策建议

（1）把市场投资作为国家公园生态补偿资金来源

把市场投资引入国家公园的建设中，使其进行产业化的发展是一种可持续的制度要求。通过市场投资，国家公园可以开发和经营生态产品，满足其经济建设和环境保护的需求。国家公园产业化的发展能够带动地方经济发展，市场投资产生的部分利润作为税费可以提高政府的财政收入，而部分投资以成本的形式加入国家公园建设，能够增强原住居民和政府进行国家公园建设的意愿。把政府的财政收入作为生态补偿资金的唯一来源会导致经济水平较低的地方政府财政负担较大且难以持续。但将市场投资和政府的财政收入共同作为国家公园生态补偿资金来源，既符合经济可持续发展的要求，又具有现实意义[1]。

（2）把民间捐赠作为国家公园生态补偿资金来源

民间各公益性组织或具有专门宗旨的基金组织等把国家公园管理局作为接受捐赠的主体，既可以填补国家公园建设中生态补偿资金的空缺，又能够提高国家公园生态产品的知名度、增加具有旅游项目的国家公园的客流量。此外，共同监督捐款具体使用情况也会成为公众了解国家公园的一种方式。

（3）加大生态补偿制度与其他政策的统筹协调力度

我国的生态环境、人口分布和经济发展水平呈现“一高一低、一大一小”的特征，即生态健康度水平高的地区，经济发展水平普遍较低，对资源能源类产业的依赖性大，人口密度小，而生态健康度水平较低的地区，经济发展水平普遍较高，对资源能源类产业的依赖性小，人口密度大。这种特征导致生态补偿的受偿方往往存在产能过剩、贫困突出等问题。对此，可进一步结合供给侧结构性改革、扶贫等相关政策，加大政策的统筹协调力度，打好组合拳。

三、大熊猫国家公园经济可持续发展建议

（一）建立以财政投入为主的多元化资金保障机制

将大熊猫国家公园的保护、建设、运行和管理等所需资金根据事权纳入中央财政和各级财政支出范围，加大对生态移民、科普教育、智慧感知、基础设施、生态保护与修复、生态廊道、

1　张和曾. 国家公园生态补偿机制的实现: 以利益相关者均衡为视角[J]. 广西社会科学, 2021(9): 118-123.

科研监测、人员支出、宣传展示、运行保障等方面的投入。设立大熊猫国家公园基金，建立健全社会捐赠制度，制定相应配套政策，吸引企业、个人、公益组织等社会资本加入国家公园保护、建设与发展，鼓励社会资本参与生态恢复治理。鼓励政策性、开发性金融机构为符合条件的基础设施建设、生态管护、生态保护治理、科研监测调查等项目提供信贷支持。符合条件的公益性捐赠，将依法享受相关税收优惠政策。

（二）提高生态补偿标准，扩大生态补偿范围

以现有的国家草原、公益林等相关补偿政策为基础，结合大熊猫国家公园的具体情况，综合考虑地区经济社会及民生基础条件，提高补偿标准，并按照《国家级公益林区划界定办法》等规定，以建立国家公园生态产品价值实现机制为基础，优化完善生态保护补偿机制，通过增量收益、资金补偿、转产扶持、技能培训、就业引导、共建园区等方式，探索建立流域上下游横向生态保护补偿机制。完善生态管护公益岗位补助政策，加快落实“一户一岗”生态管护政策，健全困难救助、就业、医疗等方面的民生生态补偿政策，努力提高牧民的生产生活水平。

（三）构建多元主体参与的协同治理机制

与现代化的国家公园区域内的治理方式和理念相结合，构建事业单位、社区、公益组织以及公众等多元主体共同参与的协同治理机制，全面保障行动者的协作过程，充分发挥自然保护地的治理效能。第一，建立新时期国家公园与社区共管模式。一方面，由国家公园管理部门、村民委员会以及利益相关者联合成立社区共管委员会，国家公园利益相关者通过共管委员会协商解决保护与发展相关问题。另一方面，完善社区共管利益共享机制。社区共管委员会应积极开展原住居民技术培训，为原住居民提供自然保护地生态服务岗位。地方政府应支持在国家公园内发展特色生态产业，鼓励原住居民参与特许经营项目建设，真正让周边社区成为国家公园的保护者和受益方。第二，探索建立社会公众参与模式与机制。公众参与是国家公园持续发展的重要环节。首先，健全国家公园科普宣教机制，积极利用传统媒体、新媒体宣传国家公园建设的成效。其次，建立志愿者公益服务机制，定期组织志愿者进行科普宣教，促进公众了解国家公园，营造有利于公众主动参与国家公园建设的社会氛围，确保国家公园的公益属性。最后，健全国家公园内社会捐赠制度。社会捐赠是国家公园资金来源的重要组成部分，现金捐赠和实物捐赠是公众直接参与国家公园建设的方式之一。各级政府应制定统一的社会捐赠管理办法，规范社会捐赠行为和管理捐赠资金，逐步形成透明、开放、规范的社会捐赠制度。

第十九章　对推进大熊猫国家公园自然教育的探讨——对大熊猫国家公园白水江片区自然教育的定位与路径为例

摘要：国家公园作为开展自然教育的主要场所，是使公众了解自然和文化，并激发其保护意识的最优教育场所之一，这也是国家公园最重要的功能之一。《新时代爱国主义教育实施纲要》第四部分"丰富新时代爱国主义教育的实践载体"提到："依托自然人文景观和重大工程开展教育。寓爱国主义教育于游览观光之中，通过宣传展示、体验感受等多种方式，引导人们领略壮美河山，投身美丽中国建设。"因此，推进国家公园自然教育是推进人与自然和谐发展的重要举措，也是全面提高自然教育效果的创新型尝试。此外，安排原住居民开展自然教育、生态体验以及辅助保护和监测等工作，可实现自然保护与社区共建的共赢。近年来，甘肃省统筹生态治理修复工作，积极构建大熊猫国家公园的自然保护地体系。每一个国家公园特殊的自然地质地貌特征都是自然教育的"主要教材"，甘肃省充分围绕三大国家公园的自然属性，结合国内外建设经验，形成了国家公园自然教育方面的"甘肃特色路径"。

关键词：大熊猫国家公园　自然教育

一、自然教育基础条件

大熊猫国家公园白水江片区（以下简称白水江片区）是甘肃白水江国家级自然保护区乃至全国范围内最早开展自然教育工作的保护区，不仅是国家林业和草原局直属的三个大熊猫保护区之一，也是面积最大的一个保护区。白水江片区位于甘肃省南端，陕、甘、川三省交界处，行政区划上涉及甘肃省陇南市文县和武都区，由甘肃白水江国家级自然保护区、甘肃裕河省级自然保护区、陇南市文县岷堡沟林场和武都区洛塘林场等部分区域组成，总面积 2570.91 平方千米，其中核心保护区 1470.91 平方千米，一般控制区 1100 平方千米。第四次全国大熊猫调查结果显示，白水江片区共有野生大熊猫 111 只，其中白水江国家级自然保护区 110 只，均分布于海拔 1700m 以上摩天岭一线的针阔混交林和落叶阔叶林带中，该区域有大熊猫主食竹 5 种，竹林面积超过 600 平方千米，完全能够满足现有大熊猫的生活需求。

此外，白水江片区还是唯一具有北亚热带生物资源的自然景观区，是甘肃唯一属于长江水系并拥有亚热带气候的地区，被誉为"甘肃的西双版纳"。作为一个天然的自然教育博物馆，白水江片区最不缺的就是各种自然资源——珍稀野生动植物、复杂壮丽的地质地貌等。

基于此，白水江片区开展的自然教育工作的首要任务就是要瞄准自身定位，将保护地科研监测成果与保护工作宣传教育相结合。大熊猫国家公园具体工作如下。

首先，作为大熊猫栖息地和重要的生物多样性保护区，大熊猫国家公园承担着维护生态平衡和保护珍稀濒危物种的重要职责。其广袤的森林、山脉和湿地等自然景观提供了丰富的生态系统，为自然教育提供了宝贵的教学资源。大熊猫国家公园拥有丰富的自然资源和壮丽的自然景观，包括原始森林、高山草甸和湖泊等。这些自然景观形成了一个自然博物馆，为自然教育提供了丰富的教学资源。学生和游客可以在这里近距离观察大熊猫及其他野生动植物的生活习性，了解自然生态的互动关系。

其次，作为中国的自然遗产，大熊猫国家公园不仅代表了自然的壮丽和多样性，还蕴含着丰富的文化内涵和较高的历史价值，是中华文明的重要组成部分。通过自然教育，游客可以了解到与大熊猫相关的传统文化、宗教信仰和民间传说，体验中华文明的独特魅力。大熊猫国家公园周边有着丰富的民族文化资源，各民族的传统文化、习俗和生活方式在这里交相辉映。这为自然教育注入了多元文化的元素，展示了各民族共同的生态智慧和环保传统。通过学习和体验不同民族的文化，人们能够增进对多元文化的理解和尊重，推动跨文化交流和合作。

最后，大熊猫国家公园是我国生态文明教育的重要基地之一。开展自然教育，加强生态文明理念的普及和传承，可以增强人们的环保意识，推动可持续发展。大熊猫国家公园作为生态文明的典范，能够向人们展示生态保护和可持续发展的成功案例，激发人们对于环境保护的责任感和行动意识。

综上所述，大熊猫国家公园作为自然教育的场所，具备丰富的自然资源和文化遗产，承载着保护生态环境和传承中华文明的重要使命。通过开展自然教育，人们可以更深入地了解和关注大熊猫的保护状况，增强对生物多样性和生态平衡的认知，促进环保意识的培养和可持续发展理念的传播。

二、开展自然教育的迫切性

首先，随着美丽中国建设的深入推进，人们对自然环境的关注度和保护意识不断提升，自然教育成为培养人们环保意识的重要途径。通过自然教育，人们可以加深对大自然的认知，培养环保意识，激发参与和支持美丽中国建设的兴趣。当人们深入了解自然的美丽和脆弱性后，他们将更加珍惜自然资源，积极参与生态文明建设，推动可持续发展目标的实现。

开展自然教育有助于加强国家公园管理。自然教育能让游客了解自然生态系统的重要性和脆弱性，提高素质，从而减少对生态环境的破坏和资源浪费。自然教育能够引导游客遵守国家公园规章制度，做出环保行为，如不乱扔垃圾、不损坏植被、不干扰野生动物等，从而实现国家公园的可持续发展。

自然教育作为一项公益事业，可以为公众提供免费或低价的教育服务，普及环保知识，促进公众参与环保行动。通过开展自然教育活动和项目，如讲座、研讨会、互动展览等，国家公园可以向游客和当地居民提供丰富的教育资源和学习机会。这有助于提高社会各界对自然环境保护的重视程度，推动整个社会朝着可持续发展的方向迈进。

自然教育能够让公众更加深入地了解和体验自然，增强对自然的保护意识，使公众能够在享受自然的同时也为自然环境的保护贡献力量。通过参与自然教育活动，如户外探索、生态考察、亲近野生动植物等，人们可以亲身感受自然的奇妙之处，激发对自然的热爱之情，并认识到自然资源的宝贵性和脆弱性。这将推动更多人参与环境保护行动中，共同守护自然。

因此，开展自然教育对于美丽中国建设、国家公园管理等至关重要。通过增强公众的环保意识、加深公众对自然的认知，自然教育能够推动可持续发展目标的实现，并促进人与自然和谐共生。

三、自然教育硬件设施

为了开展大熊猫国家公园自然教育，有必要建设一系列硬件设施，以提供更丰富的教育体验。

首先，自然教育线路是至关重要的。设计并开辟适合教育活动的线路，其中包括步行道、徒步路线和观景台等。这些线路应涵盖公园内的重要自然景观和文化遗产，为游客提供丰富的观察和学习机会。线路的规划应综合考虑景点的可达性、生态保护和游客体验，确保游客可以有序地探索公园的特色生物物种、自然景观和文化故事。

其次，自然教育中心是开展教育活动的理想场所。自然教育中心可设有展示厅、多功能教室和交流区域，提供展品、展板和多媒体设备，展示公园丰富的自然和文化资源。自然教育中心还应设立互动展示区，通过互动游戏、模型、触摸屏等，增加游客与展品之间的互动体验。此外，自然教育中心还可举办教育活动、讲座等，为游客提供深入了解公园的机会。

观赏步道和观景台也是重要的硬件设施。观赏步道让游客可以沿着指定路线近距离观察自然风光，并了解生物多样性和生态系统的运作情况。观景台则提供了更广阔的视野，让游客能够欣赏公园内壮丽的自然景观。这些设施的设置应考虑游客的安全和舒适度，同时尽可能减少对自然环境的干扰，保持景区的原生态。

为了提供更全面的信息和指引，对于展示设施也应予以重视。设置信息牌、展板和标识牌等设施，游客可以通过阅读展示内容了解公园的自然和文化资源，学习关于大熊猫及其栖息地和当地文化的知识。这些展示设施的布置应在景点和重要区域进行，以便游客获取相关信息，加深对公园价值的认知。

最后，为了便利游客在公园内移动，交通接驳车的设置是必要的。公园往往十分广阔，这可能导致游客在观光过程中需要长时间步行。交通接驳车能够将游客从一个景点快速、安全地送到另一个景点，减轻游客的步行负担，同时减少对环境的影响。

通过建设这些自然教育硬件设施，大熊猫国家公园可以为游客提供更丰富的自然教育体验。这些设施将帮助游客更好地了解和欣赏公园的自然景观和文化遗产，从而促进他们参与对大熊猫及其栖息地的保护，推动其环境意识增强。

四、自然教育软件设施

除了硬件设施，大熊猫国家公园中的软件设施也是开展自然教育不可或缺的一部分。本报告从以下几个方面提出对大熊猫国家公园自然教育软件设施的建议。

首先，招募专业的自然教育师和科普讲解员，他们应该具备专业知识和教学能力，能够向游客传授自然环境知识，并引导游客进行互动，从而提高游客的科学素养。自然教育师和科普讲解员可以通过组织解说活动、互动游戏和科普讲座等，向游客传递关于生物多样性、气候变化、环境保护等方面的知识，使游客更加深入地了解公园的自然生态和文化价值。

其次，在公园内设置多媒体解说设施，包括音频和视频设备，为游客提供多媒体教学和解说服务。生动展示优美的自然景观、独特的生物物种和文化遗产，向游客传达环境保护和文化遗产的知识。并且，还可在重要景点和标识牌上添加解说文字和图示，使游客更方便地了解相关信息。此外，还可提供丰富的科普作品，如书籍、手册、展览和多媒体资料等，以供游客参考。这些作品可深入探讨大熊猫国家公园的自然生态、文化历史和环境保护问题，使游客在游览之余获得更深入和全面的自然教育内容。

最后，与学校合作，将自然教育融入学校教育中。采用实地考察、互动体验和举行讲座等形式，让学生深入了解和体验大熊猫国家公园的自然生态和文化。这样的活动可以增强学生的环保意识、生态意识，提升他们的文化素养。

通过建立这些自然教育软件设施，大熊猫国家公园能够提供丰富多样的自然教育体验，增强公众对自然环境的保护意识，激发公众参与保护大熊猫及其栖息地的行动。

五、对大熊猫国家公园自然教育的建议

我国国家公园建设起步较晚，教育功能不明显，自然教育事业仍处于探索阶段。在教育内容和形式上，自然教育以传统的解说为主，如步道提示、宣传标语和手册等，缺少互动性质的自然教育活动、项目和完善的教育课程体系；在教育人员的培养上，存在着自然教育工作者知识结构不系统，相关专业解说队伍缺失等问题；在规划与管理上，缺乏科学的理论指导体系，尚未明确自然教育工作，这导致相关资源尚未得到充分利用。大熊猫国家公园作为天然的自然教育场所，其时空上的拓展性为开展自然教育活动提供了丰厚的条件，我国的各类国家公园自然保护地正在积极探索如何利用自身资源更好地开展自然教育工作。但自然教育既不是单纯的户外活动，也不是单纯的自然知识学习活动，而是一个科学规范、开放共享、统筹实施的系统工程。

通过以上分析，本报告从以下 3 个方面提出对大熊猫国家公园自然教育的建议。

（一）构建多方主体参与的自然教育合作管理模式

大熊猫国家公园自然教育涉及多方利益，需要建立一定的管理模式来优化自然教育机制。大熊猫国家公园需要调动多方力量，将政府、非政府组织、社区居民、企业、志愿者等共同作

为自然教育的参与者，构建多方主体参与的自然教育合作管理模式。管理模式的运行离不开法律法规的保障。美国于 1916 年就颁布了《国家公园基本法》，该法律明确了公园的区域、保护目的、各级管理机构和负责人以及环境破坏的相关处罚[1]。

（二）整合自然教育资源、丰富课程内容

自然教育课程与项目的设立很大程度上决定了文化资本在社会中的传递和再生产。美国国家公园与学校、教育机构等进行自然教育相关的合作，确保了课程体系的专业化程度。借鉴美国的经验，在自然教育内容上，我国国家公园与学校开展合作，结合《义务教育课程方案和课程标准（2022 年版）》针对不同年级的学生设立的自然教育课程体系，并融合多学科知识，在不同自然文化场景下开展针对性的项目活动。在自然教育形式上，开展户外田野考察、社会调研、知识讲座等。同时，构建科学的自然教育体系，根据学习者的受教育阶段和认知水平制定专业程度不同的、连续的课程体系；构建“年龄分众式”自然教育全社会参与行动体系，按照受众的年龄特征划分出儿童（0 ～ 13 岁）、青少年（14 ～ 25 岁）、中青年（26 ～ 60 岁）、老年（60 岁以上）群体，依据不同群体的生活习惯、行为方式，采用差异化的教育方针和适宜的教育内容，引导全社会接收自然教育信息，促进自然教育的系统开展。此外，物联网教育平台也是自然教育的重要载体。可以构建数字化、远程化、信息化及科技化的国家公园物联网教育平台，让全世界公众更加深入地了解我国国家公园的人文历史与自然生态。

（三）注重管理人才队伍建设

讲解员是大熊猫国家公园对外宣教的纽带，而高原特色自然教育离不开专业的讲解员。一个好的讲解员，也应该是一个导游，一位口才良好的演说家、知识渊博的专家、有所造诣的艺术家，不光要有一定的自然资源知识和专业技能、科研成果，还要了解相关的民谣传说、实时动态，这样其讲解的内容才会有启发性和实用性。我国科研机构培养了大批环境学、生态学以及教育学领域的专家学者，应当利用基金课题等方式调动他们参与大熊猫国家公园建设的积极性，充分应用他们的专业知识和科研成果，将科研成果写在祖国大地上，从而吸引更多的高水平人才加入公园管理人才队伍。

综上所述，大熊猫国家公园拥有丰富的自然和文化资源，这为开展自然教育提供了良好基础。通过构建合适的管理模式、丰富课程内容、培养专业人才，大熊猫国家公园能使自然教育发挥更大的作用，提升公众对自然环境的认知水平和保护意识。

1　张琳, 李丽娟, 詹晨. 美国国家公园环境教育成功经验及其对我国的启示[J]. 世界林业研究, 2021, 34(5): 103-109.

Ⅳ分报告

若尔盖国家公园（甘肃片区）

第二十章　若尔盖国家公园（甘肃片区）发展建设

摘要：若尔盖国家公园（甘肃片区）是中国生物多样性保护的关键地区之一，在黄河流域生态安全格局中占有重要战略地位。若尔盖国家公园（甘肃片区）正处于创建任务完成、等待验收阶段，其成功建设将有助于丰富现有国家公园的保护和管理体系。本章将简述其生态资源保护管理现状、保护范围及分区规划，并提出关于推进其发展的建议。简单梳理与了解若尔盖国家公园（甘肃片区）的前期建设工作，对后续开展社区共管、全民共享、管理运行和宣传科研等工作具有十分重要的意义，更有利于其打造全球高海拔地带重要的湿地生态系统和生物栖息地。

关键词：若尔盖国家公园（甘肃片区）　发展建设　管理机构　保护管理　功能分区

一、引言

若尔盖湿地是黄河上游重要的水源涵养地、全国三大湿地之一，是高原湿地旗舰物种黑颈鹤的重要栖息地和诸多珍稀濒危鸟类迁徙路线的关键节点和中转站，生态价值、文化价值极高。创建若尔盖国家公园将有助于理顺现有的保护和管理体系，将重要的湿地——草原复合生态系统和高寒泥炭沼泽完整、原真地保护好，有利于保证黄河上游水源涵养，促进高原牧区生态保护与社会经济协调发展。

自2020年以来，甘肃省委、省政府提出“积极推进若尔盖国家公园建设，实施甘南黄河上游水源涵养区治理保护项目，打造全球高海拔地带重要的湿地生态系统和生物栖息地”和“构建以祁连山、大熊猫、若尔盖（甘肃）国家公园为主体的自然保护地体系”，若尔盖国家公园（甘肃片区）筹备工作正式启动。2021年以来，甘肃省深入落实相关国家战略，强化责任担当，狠抓落实，积极推进若尔盖国家公园（甘肃片区）筹备工作，省政府牵头成立了“若尔盖国家公园（甘肃）创建工作领导小组”，领导小组积极向国家林业和草原局汇报工作，加强与四川省相关部门的协调联动，科学设定国家公园范围和功能区界线，积极推动相关工作开展，组织编制完成若尔盖国家公园（甘肃片区）“两报告一方案”，不断推进若尔盖国家公园发展建设工作。

本章以处于等待验收阶段的若尔盖国家公园（甘肃片区）的生态资源保护管理现状、保护范围及分区规划为出发点，阐述若尔盖国家公园（甘肃片区）建设现状，同时提出关于推进其发展的建议。

二、生态资源保护管理现状

（一）现有保护区

若尔盖国家公园（甘肃片区）现有甘肃尕海 - 则岔国家级自然保护区、甘肃黄河首曲国家级自然保护区、甘肃省玛曲青藏高原土著鱼类自然保护区 3 处保护区，各保护区的具体情况如表 1 所示。

表1　若尔盖国家公园（甘肃片区）内各保护区的具体情况

名称	具体情况
甘肃尕海-则岔国家级自然保护区	我国少见的集森林和野生动物型、高原湿地型、高原草甸型三重功能于一体的珍稀野生动植物自然保护区
甘肃黄河首曲国家级自然保护区	主要负责保护黄河首曲高原湿地生态系统和黑颈鹤等候鸟及其栖息环境，是典型的高原沼泽湿地类型的自然保护区
甘肃省玛曲县青藏高原土著鱼类自然保护区	2012年，《中共玛曲县委办公室、玛曲县人民政府办公室下发关于印发〈甘肃省玛曲县青藏高原土著鱼类自然保护区管理局主要职责和人员编制规定〉的通知》（玛曲办发〔2012〕86号）批准成立甘肃省玛曲县青藏高原土著鱼类自然保护区管理局，同年配齐领导班子及工作人员

（二）现有保护区的保护管理机构

若尔盖国家公园（甘肃片区）由于正处于等待验收阶段，并没有形成完整的生态资源管理机制，园区内的一切保护管理工作皆由原管理机构负责。

1．甘肃尕海 – 则岔国家级自然保护区

根据保护管理的职能和权责，该保护区的保护管理机构分为两个部分，一部分为尕海 - 则岔国家级自然保护区管护中心，一部分为甘肃省公安厅森林公安局尕海 - 则岔分局。

（1）尕海 - 则岔国家级自然保护区管护中心

尕海 - 则岔国家级自然保护区管护中心目前为甘肃省林业和草原局直属的正处级全额拨款事业单位，内设办公室、业务科、湿地科、组织人事科等，下设则岔保护站、尕海保护站和石林保护站共 3 个保护站。其主要负责贯彻执行国家有关自然保护的法律、法规和方针、政策，制定自然保护区各项管理制度和保护措施，调查自然资源并建立档案，组织环境与资源监测、保护自然生态环境等工作。

（2）甘肃省公安厅森林公安局尕海 - 则岔分局

甘肃省公安厅森林公安局尕海 - 则岔分局于 2006 年正式成立，于 2020 年加挂“甘肃省公安厅森林警察总队尕海 - 则岔支队”牌子，设有办公室、法制科、治安科、刑侦科、尕海派出所、则岔派出所共 6 个科室（所），主要负责打击涉林违法犯罪、保护生态屏障安全。

2. 甘肃黄河首曲国家级自然保护区

根据保护管理的职能和权责，该保护区的保护管理机构分为两个部分，一部分为甘肃黄河首曲国家级自然保护区管护中心，一部分为甘肃省公安厅森林公安局黄河首曲分局。

（1）甘肃黄河首曲国家级自然保护区管护中心

甘肃黄河首曲国家级自然保护区管护中心为甘肃省林业和草原局所属正处级全额拨款事业单位，内设办公室（兼党委办）、湿地管理科、科研监测科等，下设河曲马场保护站、曼日玛保护站、采日玛保护站、卫当保护站共4个保护站。其主要负责执行有关自然保护区的法规政策，并制定自然保护区的各项规章制度，组织勘界立标、环境监测，保护自然生态资源，开展有关自然保护的宣传教育。

（2）甘肃省公安厅森林公安局黄河首曲分局

甘肃省公安厅森林公安局黄河首曲分局在2018年经批复成立，于2021年底正式组建运行，目前实有1名局长以及2名普通民警，主要负责林区的保护工作，打击违法犯罪活动。

3. 甘肃省玛曲青藏高原土著鱼类自然保护区

目前，该保护区还加挂“黄河上游特有鱼类国家级水产种质资源保护区（玛曲段）管理站”牌子，业务上受甘肃省林业和草原局、甘南州林业和草原局、甘肃省农业农村厅、甘南州畜牧兽医局和甘南州特有鱼类保护区管理局指导。该保护区的管理局下设综合办公室、计财股、驯养繁育中心、渔政股4个股室，主要负责甘肃省玛曲青藏高原土著鱼类自然保护区内水生野生动物资源管理、珍稀水生野生动物的抢救和放养等，制定和实施保护区渔业资源保护与开发发展规划，并进行科学研究、学术交流、标本管理等工作。

三、保护范围及分区规划

（一）保护范围

若尔盖国家公园（甘肃片区）涉及自然保护地5处，包括甘肃尕海-则岔国家级自然保护区、甘肃黄河首曲国家级自然保护区、甘肃玛曲青藏高原土著鱼类省级自然保护区、甘肃省碌曲县则岔石林地质公园和则岔省级森林公园，现有自然保护地占地478 282.03hm^2。根据《自然资源部国家林业和草原局关于做好自然保护区范围及功能分区优化调整前期有关工作的函》（自然资函〔2020〕71号），待若尔盖国家公园（甘肃片区）范围划定后，甘肃玛曲青藏高原土著鱼类省级自然保护区约88.6%的面积将纳入若尔盖国家公园（甘肃片区）范围，保护区剩余区域由若尔盖国家公园代管，其余4个保护地除永久基本农田、重大项目、社区人口和村庄建设用地等历史遗留问题集中区域调出部分，其他区域全部纳入国家公园，如表2所示。

表2　若尔盖国家公园（甘肃片区）现有自然保护地处置意见统计表

自然保护地名称	自然保护地面积/hm^2	纳入国家公园的面积/hm^2	处置意见
甘肃尕海-则岔国家级自然保护区	250 786.98	250 526.8	除城镇开发区、行政村调出部，其他区域全部纳入国家公园
甘肃黄河首曲国家级自然保护区	203 797.76	203 797.76	全部纳入国家公园
甘肃玛曲青藏高原土著鱼类省级自然保护区	27 046.84	23 957.47	约88.6%的面积纳入若尔盖国家公园（甘肃片区）范围，保护区剩余区域由若尔盖国家公园代管
甘肃省碌曲县则岔石林地质公园	25 412.31	25 412.31	全部纳入国家公园
甘肃省碌曲县则岔省级森林公园	25 412.31	25 412.31	全部纳入国家公园

若尔盖国家公园（甘肃片区）范围规划需要统筹考虑自然生态系统的原真性和完整性保护需要、资源分布特征，兼顾当地经济社会可持续发展，将典型生态系统、珍稀濒危野生动植物重要分布区及重要地质遗迹分布区划入若尔盖国家公园（甘肃片区），确保若尔盖国家公园（甘肃片区）保护区核心资源得到有效保护[1]。经过边界修正，甘肃省划定若尔盖国家公园（甘肃片区）的边界范围。

经甘肃省规划、区划后，若尔盖国家公园（甘肃片区）位于甘肃省甘南州碌曲县、玛曲县境内，北接夏河县、卓尼县，东南与四川省阿坝藏族羌族自治州的若尔盖县、阿坝县为邻，西面与青海省久治县、河南蒙古族自治县毗邻，范围涉及碌曲与玛曲 2 县、10 个乡（镇）、40 个行政村和 4 个场。若尔盖国家公园（甘肃片区）的面积达 549 301.49hm^2，其行政区划情况如表 3 所示。

表3　若尔盖国家公园（甘肃片区）行政区划情况统计表

县	乡（镇）	行政区域面积/hm^2	纳入国家公园的面积/hm^2	比例/%
碌曲县	尕海镇	110 259.05	102 626.38	93.08
	拉仁关乡	71 794.19	71 390.06	99.44
	郎木寺镇	57 172.72	55 608.09	97.26
	西仓镇	28 596.29	8996.19	31.46
	大水军牧场	5906.81	5889.23	99.70
	李恰如种畜场	17 022.22	6109.85	35.89
玛曲县	阿万仓镇	154 557.9	6774.82	4.38
	采日玛镇	67 207.93	56 142.64	83.54
	曼日玛镇	112 448.45	105 379.42	93.71
	尼玛镇	61 176.37	1517.59	2.48

1　唐小平. 高质量建设国家公园的实现路径[J]. 林业资源管理, 2022(3): 1-11.

续表

县	乡（镇）	行政区域面积/hm²	纳入国家公园的面积/hm²	比例/%
玛曲县	欧拉镇	138 632.29	11 063	7.98
	齐哈玛镇	83 929.47	81 556.35	97.17
	河曲马场	40 683.41	35 423.74	87.07
	阿孜畜牧试验场	6295.33	824.13	13.09

注：乡（镇）面积按照第三次国土调查界线统计。

若尔盖国家公园（甘肃片区）按照行政区域分为碌曲县片区和玛曲县片区两大块。

碌曲县片区界限：最北由拉仁关乡南侧向东沿 S326 公路至贡去乎村，沿洮河下游至土房则岔后向南沿恰日沟梁、地勒库沟东梁、毛日沟梁至碌曲县界，沿县界至郎木寺镇，避让郎木寺镇后继续沿县界绕行至甘青省界处，向北沿省界至夏子库合、周曲，沿省界至水文监测点、直合日盖、汪青、汪羌，到达唐科北梁。

玛曲县片区界限：北面以与河曲马场内黑河与黄河交汇处开始，沿东南方向逆黄河而行，经过黄河形成的“U”形处，沿甘川省界绕行至南部齐哈玛大桥，避让齐哈玛镇后沿黄河南岸向西逆流至甘青省界处（为公园范围最西处），跨过黄河并沿黄河北岸向下游至 S203 公路，以也协颇尔与公路距离约 500m 处为界，经过塔玛尔向北延伸，途径嘎加曲的源头，避让曼日玛镇驻地，又以西面的咱木热若山梁为界穿过嘎加曲向东的斗郎山脚，再以西北方向的琼莫山梁为界至协格隆形成弯曲部，以北面的采日玛镇麦科村隆干木东山界为界到哈格若日结山梁至离阿万仓镇公路约 600m 处的扎西滩，再向北面至距欧米古拉山脚约 300m 处，继续向东南方向直到河曲马场一队，避让河曲马场场部，经过阿热加当草地沿直线到黄河“V”形处。

（二）分区规划

1. 分区原则

根据若尔盖国家公园（甘肃片区）规划，同时结合国家公园范围现有保护地功能区划和管控要求，通过科学规划空间布局，明确功能分区、功能定位和管理目标，统一用途管制，统一规范管理，系统性地进行分区规划[1]，以期保护自然生态系统和自然遗产的原真性、完整性。若尔盖国家公园（甘肃片区）功能分区原则如表 4 所示。

表4　若尔盖国家公园（甘肃片区）功能分区原则

分区原则	具体内容
生态系统原真性原则	以现有保护地整合优化成果为基础，综合考虑国家公园范围内流域生态系统价值和质量，分析人为干扰度、干扰因素、生态系统退化原因及程度，保护生态系统原真性

1　廖华, 宁泽群. 国家公园分区管控的实践总结与制度进阶[J]. 中国环境管理, 2021, 13(4): 64-70.

续表

分区原则	具体内容
生态系统完整性原则保护与发展协调性原则	基于国家公园范围内湖泊、河流、草地、灌丛等生态系统的空间分布格局，按照自然生态系统的结构和功能特征，对具有重要生态功能和价值的区域实行严格保护，维持生态系统完整性在整体实施最严格保护的前提下，充分考虑以游牧民族为主体的原住居民的经济发展需要，统筹社会经济发展、生态保护、文化传承等相关内容，积极探索确保人地关系和谐的绿色发展模式，实现以"人"为核心的保护和发展共赢
可操作性原则	充分考虑国家公园内道路、山脊线、沟谷、河流等自然地形、地貌及行政界线，以及区域内现有村落、乡镇分布格局，以方便各项措施的落实和各项活动的组织与控制

2. 分区方案

根据分区原则，同时依据《国家公园总体规划技术规范》（GB/T 39736—2020）中分区管控的要求，将若尔盖国家公园（甘肃片区）划分为核心保护区和一般控制区，核心保护区内原则上禁止人为活动，一般控制区内限制人为活动[1]。基于优先保护区域保护程度评价状况，以及对湿地区域、泥炭区域、重点动植物分布区域和牧民生产生活空间的叠加分析，科学划定核心保护区。按照甘肃省"三区三线"和自然保护地整合优化成果，原则上将原保护地核心区、缓冲区划入若尔盖国家公园（甘肃片区）核心保护区，将其中人为活动频繁、保护价值不高的区域划为一般控制区。

若尔盖国家公园（甘肃片区）面积合计549 301.49hm^2，其中核心保护区面积为261 605.76hm^2，占总面积的47.63%；一般控制区面积为287 695.73hm^2 占总面积的52.37%。

（1）核心保护区

根据若尔盖国家公园（甘肃片区）分区规划，若尔盖国家公园（甘肃片区）核心保护区的高山森林草原生态系统和高寒沼泽湿地生态系统是具有国家代表性的自然生态系统，包括则岔森林、尕海湖周边和黄河首曲地区范围内集中连片的灌丛和草本沼泽、主要湖泊、主要河曲及其汇水区、珍稀濒危物种主要栖息地及关键廊道等区域。核心保护区是若尔盖国家公园（甘肃片区）的主体，实行严格保护，以维护自然生态系统功能。核心保护区面积达261 605.76hm^2，占拟设的国家公园总面积的47.63%。若尔盖国家公园（甘肃片区）核心保护区土地利用现状如表5所示。

表5　若尔盖国家公园（甘肃片区）核心保护区土地利用现状

土地利用类型	总面积/hm^2	国有土地面积/hm^2	占比/%	集体土地面积/hm^2	占比/%
合计	261 605.76	18 733.02	7.16	242 872.74	92.84
耕地	—	—	—	—	—
林地	13 955.41	3436.48	24.62	10 518.93	75.38
草地	131 559.82	2893.37	2.20	128 666.45	97.80
湿地	107 848.3	6074.01	5.63	101 774.29	94.37

1　许程. 国家公园体制试点区生态功能分区研究[D]. 株洲: 湖南工业大学, 2019.

续表

土地利用类型	总面积/hm^2	国有土地面积/hm^2	占比/%	集体土地面积/hm^2	占比/%
农业设施建设用地	370.46	29.37	7.93	341.09	92.07
居住用地	29.41	1.5	5.10	27.91	94.90
公共管理与公共服务用地	0.22	0.22	100.00	—	—
商业服务业用地	0.03	0.03	100.00	—	—
工矿用地	—	—	—	—	—
交通运输用地	37.61	37.61	100.00	—	—
公用设施用地	0.33	0.08	24.24	0.25	75.76
特殊用地	0.09	—	—	0.09	100.00
陆地水域	5280.23	5261.45	99.64	18.78	0.36
其他土地	2523.85	998.9	39.58	1524.95	60.42

核心保护区由三大区块组成，其由北向南依次是则岔核心保护区、尕海核心保护区、黄河首曲核心保护区，各核心保护区划定情况如表6所示。若尔盖国家公园（甘肃片区）核心保护区的三大区块处于不同的地理单元，是由自然地理因素造成和决定的，三者具有各自鲜明的核心资源和价值特点。若尔盖国家公园（甘肃片区）的管控分区结果是客观的、合理的、不可避免的。则岔、尕海、黄河首曲三大核心保护区因为道路、山系、建城区等因素，所以不能连成一片。

则岔核心保护区：以高山峡谷为主要地貌特征，具有完整的高山森林草原生态系统，是则岔高山草原向高山森林草原过渡的地带，对于研究高原生态系统的变迁和演替、保存野生动植物的遗传多样性和栖息地、保护和拯救濒危物种、开展生态学研究具有独特的价值。其规划面积为73 839.35hm^2，占核心保护区总面积的28.23%。

尕海核心保护区：以尕海湖为中心，是尕海湿地集中分布区和尕海湖源头区，是许多迁徙鸟的重要过路停歇地。尕海湿地生态系统中的水禽有70多种，它们多为珍贵、稀有、濒危和保护价值较高的种类，如黑颈鹤、黑鹳、大天鹅、苍鹭、雁鸭类等[1]。其规划面积为55 450.85hm^2，占核心保护区总面积的21.20%。

黄河首曲核心保护区：黄河首曲湿地是青藏高原面积较大，原始特征明显并具代表性的高寒泥炭沼泽湿地，是世界上保存最完整的自然湿地。其规划面积为132 315.56hm^2，占核心保护区总面积的50.58%。

表6　若尔盖国家公园（甘肃片区）核心保护区划定情况

名称	面积/hm^2	占比/%
合计	261 605.76	100.00
则岔核心保护区	73 839.35	28.23
尕海核心保护区	55 450.85	21.20
黄河首曲核心保护区	132 315.56	50.57

1　李运恒, 孙敏. 守望若尔盖[J]. 走向世界, 2023, 861(15): 54-57.

（2）一般控制区

核心保护区以外的其他区域划为一般控制区，一般控制区是国家公园内需要通过工程措施进行生态修复的区域、国家公园基础设施建设集中的区域、居民传统生活和生产的区域，以及公众亲近自然、体验自然的宣教场所，为国家公园与园区外的缓冲和承接转移地带。一般控制区包括生态系统脆弱或受损严重需要保护修复的区域，针对不同管理目标需求，实行差别化管控策略，实现生态、生产、生活空间的科学合理布局和自然资源资产的可持续利用。应对一般控制区进行动态调整，定期将生态状况已恢复的区域调整为核心保护区[1]。目前，若尔盖国家公园（甘肃片区）一般控制区土地利用现状如表7所示。一般控制区面积达287 695.73hm^2，占拟设国家公园总面积的52.37%。其中国有土地面积为60 855.31hm^2，占一般控制区面积的21.15%，集体土地面积为226 840.42hm^2，占一般控制区面积的78.85%。

表7　若尔盖国家公园（甘肃片区）一般控制区土地利用现状

土地利用类型	总面积/hm^2	国有土地面积/hm^2	占比/%	集体土地面积/hm^2	占比/%
合计	287 695.73	60 855.31	21.15	226 840.42	78.85
耕地	9.49	1.81	19.07	7.68	80.93
林地	26 674.4	7398.44	27.74	19 275.96	72.26
草地	162 421.46	12 376.76	7.62	150 044.7	92.38
湿地	86 467.45	29 738.05	34.39	56 729.4	65.61
农业设施建设用地	581.1	164.02	28.23	417.08	71.77
居住用地	69.1	8.44	12.21	60.66	87.79
公共管理与公共服务用地	1.78	1.78	100	—	—
商业服务业用地	1.92	0.05	2.60	1.87	97.40
工矿用地	5.33	5.33	100	—	—
交通运输用地	337.13	320.86	95.17	16.27	4.83
公用设施用地	4.68	1.74	37.18	2.94	62.82
特殊用地	3.76	2.65	70.48	1.11	29.52
陆地水域	10 609.9	10 566.72	99.59	43.18	0.41
其他土地	508.23	268.66	52.86	239.57	47.14

四、关于推进若尔盖国家公园（甘肃片区）发展的建议

若尔盖国家公园（甘肃片区）的建设发展以更加完善的国家政策、更为丰富的建设经验为基石，在生态文明保护的大趋势下，其未来将可能是我国发展最为快速、全面的国家公园之一。若尔盖国家公园（甘肃片区）尽管有着得天独厚的发展优势，但是目前仍然存在部分问题。针对这些问题，本节提出部分建议，以期促进若尔盖国家公园（甘肃片区）的进一步发展建设。

1　王代强. 核心保护区原则上禁止人为活动一般控制区可实行特许经营[N]. 四川日报, 2022-05-05(002).

（一）组建系统完备的管理机构

若尔盖国家公园（甘肃片区）现存的管理机构存在管理权责不统一、人员配置不合理和保护站（点）设置不合理等问题，且不是正式的国家公园管理机构，难以实现统一的管理。应在保证“一个公园一套机构”的前提下，整合若尔盖国家公园（甘肃片区）内现有管理机构，实行管理局—管理分局两级主体管理。同时，若尔盖国家公园（甘肃片区）管理机构应实行国家林业和草原局与甘肃省政府双重领导、以甘肃省政府为主的管理体制，通过设立的国家公园机构，将现有管理人员、管理机构同等提升至同一标准，统一管理权责，并增加专业技术人员和专业管护人员，解决临聘的公益林管护人员职位、工资待遇相关问题，实现同工同酬。也可以合理配置管护点，按实际需要提升部分管护点的等级，突破现有人员编制限制，根据实际需要给付资金，并根据实际情况合理配置工作人员，建立完备的管理机构。

（二）完善协同运行管理机制

若尔盖国家公园地跨甘、川两省，存在信息共享不够全面、管理保护交叉重叠、保护工作繁重等问题，甘、川两省应全面加强省际合作互补，建立长效合作机制，谋划共建若尔盖国家公园，形成保护合力，并通过组建国家公园体制建设领导小组，建立健全统筹推进若尔盖国家公园体制改革的领导体制和工作机制，协调推进日常工作。健全甘、川两省和国家公园管理局之间的协调管理机制，明确具体的国家公园管理条例、三定方案等审批流程，促进跨省协作和系统保护。明确国家公园管理机构、监管部门、各级地方政府之间的权责边界，提高管理效能。同时，加强若尔盖国家公园与当地政府的合作联动，形成坚实的保护管理基础，推进若尔盖国家公园内生态自然资源的协同管理保护工作。

（三）严格保护区内资源管护

甘肃省将若尔盖国家公园（甘肃片区）划入生态保护红线范围内进行管理后，实行核心保护区和一般控制区两区管控，严格禁止开发性、生产性建设活动。已有道路两侧以及大型设施的控制线按一般控制区管理。涉及现有各类自然保护地的区域，其管控措施按照现行法律法规所规定的保护标准执行，确保保护强度不降低。为确保生态资源保护力度，应制定统一的巡护人员管理方案，制定不同的巡护路线，同时保证每日园区的巡护工作正常开展并加以记录，严格把控若尔盖国家公园（甘肃片区）初期自然生态资源的完整性、原真性，严格管控园区内的自然资源。

（四）健全生态补偿机制

甘肃省应充分考虑若尔盖国家公园（甘肃片区）生态功能特色、资源权属繁杂等因素，通过明确补偿原则、对象、标准、方式等，制定科学系统的补偿办法，强化补偿的硬性约束。开展草原碳汇交易、排污权交易、节能量交易、水权交易等试点，推动实施资源有偿使用制度，促进形成市场化、多元化的生态补偿机制。同时，建立跨区域的流域上下游横向生态补偿机制。

第二十一章　若尔盖国家公园（甘肃片区）自然生态系统与生物多样性及人文景观特征

摘要：若尔盖国家公园位于甘肃省和四川省交界处，是中国西北地区最大的拟建设国家公园之一，也是世界著名的高寒草甸自然生态区。若尔盖地区拥有得天独厚的自然生态资源，包括高原寒漠、高山草甸、湿地草甸、森林草甸、山地森林等生态系统类型，以及若尔盖湿地等国际知名的生态景观。在人文方面，若尔盖地区拥有丰富的藏族文化和传统，如若尔盖藏族祭祀文化、藏族舞蹈、藏医药等。本章将从自然生态和人文景观两个方面，论述若尔盖国家公园（甘肃片区）申报的可行性。

关键词：若尔盖　自然生态系统　人文景观

一、自然生态系统概况

若尔盖国家公园（甘肃片区）评估区独特的地质地貌，孕育了丰富的物种多样性，形成了多样的生态系统（见表1）。

表1　若尔盖国家公园（甘肃片区）评估区各生态系统面积及占比

生态系统类型		面积/hm^2	占比/%
	合计	607 025.18	100.0
湿地	小计	221 860.44	36.88
	沼泽湿地	209 524.05	34.83
	灌丛沼泽	7290.92	1.23
	内陆滩涂	5045.47	0.82
草地		340 007.85	56.01
灌丛		39 760.24	6.21
森林	小计	5396.65	0.9
	乔木林地	5234.21	0.87
	其他	162.44	0.03

（一）湿地生态系统

根据第三次国土调查数据显示，若尔盖国家公园（甘肃片区）内湿地总面积为221 860.44hm^2，占若尔盖国家公园（甘肃片区）评估区面积的36.88%。其主要湿地类型有沼泽湿地、灌丛沼泽和内陆滩涂。园区内湿地以沼泽湿地为主，其面积为209 524.05hm^2，灌丛沼泽面积为7290.92hm^2，内陆滩涂面积为5045.47hm^2。

若尔盖国家公园（甘肃片区）内的高原沼泽湿地的地理环境和气候条件独特，它是青藏高原面积最大、最原始、最具代表性的高原沼泽湿地，也是世界上保存最完整的自然湿地之一，是青藏高原的重要生态屏障，属国家重要湿地。若尔盖国家公园（甘肃片区）内的湿地在全国生态战略及区域气候调节方面具有十分重要的作用，同时也是一个物种和遗传多样性较高的地区。该区域是北方鸟类和陆栖脊椎动物多样性的“偏高值区”，因此对中国北方动物多样性保育具有十分重要的作用。

尕海湿地和黄河首曲湿地均已被列入国际重要湿地名录和中国重要湿地名录，属国家重点保护的湿地资源，对维持生物多样性和涵养黄河水源发挥着十分重要的作用，保护国家公园内的泥炭资源对减缓全球气候变化有着非常重要的作用。湿地生态系统中的代表性植物有西藏嵩草、矮生嵩草、早熟禾等；代表性鱼类有黄河裸裂尻鱼、嘉陵裸裂尻鱼、骨唇黄河鱼等；代表性两栖类有中华蟾蜍、岷山蟾蜍和倭蛙等；代表性两栖类鸟类有黑颈鹤、豆雁、金眶鸻和鹤鹬等涉禽、游禽，白尾海雕和玉带海雕等猛禽；代表性两栖类兽类有水獭等。区域内的土著鱼类具有较高的生态价值，作为湿地生态系统的重要组分，土著鱼类的存在不仅能够实现湿地生态系统的供给功能，同时其作为中间生产者，能够较好地满足湿地鸟类的食物需求，保护生物多样性。沼泽湿地是国家公园内湿地的主要类型，其面积占湿地总面积的94.44%。沼泽湿地主要分布在尕海滩、郭茂滩、晒银滩、尕尔娘、曼日玛、采日玛、齐哈玛和欧拉等地。建群种主要是禾本科植物和莎草科植物，其次为毛茛科、伞形科、菊科的一些植物。群落外貌单调，季相变化不明显。区域内常见的建群种有西藏嵩草、矮生嵩草、早熟禾、条叶垂头菊、矮地榆、花葶驴蹄草、矮泽芹、水毛茛、篦齿眼子菜等。

沼泽湿地常位于宽谷低洼处、沼泽边缘，排水性不佳，地面有临时性积水的地方都有沼泽湿地分布。近年来，随着地下水位下降，沼泽逐渐变为垄状的沼泽草甸。常见草本植物有840余种，隶属于59科273属，以禾本科、毛茛科、菊科、莎草科、豆科为主。群落外貌为斑点状草丘，色彩较为单调，季相变化不明显。沼泽湿地群落是介于高山草甸群落与沼泽植被群落之间的过渡类型，群落总覆盖度在60%～90%。沼泽湿地内常见的草本植物有矮生嵩草、无脉薹草、肉果草、细叶西伯利亚蓼、海韭菜、黄帚橐吾、蓝白龙胆等。区域内的沼泽湿地是涵养水源的重要生态系统，被视为“固体水库”，可蓄积5.8～11.8倍于自身体积的水，在特定水系结构下其蓄积水分的能力甚至超过森林。

（二）草地生态系统

草地生态系统是若尔盖国家公园（甘肃片区）主要的生态系统类型，面积为340 007.85hm^2，占公园评估区总面积的56.01%，其在园区内广泛分布且集中连片，主要分布在海拔3600～4800m的地区，主要包括草甸和草原2种类型。草甸分布于山原及丘陵地带坡地、阶地和宽谷，是以多年生中生草本植物为主的生态系统。它的形成和分布的决定因素是水分条件，它是在适宜的水分条件下形成的比较稳定的植物群落。草原是评估区的主要地带性生态系统，主要分布在海拔 3000 ～ 4500m 的地区，绝大部分草原地区的年平均气温在 6 ～ 10℃，平均年降水量在 300 ～ 500mm。区域内植物以禾本科、莎草科、蓼科、豆科、十字花科植物为主，常见的有高原嵩草、垂穗披碱草、早熟禾、发草、天蓝苜蓿、长花马先蒿、甘肃马先蒿、四川马先蒿、雅江报春、圆穗蓼、珠芽蓼、棘豆、梅花草等，片层结构较复杂，有季相变化。这些植物普遍耐寒性强，多年生种类占绝对优势，多数植物花期很长，植株普遍矮小（有的呈垫状），这有利于其度过高原严冬以及适应高原上短暂而变化极大的生长季节。

草地生态系统是该区域放牧的重要场所，分布有众多的牛场。由于高寒草甸植物生长缓慢，遭到破坏后恢复得很慢，因此要注意防止过度放牧。另外，草地生态系统生长着冬虫夏草、秦艽、大黄、贝母、独一味等中药材，因而易受挖药活动的影响。草地生态系统植物以禾本科、莎草科、蓼科、豆科、十字花科植物为主；动物有兽类中的喜马拉雅旱獭、间颅鼠兔、高原兔、藏原羚、岩羊等草食性兽类，喜马拉雅水麝鼩、麝鼹、小鼠耳蝠、普通蝙蝠、赤狐、狼、兔狲和雪豹等杂食性或肉食性兽类两栖类中的西藏齿突蟾、中华蟾蜍、岷山蟾蜍和倭蛙等，爬行类中的秦岭滑蜥、青海沙蜥、康定滑蜥、若尔盖蝮、阿拉善蝮和高原蝮等，鸟类中的云雀、蒙古百灵、树麻雀、大鵟、金雕、雕鸮和红隼等。

（三）灌丛生态系统

若尔盖国家公园（甘肃片区）评估区的灌丛生态系统主要为高山灌丛类型，其总面积为 39 760.24hm^2，占公园评估区面积的 6.21%。其主要分布在海拔 3000 ～ 4300m 的地区，包括常绿革叶灌丛和落叶阔叶灌丛 2 种植被型，以及杜鹃灌丛、高寒落叶阔叶灌丛和温性落叶阔叶灌丛 3 个群系组。它们在区域内或成片独立分布，或在林缘、林下及山坡等地分布，与森林在物质循环和能量流动过程中有密切的联系，二者有机结合在一起，互为补充。

灌丛生态系统主要由山生柳、杯腺柳、拉马山柳、金露梅、匍匐栒子、锦鸡儿、小檗、忍冬等植物构成，部分由窄叶鲜卑花、沙棘等小灌木构成。在灌丛生态系统中，草本植物比较丰富，盖度在 50% 以下，优势种不明显，常见的有木里薹草、草玉梅、黄帚橐吾、珠芽蓼、多种马先蒿、矮地榆、草地老鹳草等。

灌丛生态系统是食虫类、啮齿类哺乳动物、雉类、莺类以及爬行类动物等类群的良好栖息地。灌丛生态系统中常见的兽类有麝鼹、香鼬、黄喉貂、赤狐和野猪等，常见的鸟类有白眶鸦雀、黑冠山雀、棕腹柳莺、棕胸岩鹨和普通朱雀等。河谷地带的灌丛生态系统是本区域鸟类的重要栖息地，灌丛植物及其紧邻的森林为多数鸟类提供了良好的栖息环境，蓝马鸡、斑尾榛鸡等鸟类均被发现于该类栖息地。

灌丛生态系统在生物多样性方面不及森林生态系统，结构层次性也较差，但是相对于其他几类生态系统来说，其仍是本区域生物量和生产力相对较高的生态系统，对保持青藏高原东缘生态地理区的生态系统稳定也起到了重要作用。

（四）森林生态系统

若尔盖国家公园（甘肃片区）评估区受地理环境的影响，区域内的森林面积相对较小，评估区内森林生态系统的总面积为5396.65hm^2，占公园评估区面积的0.9%。其主要分布在海拔3000～3900m的地区，主要分布在则岔地区，在其他地区零星分布，有寒温性针叶林和落叶阔叶林2种植被型，以及云杉-冷杉林、圆柏林和桦木林3个群系组。云杉-冷杉林在海拔3500m左右的山坡局部成片分布，其中云杉林分布在海拔2800～3600m的地带的阴坡和半阴坡，冷杉林则主要分布在海拔3200～3700m的山谷中，且多为纯林；圆柏林主要分布在坡度35度以上，海拔3000～3400m的阳坡、半阳坡，下木以小檗、忍冬、蔷薇、沙棘为主，地表多为鹅冠草，树高一般在7～9m，在溪流旁生长的树高达15m以上；桦木林主要分布在阴坡和半阴坡，是云杉林被砍伐后生态系统演替过程中出现的一种过渡性次生群落。桦木林的主要树种为白桦，多数白桦生长不良。灌木主要有绣线菊、花楸、蔷薇等，地表多为薹草、苔藓。

森林是自然生态系统的主要类型，是本区域哺乳动物和鸟类的主要栖息地，主要分布有梅花鹿、林麝等兽类，常见鸟类有莺科中的柳莺类，山雀科中的黑冠山雀、绿背山雀，雀鹛类，以及雉科中的斑尾榛鸡、红喉雉鹑、血雉等。森林生态系统中最重要的非生物因子是气候和土壤，气候因子中降水和气温是最重要的。森林中常有较多枯枝落叶，枯枝落叶的存在对于生态系统中水、氮、钙、磷等物质循环以及涵养水源有十分重要的意义。无论是从生产力来看，还是从生态系统的物质循环来看，森林都是本区域最重要的生态系统之一。

二、生物多样性概况

（一）野生植物

若尔盖国家公园（甘肃片区）评估区内高等植物及大型真菌数量如表2所示。根据2021年公布的《国家重点保护野生植物名录》，公园内被列为国家二级重点保护野生植物11种——甘肃贝母、羽叶点地梅、紫芒披碱草、桃儿七、大花红景天、四裂红景天、唐古红景天、云南红景天、长鞭红景天、手参、红花绿绒蒿，大型真菌有1种，即冬虫夏草。据《中国生物多样性红色名录》，公园内濒危植物有2种，易危植物有1种。2种濒危植物分别为大花红景天、手参，1种易危植物为唐古红景天。

表2　若尔盖国家公园（甘肃片区）高等植物和大型真菌类型及数量

高等植物类型	科	种
蕨类植物	15	32
种子植物	69	1285
裸子植物	3	18
双子叶植物	57	1004
大型真菌	25	79

（二）野生动物

若尔盖国家公园（甘肃片区）内分布有动物780种，其中鱼类23种，两栖类8种，爬行类7种，鸟类276种，兽类82种，昆虫类有384种；属国家重点保护动物的有93种。国家一级保护动物19种，其中鸟类有黑颈鹤、黑鹳、金雕、草原雕、白尾海雕、玉带海雕、秃鹫、胡兀鹫、猎隼、斑尾榛鸡、红喉雉鹑、黑头噪鸦、黑额山噪鹛13种；兽类有雪豹、西藏盘羊、豺、马麝、林麝以及梅花鹿6种。国家二级保护动物74种，其中鸟类49种，兽类17种，两栖类1种，鱼类4种，昆虫类3种。被列入《中国生物多样性红色名录》的濒危物种有豺、马麝、林麝、玉带海雕、猎隼、雪豹等15种，易危物种有西藏山溪鲵、草原雕、红头潜鸭、黑头噪鸦、黑额山噪鹛、豹猫等21种。

三、自然人文景观现状

（一）自然景观

1. 山峰景观

（1）石林奇景

若尔盖国家公园（甘肃片区）内峰林、峰丛、溶洞等广泛分布，其以“野、秀、奇、险”著称，是西北罕见的典型石林奇景，如图1所示。

图1 则岔石林

（2）七仙女峰

七仙女峰为自然形成的7座相依的山峰，每座山峰都生长着松柏、灌木和名贵药材，是灰鹤、丹顶鹤、天鹅、黄鸭等珍禽的重要栖息场所。

2. 草原景观

若尔盖国家公园（甘肃片区）内生态旅游资源丰富，主要区域位于尕海、郎木寺、拉仁关、尕尔娘河曲马场、阿万仓等区域，其难得的高原特色自然景观对于开展生态旅游活动具有独特的优势，如图2所示。

图2　若尔盖国家公园（甘肃片区）天然草场

3．湿地景观

（1）尕海湖湿地景观

湿地景观主要分布在尕海湖附近的秀娃、加仓、郭茂滩、波海、尕尔娘及尕秀等地，其生态系统具有原真性特征，如图3所示。尕海湖湿地对维持生物多样性和黄河水源涵养有着十分重要的作用，保护尕海湖湿地的泥炭资源有助于减缓全球气候变化。

图3　尕海湖湿地景观

（2）黄河首曲湿地景观

受青藏高原隆起的影响，黄河流经若尔盖国家公园内的玛曲大草原时，向北转了一个大回弯，造就了黄河“九曲十八弯”的首曲景观，如图4所示。全球约10%以上的黑颈鹤在此繁殖栖息，大量雁鸭类水鸟在此游憩。

图4　黄河首曲湿地景观

（3）乔科大沼泽

乔科大沼泽位于玛曲县曼日玛镇境内，是得天独厚的天然牧场，也是丹顶鹤、黑颈鹤、白天鹅等珍稀野生动物的栖息乐园，如图5所示。乔科大沼泽的草原绿茵如毯，一碧千里，各类珍禽异兽栖息于此。

（4）当庆湖

当庆湖位于玛曲县城以西100km处的当日山下，湖中栖息着大量的高原黄鱼和珍稀濒危鸟类，湖畔灌木丛生，杯腺柳郁郁葱葱，如图6所示。

图5 乔科大沼泽

图6 当庆湖

（二）人文景观

1. 宗教文化资源

（1）郎木寺

郎木寺别样的安多藏族风情、悠久丰厚的藏传佛教文化、绚丽多彩的奇山异水，共同汇聚成了其独特丰富的旅游资源。藏乡寺院、山水、草原、花海、特色建筑、节假庆典及郎木寺镇日常生活构成了郎木寺区域的人文景观；资源空间组合优势明显，形成了寺院文化、山水文化、民俗文化、草原文化、非遗文化等。自然景观与人文景观特色显著，差异性大，是郎木寺区域发展的灵魂和根本，对若尔盖国家公园（甘肃片区）内人文景观的传承和发展都将产生积极影响。

（2）参智合寺

参智合寺系拉卜楞寺院108座属寺之一，寺内有第七世班禅丹白尼玛所赐的金制塔和敖华佛像。参智合寺的藏传佛教文化，对玛曲境内的藏区人民的思想、行为影响深远。同时，拥有近百年历史的寺院也成为玛曲独特的人文景观资源。

（3）娘玛寺

娘玛寺有高达二尺半约为0.83m的莲花大师全像，有释迦牟尼相关壁画19幅和唐卡40多幅，并有13m高的菩提塔和金刚橛等许多藏传法器。其经典有《甘珠尔》等经卷2000余卷。娘玛寺内丰富的藏品为进行藏族文化研究提供了重要的史料依据。

（4）萨日玛寺

萨日玛寺全称为萨日玛扎西华丹林（意为“吉祥瑞和州”），原称萨日玛日朝培林（意为“善心之州”），该寺建设有大经堂 1 所、佛殿 1 所、僧舍 68 院。

2. 民俗文化资源

若尔盖国家公园（甘肃片区）的民俗文化资源如表 3 所示。

表3　若尔盖国家公园（甘肃片区）的民俗文化资源

民俗文化资源	简介
藏族民居	若尔盖国家公园（甘肃片区）内藏族的传统民居别具一格，以郎木寺的沓板房和篱笆屋最具特色。沓板房因屋顶用木板叠制而得名，篱笆屋则是沓板房中较特殊的一种，用木条编织的篱笆罩在沓板房周围而建成
游牧文化	藏族人逐水而居的游牧习俗如今演变成季节性放牧和轮牧习俗，这为草场的更新演替创造了条件，也使藏族人能够根据不同海拔的草场呈现出的季节性特点，开展季节性轮牧活动，在实现草场休养生息和草原有效管理的同时，实现草场的可持续利用
藏医药	藏医药有近2300年的历史，是藏族人民通过长期的实践，不断积累完善而形成的具有完整理论体系、独特治疗方法和浓郁民族特色的医药体系
藏族唐卡	藏族唐卡是用彩缎织物装裱成的卷轴画，是富有藏族文化特色的一个画种。唐卡的画芯和装裱都离不开棉、麻、丝、帛这些农业文明成果
藏戏	藏戏是藏族戏剧的泛称，是一个非常庞大的剧种系统，由于青藏高原各地居民的生活习俗、文化传统、方言语音等的不同，拥有众多流派

3. 历史遗址遗迹

若尔盖国家公园（甘肃片区）中留存着许多的历史遗址遗迹，如吐蕃赞普赤德松赞军事指挥部遗址、吐蕃青布墓葬遗址、西哈玲王国天子珊瑚城遗址、吐蕃大臣噶•伊希达吉遗城、欧拉李玛喀尔科岭王国天子（羌）荼城遗址、岩画遗址和河曲马场等历史遗迹遗址。这些历史遗迹遗址不仅为人们展现了历史的“精彩纷呈”，同时与国家公园内优美的自然景观交相辉映，构筑起国家公园内一道独特的风景线，是国家公园特有的象征物，是国家公园原真性、完整性的体现。

四、国家代表性评价

若尔盖国家公园（甘肃片区）是中国西北地区的一个重要生态保护区，其国家代表性可以从以下 3 个方面进行评价。

（一）生态系统代表性

若尔盖国家公园（甘肃片区）包含高山草甸、亚高山草甸、高山湿地、高山森林等多种生态系统类型，高山草甸是其最为典型的生态系统类型之一。据统计，该地区高山草甸覆盖面积达到了约 8200km^2。

（二）生态地理区代表性

若尔盖国家公园（甘肃片区）位于青藏高原东缘的黄土高原地区，是青藏高原与黄土高原生态过渡区的典型代表。该地区海拔在 3000 ～ 5000m，其是青藏高原与黄土高原生态过渡带上的重要地区。

（三）大尺度生态过程典型性

若尔盖国家公园（甘肃片区）是青藏高原重要的水源涵养地之一，也是黄河上游的重要源头地区。该地区的生态系统对于实现黄河上游地区的水文循环、土地保持等生态系统功能具有重要意义。

综合以上 3 个方面的评价，可以认为若尔盖国家公园（甘肃片区）在国家层面具有生态系统代表性、生态地理区代表性和大尺度生态过程典型性，是中国西北地区重要的生态保护区之一。

五、生态重要性评价

若尔盖国家公园（甘肃片区）位于甘肃省南部，具有一定的生态重要性。

（一）完整性

1. 生态系统健康

若尔盖国家公园（甘肃片区）内分布有森林、灌丛、草原、高山稀疏植被、草甸植被和沼泽植被，水资源和土壤等物质能量循环能够维持生态系统的基本特征。区域内的生物群落以阔叶落叶灌丛、高寒草甸和沼泽草甸为主，其中集中连片的高寒草甸占区域总面积的 53.52%。

若尔盖国家公园（甘肃片区）属青藏高原东缘森林草原雪山生态地理区，区内以高山草甸为主，其能够较好地实现作为黄河源头森林、草原和湿地的水源涵养、水土保持、生物多样性保护、社会经济发展、生态旅游等调节、供给、支持和文化服务功能。该区域作为黄河源头的重要湿地生态系统，对维系黄河流域水生态安全具有重要的作用；其作为中国最大的泥炭沼泽湿地和全球重要的碳库，对缓解全球气候变化意义非凡。

2. 生态功能稳定

若尔盖国家公园（甘肃片区）有属于青藏高原东缘森林草原雪山生态地理区的生态系统，且近 80% 的区域处于自然状态下，具有较高的稳定性。植物群落处于高演替阶段，其泥炭沼泽湿地的植物群落主要有以高山嵩草、矮生嵩草为主的嵩草草甸，以黑褐穗薹草、密生薹草为主的薹草草甸，以珠芽蓼、圆穗蓼为主的杂类草草甸，还有西藏嵩草沼泽草甸和华扁穗草沼泽草甸，其均为处于较高演替阶段的植物群落。若尔盖国家公园（甘肃片区）范围内雨水充沛、水系发达，河流及湿地众多，水资源丰富，这使该区域成为黄河上游重要的水资源补给区。故有“中华水塔”和“黄河蓄水池”之美誉，是维系黄河流域生态安全的一道天然屏障，在涵养水源、蓄洪抗旱、防止水土流失等方面发挥着重要作用。

3. 生态系统完整

若尔盖国家公园（甘肃片区）内有大型食肉动物雪豹，其为食物链中的顶级捕食者。国家公园内有充足的食物资源，其能够满足雪豹的生存需求。同时，雪豹等顶级食肉动物的存在，保证了区域内食物链的完整性。该区域分布有大面积的生态状况良好的湿地生态系统，能够为东部种群黑颈鹤提供繁殖栖息地；作为东亚 - 澳大利西亚和中亚重要的鸟类迁徙通道，每年为数以万计的水鸟提供停歇地。

若尔盖国家公园（甘肃片区）范围内，由于地理环境的水平差异、垂直分异及非地带性变化，分布有森林、灌丛、高寒草原草甸等多种生态系统，湖泊和沼泽湿地生态系统镶嵌其中，它们构成了高原丰富的生态系统多样性和景观多样性。若尔盖国家公园（甘肃片区）是我国少见的集森林和野生动物型、高原湿地型、高原草甸型三重功能于一体的珍稀野生动植物自然生态区域，是世界上独一无二的青藏高原湿地的一部分，是国际重要湿地的集中分布区，是目前国际上保存最完好、面积最大、状态最原始、最具代表性的高原泥炭沼泽湿地，独特的地理位置使其自然生态独具特色。

（二）原真性

若尔盖国家公园（甘肃片区）的河流、沼泽草甸、高山草甸、森林、灌丛等生态系统大部分保持自然特征，并处在演替状态，这种自然演替能够维系其特征，并使其进行正常的物质能量自然循环。区域内的高山草甸、湿地、灌丛、森林、湖泊、河流的面积占区域总面积的99.2%，且大部分处于自然状态。

对于部分草场退化，近年来保护管理机构通过实施保护恢复项目，取得了一定成效。该区域处于自然状态且具有恢复潜力的部分在 80% 以上。

（三）面积适宜性

若尔盖国家公园（甘肃片区）地处青藏高原东缘森林草原雪山生态地理区，是西部重要的水源涵养地和生态屏障。根据黄河源头湿地保护需求及若尔盖湿地生态系统的完整性，将以黄河首曲为主的黄河干流湿地、尕海湖湿地、高山草地、则岔森林等生态系统均纳入国家公园进行保护。为了保护区域生态系统完整性，特将玛曲县齐哈玛镇水网密布的区域纳入国家公园进行保护。国家公园总面积达 549 301.49hm^2，这能够实现对多样的自然景观、综合的自然生态系统、完整的生物网络、独特的人文资源的系统保护。

六、申报可行性评价

若尔盖国家公园（甘肃片区）作为中国西北地区最大的高山草甸生态系统，对于当地生态环境的保护和生物多样性的维护具有极其重要的意义。下面从 4 个方面评价若尔盖国家公园（甘肃片区）申报的可行性。

（一）生态价值

若尔盖国家公园（甘肃片区）包含湿地、草原等重要生态系统，是多种野生动物的栖息地。根据最新统计数据，该区域有近 200 种鸟类，包括黑颈鹤、斑头雁等国家一级保护动物；有 40 种哺乳动物，包括藏野驴、藏羚羊等。若尔盖地区物种丰富，拥有高等植物 3000 多种，脊椎动物362种，其中国家一级保护动物20多种。保护这一独特的生态系统对维护生物多样性意义重大。

若尔盖地区拥有独特的高原草甸生态系统。若尔盖草原是世界上海拔最高的亚高山草甸生态系统，拥有珍贵的自然资源，保护价值极高。

（二）生态服务功能

若尔盖湿地是长江、黄河、澜沧江的重要水源地，具有重要的水源涵养和气候调节功能。据统计，若尔盖湿地的生态服务价值每年超过 10 亿元人民币[1]。若尔盖湿地占地约 5000km^2，拥有富集有机质的高原土壤，是重要的碳汇。若尔盖地区的植被覆盖率达 80% 以上，其固碳能力非常强。同时若尔盖湿地是亚洲最大的高原湿地，可以通过蒸散作用调节区域和全球气候，其调节湿地下游地区气候的效应明显。若尔盖地区拥有 829 种药用植物，是重要的天然药库 , 可开发药用价值达数十亿元。各类数据都能表明若尔盖地区的生态服务功能强大。

（三）旅游发展潜力

若尔盖草原被誉为“东方的瑞士”，具有很高的旅游价值。根据 2022 年的数据，甘南藏族自治州的旅游收入超过 50 亿元人民币，若尔盖草原的占比超过 40%。若尔盖国家公园（甘肃片区）的申报可以进一步提升其知名度，吸引更多的游客，促进当地旅游业的发展。

（四）保护和发展的平衡

若尔盖国家公园（甘肃片区）的申报可以进一步强化对该地区的生态保护，同时也可以通过生态旅游等方式推动当地经济发展。据统计，甘南藏族自治州的农牧民人均收入在过去 5 年中增长了超过 20%，这表明生态保护和经济发展可以并行不悖。

总体来说，若尔盖国家公园（甘肃片区）的申报在生态价值、生态服务功能、旅游发展潜力以及保护和发展的平衡等方面都具有很高的可行性。

七、总结及建议

本文重点分析了若尔盖国家公园（甘肃片区）的自然资源和人文景观，提出了保护自然环境和促进可持续发展的策略和措施，并充分考虑了生物多样性、生态系统多样性和文化遗产的保护。同时，本文还符合国家公园的“四最三性”，即最高保护水平、最大限度地保障公众利

1　王乐天, 李永锋. 甘肃省若尔盖湿地生态系统服务功能价值研究[J]. 甘肃农业大学学报（社会科学版）, 2019, 22(4): 1-8.

益、最大限度地保障科学研究和最大限度地保障文化遗产，以及有保护性、发展性和教育性。

基于对“若尔盖国家公园（甘肃片区）自然资源与人文景观”的研究和分析，本文提出以下总结性建议。

（一）加强保护

若尔盖国家公园（甘肃片区）的自然环境和生态系统十分脆弱，甘肃省需要加强保护，特别是对于野生动植物的保护和生态环境的维护。

（二）促进可持续发展

若尔盖国家公园（甘肃片区）的旅游业和畜牧业是当地经济的重要支柱，甘肃省需要在保护自然环境的前提下，推动可持续发展，提高当地经济效益和居民生活水平。

（三）加强科学研究和教育

若尔盖国家公园（甘肃片区）是重要的科学研究和教育基地，甘肃省需要加强相关的科学研究和教育，提高公众的科学素养。

（四）保护文化遗产

若尔盖国家公园（甘肃片区）拥有丰富的人文景观和文化遗产，甘肃省需要加强对文化遗产的保护和传承，同时发展文化旅游，促进当地文化和旅游产业的发展。

（五）持续监测和评估

若尔盖国家公园（甘肃片区）是一个复杂的生态系统，甘肃省需要进行持续的监测和评估，及时发现问题并采取措施，保障生态环境的健康和可持续发展。

未来，随着科技和社会的进步，若尔盖国家公园（甘肃片区）的保护和发展也将面临新的挑战和机遇，需要不断地创新和进步，以更好地保护和利用这片宝贵的自然遗产和人文遗产。

V 案例篇

第二十二章　甘肃省国家公园区域生态系统核心服务功能完整性评价——以祁连山国家公园为例

摘要：甘肃省积极统筹生态保护治理，积极构建以祁连山、大熊猫、若尔盖国家公园（甘肃片区）为主体的自然保护地体系。其中，祁连山国家公园是国家重点生态功能区之一，是森林、草原、湿地、冰川、冻土、雪山等多样化的自然生态系统的集中分布区，丰富的生物多样性维系了种群生存繁衍、生态功能稳定和生态系统健康。本报告以祁连山国家公园为例，在多源、多尺度、多要素的综合监测数据集的基础上，进行了甘肃省国家公园区域生态系统核心服务功能完整性评价，从降水、蒸散发、理论产水、土壤储水等方面评估了“山水林田湖草沙”系统的水源涵养功能，通过分析祁连山国家公园植被净初级生产功能、碳储量等评估了“山水林田湖草沙”系统的固碳功能，为系统深入认识甘肃省国家公园“山水林田湖草沙”系统的生态功能提供了数据支撑，为提升国家公园生态价值、调整生态工程及管理政策提供了科学依据。

关键词：生态系统功能　完整性评价　水源涵养　固碳

中国的国家公园是保持自然生态系统的完整性和原真性，保护大面积具有国家代表性的自然生态系统，实现自然资源科学保护和合理利用的区域，在自然保护地体系中居主体地位。《国家公园设立规范》（GB/T 39737—2021）将生态系统完整性作为设立国家公园的认定指标之一。《国家公园考核评价规范》（GB/T 39739—2020）也将保护生态系统完整性作为国家公园重要的管理目标之一。根据不同区域的自然生态特征，准确评价自然生态系统的完整性，不仅是科学划定国家公园边界范围的需要，也是考核评估国家公园保护管理成效的关键点。

甘肃省作为中国西北地区的重要省份，具有得天独厚的自然资源和生态环境，拥有众多珍稀濒危物种和生态系统，是中国重要的生态安全屏障之一。甘肃省生态系统服务功能明显，不仅对本地区的经济和社会发展有重要作用，而且还对我国乃至全球的生态系统服务有重要影响。保护丰富的生态资源和生态系统的完整性，为人民群众提供共享福利，是甘肃省当下的重要工作。生态系统完整性建立在生物完整性和生态健康相关概念的基础之上，是生态系统物理、化学和生物完整性之和。

祁连山国家公园是森林、草原、湿地、冰川、冻土、雪山等多样化的自然生态系统的集中分布区，丰富的生物多样性维系了种群生存繁衍、生态功能稳定和生态系统健康，并能反映完整的生态过程。随着海拔由低到高，山地草原、灌丛草原、森林草原、高山草原、高寒草甸、高寒荒漠、冰川雪山等自然生态系统镶嵌分布，组成一个完整的生态系统集群区。生态系统完整性可以从生物群落、优势种、生态干扰、自组织过程、自然属性等不同尺度或角度进行定义，本章主要通过评估水源涵养和固碳两项生态系统核心服务功能，对祁连山国家公园“山水林田湖草沙”系统的生态完整性进行评价。

一、“山水林田湖草沙”系统水源涵养功能评估

1990—2018 年，祁连山国家公园界线内区域土地利用类型以草地、未利用地和林地为主，且草地和未利用地面积占总面积的 80% 以上[1]。各类土地相互转化，主要表现为林地、草地面积增加，未利用地、水域面积减少，且林地主要转自草地和未利用地，草地主要转自未利用地，水域则主要转为未利用地。1988—2019 年祁连山国家公园界线内区域水源涵养量波动增加，空间上东南多、西北少。32 年间水源涵养量增多区面积（占比 89.95%）为减少区面积（占比 7.27%）的 12 倍。不同土地的水源涵养能力从强到弱依次为林地 > 草地 > 未利用地 > 水域；水源涵养总量从高到低依次为草地 > 林地 > 未利用地 > 水域。降水量是提升水源涵养量的主要因素，在不同的地形条件下，区域水源涵养能力和总量变化规律存在一定差异性[2-3]。

（一）降水状况

2000—2018 年，祁连山国家公园界线内大部分区域年水源涵养深度变化不显著，变化不显著区域面积为 17 846.75km²，占总面积的 74.09%（$P>0.05$）。不显著减少的区域主要分布在低山区，面积为 8299.31km²，占总面积的 34.45%；不显著增加的区域主要分布在中山区和高山区，面积为 9547.44km²，占总面积的 39.64%。年水源涵养深度显著减少的区域主要集中在山丹县和永昌县（$P<0.05$），其中极显著减少的区域面积为 28.06km²，占总面积的 0.12%（$P<0.01$）；显著减少的区域面积为 668.06km²，占总面积的 2.77%（$P<0.05$）。年水源涵养深度显著增加的区域主要集中在肃南县西北部（$P<0.05$），其中极显著增加的区域面积为 1796.81km²，占总面积的 7.46%（$P<0.01$）；显著增加的区域面积为 3748.88km²，占总面积的 15.56%（$P<0.05$）。年水源涵养深度显著增加的区域面积远大于显著减少的区域面积，且分布集中。2000—2018 年，大部分区域的年降水量均增加，显著增加的区域面积为 155 366.13km²，占总面积的 59.43%，其余均为不显著变化区。不显著减少的区域总面积为 80.94km²，占总面积的 0.31%；不显著增加的区域总面积为 10 411.06km²，占总面积的 40.26%。年降水量显著增加的区域分布在国家公园中西部，其中极显著增加的区域面积为 7725.13km²，占总面积的 29.88%；显著增加的区域面积为 7641.00km²，占总面积的 29.55%。加强对东部高海拔区域不同类型生态系统水资源的保蓄和利用，为生态系统用水开源，是未来提高祁连山区域生态系统水源涵养水平的挑战性任务。

经统计，1988—2019 年祁连山国家公园界线内区域平均年降水量为 127.10 ～ 742.6mm，区域整体多年平均年降水量为 365.06mm，降水偏少，气候较干旱。在地形、大气环流等多因素的综合作用下，研究区降水量空间分布不均，整体呈东部较西部多、南部较北部多的分布格局。从时间尺度看，研究区年降水量年际波动幅度大，整体呈增多趋势，增幅达 1.787mm/a。国家

1　黄星星. 祁连山国家公园水源涵养与土壤保持功能研究[D]. 兰州: 兰州大学, 2022.

2　刘磊. 青海湖流域典型生态系统水分收支研究[D]. 北京: 北京师范大学, 2014.

3　刘越, 李雨珊, 单姝瑶, 等. 甘肃祁连山国家级自然保护区水源涵养量的时空变化[J]. 草业科学, 2021, 38(8): 1420-1431.

公园年降水量距平值在2002年前以负值为主（见图1），2002年后以正值为主，年降水量累积距平曲线大致呈“V”形，且1988—1990年、1993年、1998年、2002—2003年、2005—2007年、2009—2012年、2014—2016年和2019年降水量比多年平均年降水量多，这些年份属于较湿润期，其余年份则属于较干旱期[1]。

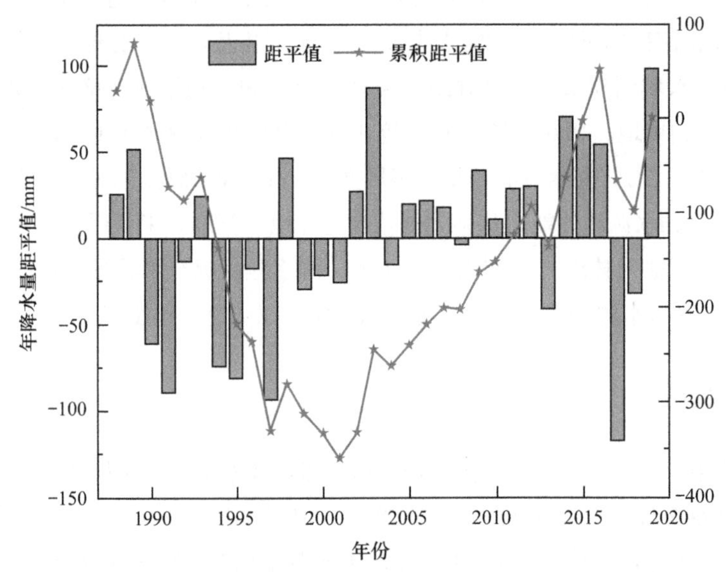

图1　1988—2019年祁连山国家公园界线内区域年降水量距平值[2]

祁连山国家公园位于我国西北干旱和半干旱区，由于深居内陆、远离海洋，对全球气候变化十分敏感，并在西风的影响下形成了大陆性高寒半湿润山地气候，具有夏季时间短、温凉湿润，冬季时间长、寒冷干燥的特点。祁连山阳光辐射强，昼夜温差大，干湿分明，雨热同季，气温、降水具有显著垂直分异特征。其中，6—9月为祁连山地区降水较多且集中的时间段，全区年降水量在100～800mm，随海拔的升高而增多，空间上大致呈现自东向西、自南向北减少的分布格局，时间上具有明显的季节分配不均特征，整体表现为夏季最多、秋季和春季次之、冬季最少。区域年平均气温随海拔的升高而降低，且近年来呈上升趋势，区域朝暖湿化方向发展。由于东西跨度大，祁连山内部气候存在明显差异。在南北方向上，北部以温带大陆性气候为主，南部以高寒半干旱气候为主；在东西方向上，东部以高寒半湿润气候为主，中西部以高寒半干旱气候为主。

祁连山国家公园区域河流密布，水资源丰富，形成了黑河、疏勒河、石羊河、苏干湖水系等内流河水系和以大通河（黄河支流湟水的支流）流域为主的黄河流域外流河水系，有大哈尔腾河、党河、讨赖河、西大河、东大河、西营河等较大的河流20多条，分属于西北内陆河水系和外流河水系。冰川是水资源的重要组成部分，我国《第二次冰川编目》显示祁连山共发育有2684条冰川，面积为1597.81±70.30km^2，约占我国冰川总面积的3.09%，冰储量达844.8±31.3亿m^3。其中，甘肃省内有1492条冰川，面积约760.96km^2，冰储量约379.4亿m^3，其在行

1　黄星星. 祁连山国家公园水源涵养与土壤保持功能研究[D]. 兰州: 兰州大学, 2022.

2　黄星星. 祁连山国家公园水源涵养与土壤保持功能研究[D]. 兰州: 兰州大学, 2022.

政区域上隶属于酒泉、张掖、武威。冰川融水为祁连山地区河流补给的主要来源，祁连山多年平均冰川融水量达 9.9 亿 m^3，约占全国冰川融水地表径流总量的 2%，冰川融水是维持河西走廊乃至西部地区生存和可持续发展的命脉。然而，已有研究成果显示，在全球变暖的气候背景下，祁连山地区面积小于 $1km^2$ 的冰川急剧退缩，海拔 4000m 以下区域的冰川已完全消失，这是一个非常值得重视的问题[1-2]。

（二）蒸散发状况

图 2 为祁连山国家公园区域典型生态系统年蒸散发量变化，可以看出年蒸散发量在 128.42 ～ 1039.24mm，以芦苇湿地最高，红砂荒漠和山前荒漠较低[3]。

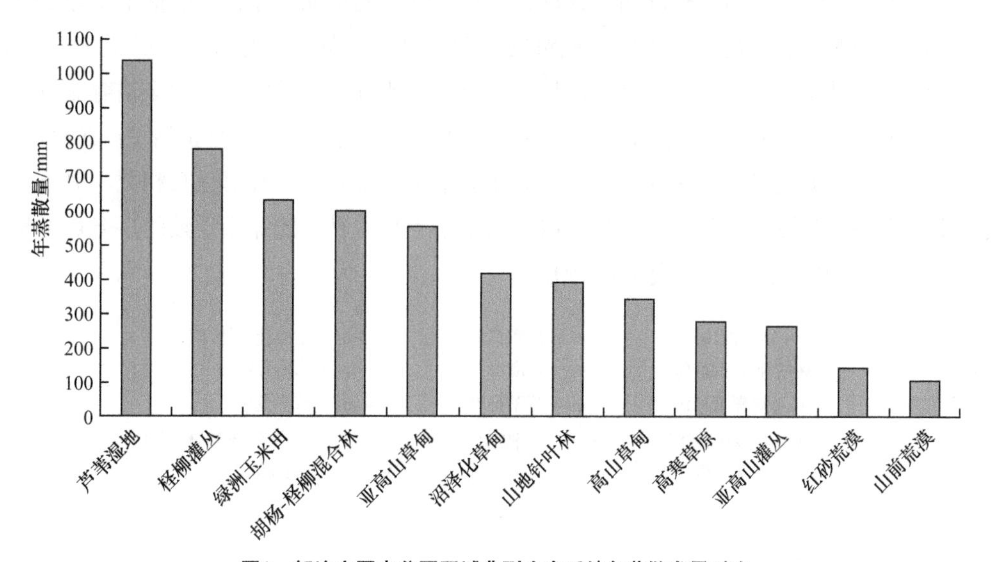

图2　祁连山国家公园区域典型生态系统年蒸散发量对比

相关计算结果表明，祁连山国家公园区域的年蒸散发量在 105.33 ～ 1039.24mm，以张掖芦苇湿地等最高，湿地下游荒漠中的柽柳和胡杨林在 591.56 ～ 784.2mm，有灌溉水源的绿洲农田为 630.85mm，占植被面积最大的草甸草原在 272.1 ～ 555.6mm，以盐爪爪山前荒漠和红砂荒漠为代表的荒漠生态系统均在 105.33 ～ 143.59mm。对比各点的辐射情况可见，该区域蒸散发是受水分制约的，可利用水分决定蒸散发的强度，辐射受海拔高度以及区域变化的影响体现得并不充分。按照各类系统所占的面积初步估算，年实际蒸散发量大于 300mm 的区域占 87.2% 以上，主要分布在研究区的东南部。据该区域排露沟流域 1994—2003 年的观测结果，以云杉和圆柏为主的山地针叶林年均蒸散发量在 370mm 以上，以金露梅、锦鸡儿为主的亚高山灌丛年均蒸散发量在 270mm 左右。被观测的各种生态系统的年蒸散量由大到小依次为：芦苇湿地、柽柳灌丛、绿洲玉米田、胡杨 - 柽柳混合林、亚高山草甸、沼泽化草甸、山地针叶林、高山草甸、高寒草

1　黄星星. 祁连山国家公园水源涵养与土壤保持功能研究[D]. 兰州: 兰州大学, 2022.

2　刘越, 李雨珊, 单姝瑶, 等. 甘肃祁连山国家级自然保护区水源涵养量的时空变化[J]. 草业科学, 2021, 38(8): 1420-1431.

3　丁文广, 勾晓华, 李育, 等. 祁连山生态绿皮书: 祁连山生态系统发展报告[M]. 北京: 社会科学文献出版社, 2019.

原、亚高山灌丛、红砂荒漠、山前荒漠。同时，蒸散发和植被类型分布都与海拔高度密切相关。高海拔区域各类草甸和草原所占面积大，在水源涵养中具有重要的作用。依据遥感结果估算的祁连山地区年蒸散发量，均比实际观测值大。估算误差较小的区域为有灌溉水源的农田以及水分相对较多的区域，而荒漠和草甸的估算误差较大，可能是因为遥感估算未充分考虑到可用水分对该区蒸散发的限制作用。但是蒸散发量的空间变化与降水量变化高度相似，随着降水量增加，实际蒸散发量也不断增加，这符合该区域降水是蒸散发水分主要来源的实际，能够显示各个流域的变化特征。

祁连山国家公园区域典型生态系统逐月蒸散发量变化（见图3）显示，陆地生态系统蒸散发量较大的时段在5—10月。通过前期关于蒸散发与辐射的分析发现，祁连山区域的蒸散发更多地受制于可用水分。在相对较湿润的秋季、冬季和春季的早期，净辐射能量主要分配给了潜热通量；而在相对干旱的时期，净辐射能量则偏向于显热通量。也有研究发现，在年尺度上，干旱年份的净辐射能量主要分配给显热通量，相对湿润或降雨正常的年份的净辐射能量主要分配给了潜热通量。在雨水充沛、能量不足的季节，蒸散发量与太阳辐射呈正相关；在雨水不足、能量充沛的季节，蒸散发量随着叶面气孔的关闭而下降并且和太阳辐射呈负相关。另外，随着海拔高度的增加，蒸散发量呈下降趋势，这主要是由生长季时间的缩短导致的，但是生长季日尺度的蒸散发量不随海拔高度的变化而变化[1]。

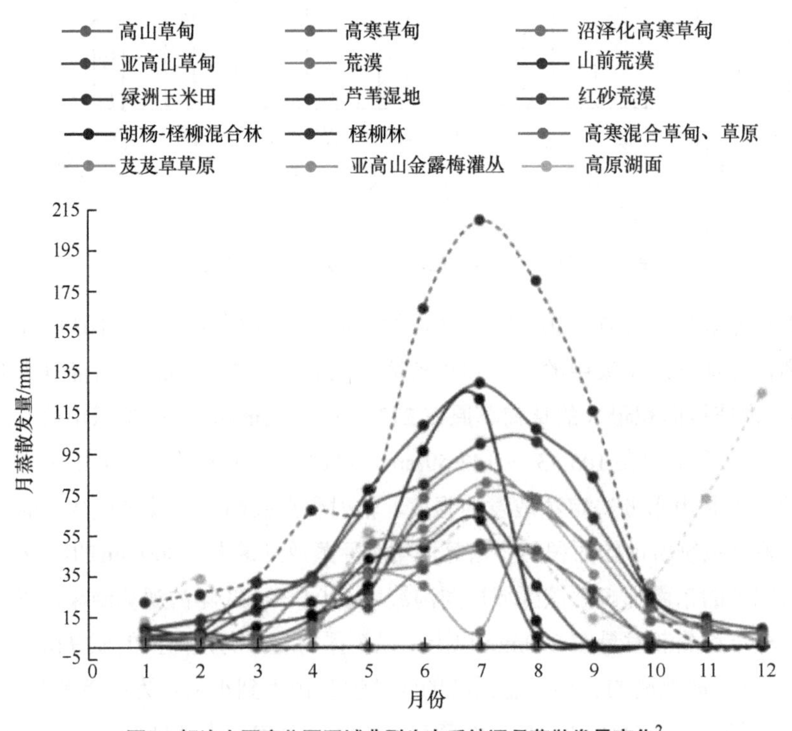

图3　祁连山国家公园区域典型生态系统逐月蒸散发量变化[2]

1　马剑, 刘贤德, 何晓玲, 等. 祁连山典型灌丛群落结构特征及其多样性研究[J]. 干旱区地理, 2021, 44(5): 1427-1437.

2　丁文广, 勾晓华, 李育, 等. 祁连山生态绿皮书: 祁连山生态系统发展报告[M]. 北京: 社会科学文献出版社, 2020.

由图 4 可知，整体而言，19 年间祁连山区域年水源涵养深度的增加趋势不显著（P=0.459），但年降水量以 5.0929mm/a[1] 的速率极显著增加（P=0.005），年均温以 0.035℃/a[1] 的速率显著增加（P=0.021），年均叶面积指数以每年 0.0082 的速率极显著增加（P<0.001）。2014—2015 年水源涵养深度减少幅度最大，由 41.27mm 变为 30.65mm，降幅达 25.73%。2013—2014 年水源涵养深度增加幅度最大，由 32.21mm 变为 41.27mm，增幅达 28.12%。2011 年水源涵养深度达到最大值（42.17mm），年水源涵养总量为 10.55×108m^3，2008 年水源涵养深度最小（25.93mm），年水源涵养总量为 6.48×108m^3。总体来说，祁连山国家公园水源涵养功能呈现良性发展的趋势。

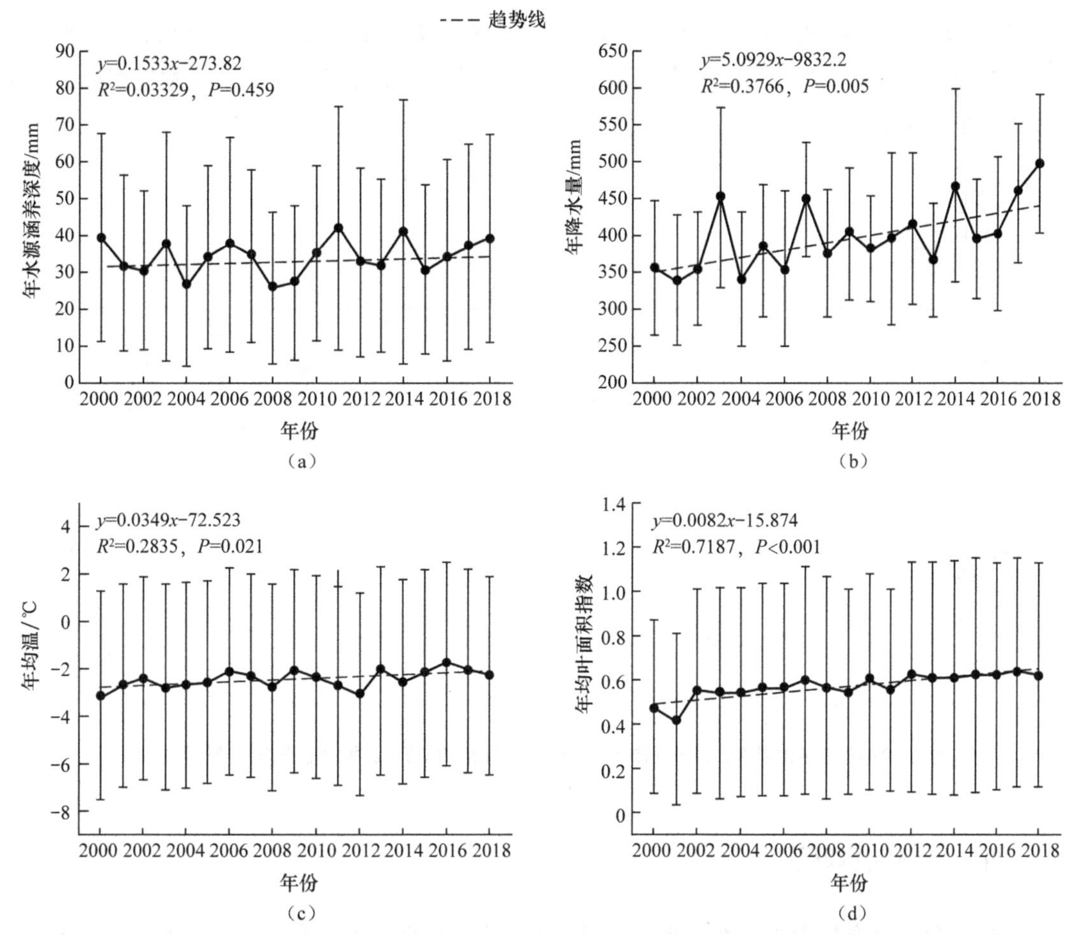

图4　2000—2018年祁连山国家公园界线内区域年水源涵养深度、年降水量、年均温和年均叶面积指数年际变化[1]

（a）年水源涵养深度；（b）年降水量；（c）年均温；（d）年均叶面积指数

鉴于蒸散发与降水、辐射之间的关系，祁连山国家公园区域需要开展蒸散发的涡度相关法、波文比能量平衡法、蒸渗仪法、闪烁仪法、水量平衡法和大气水量平衡法等多种途径的对比研究，以厘清蒸散发的变化规律及其与环境因子的关系[2]。此外，开展土壤水分和叶总面积对蒸散发影响的定量分析，对于后续深入地认识蒸散发过程具有重要意义。

1　刘越, 李雨珊, 单姝瑶, 等.甘肃祁连山国家级自然保护区水源涵养量的时空变化[J]. 草业科学, 2021, 38(8): 1420-1431.

2　马剑, 刘贤德, 何晓玲, 等. 祁连山典型灌丛群落结构特征及其多样性研究[J]. 干旱区地理, 2021, 44(5): 1427-1437.

（三）理论产水状况

依据典型生态系统观测站点的降雨和通量观测结果，可按照水量平衡原理估算祁连山国家公园区域典型生态系统理论年产水量（见图5）。亚高山草甸、高山草甸、高寒草甸、沼泽化高寒草甸、芨芨草草原等在2020年产水量为正值，即降雨量大于蒸散发量。高原湖面、盐爪爪山前荒漠、柽柳林、胡杨-柽柳混合林、高寒草甸和草原、绿洲玉米田、芦苇湿地等均处于水分亏缺状态，即蒸散发量大于降雨量，相关系统全年处于失水状态。其中以芦苇湿地失水最多，失水量达到1147.9mm/a，胡杨-柽柳混合林次之，失水量达556.6mm/a，绿洲玉米田再次之，失水量为496.64mm/a。2020年与2019年盐爪爪山前荒漠处于水分亏缺状态，而2018年水分盈余14.67mm。就数值来看，沼泽化高寒草甸、芨芨草草原和高原湖面等的盈亏数值都很小，其基本处于平衡状态。

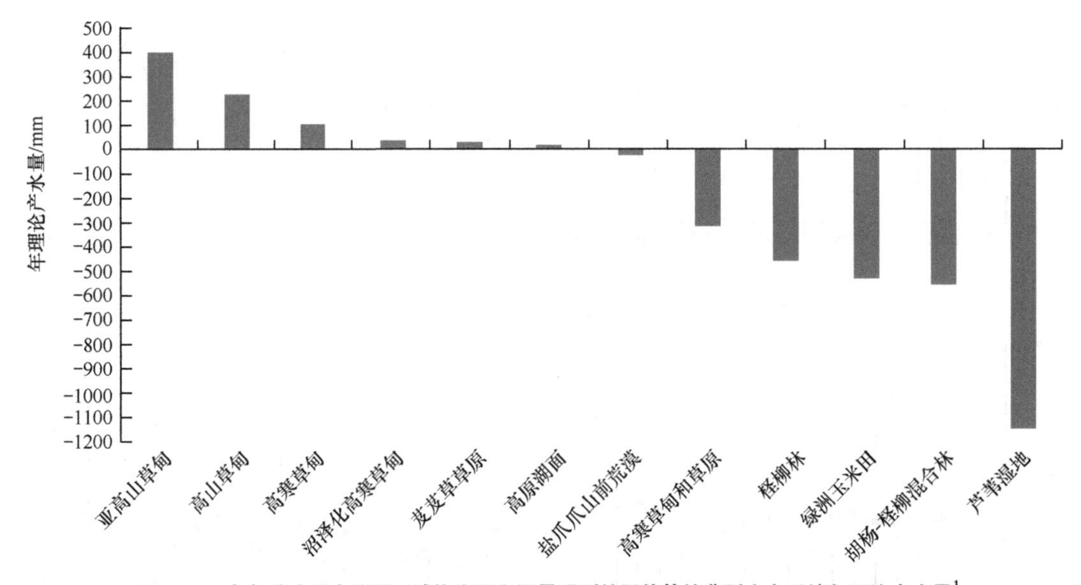

图5　2020年祁连山国家公园区域依降雨和通量观测结果估算的典型生态系统年理论产水量[1]

（四）土壤储水状况

土壤水分是联系地表水与地下水的纽带，也是连接植被与水文系统的“绿水”资源库。土壤水分是降雨、入渗、土壤水分运移与转化的最终结果，也是土壤涵水能力的重要体现，直接决定着生态系统的水源涵养功能。一方面，不同系统因为植被类型、土壤层厚度、土壤质地和土壤水力学特性的差异，导致水分入渗、运移和存留情况存在差异，这种差异最终体现为土壤水分的差异。另一方面，土壤水分状况会影响土壤蒸发和植物根系吸水，从而决定蒸散发损失以及水分向深层渗漏的过程。

1　丁文广, 勾晓华, 李育, 等. 祁连山生态绿皮书: 祁连山生态系统发展报告[M]. 北京: 社会科学文献出版社, 2020.

土壤水分垂直分布与土壤结构密切相关，显热是陆地能量支出的主要部分，土壤冻结和解冻过程中分别有更多的净辐射转化为显热和潜热，这表明影响高寒生态系统蒸散发的主要因素是能量收支和温度，而土壤水分是控制芨芨草草原蒸散发的重要因素[1]。高山嵩草草甸是流域重要的产流区，而芨芨草草原则主要是径流消耗区，因此，应系统开展祁连山国家公园生态系统水源涵养功能保护：第一，要大力保护海拔在3600m以上的高寒草甸生态系统，减少过度放牧，防止破坏草毡层，提高产水能力，保护流域水源涵养功能；第二，采取封育等措施修复退化的河谷湿地水柏枝灌丛，减少土壤侵蚀，增强水土保持功能；第三，以“山水林田湖草沙”生命共同体为理念，结合祁连山国家公园建设，优化湿地在“山水林田湖草沙”系统中的格局和利用方式。

土地覆盖类型有耕地、林地、草地、湿地和未利用地。湿地包括滩涂和沼泽地等。林地的年水源涵养深度为56.74±10.74mm，显著高于其他土地覆盖类型（$P<0.05$），其次为草地（32.31±3.86mm）和湿地（20.79±4.07mm）；耕地（14.33±4.27mm）和未利用地（15.35±4.70mm）的多年平均水源涵养深度较低，且两者之间的差异不显著（$P>0.05$），如图6所示。

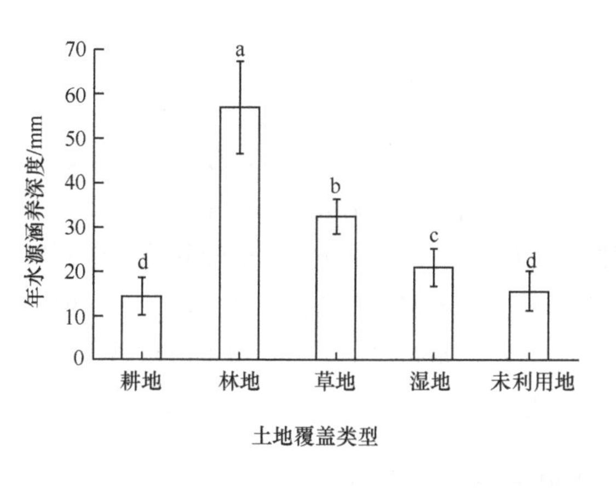

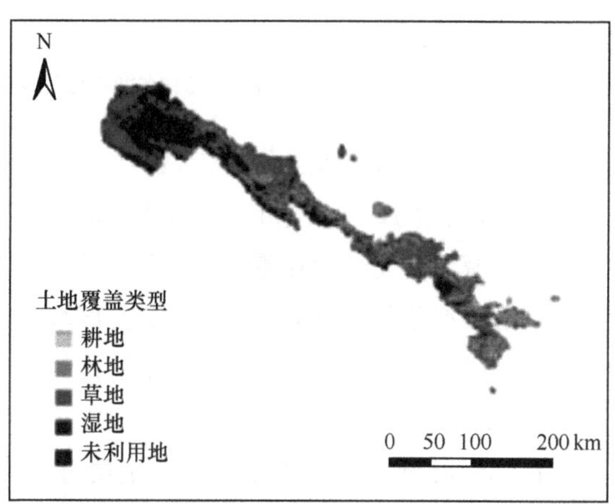

图6 不同土地覆盖类型年水源涵养深度的差异及土地覆盖类型空间分布[2]

根据图7可知，祁连山国家公园界线内区域主体土地利用类型为草地、未利用地和林地。其中草地和未利用地面积占总面积的80%以上，耕地及建设用地的面积占比则较小。从各土地利用类型的面积变化情况来看，1990—2018年，祁连山国家公园界线内草地和林地面积呈增加趋势，水域和未利用地面积呈减少趋势，耕地和建设用地面积变化幅度不大。进一步分析转移类型可知，研究区土地利用类型变化以林地、草地、水域及未利用地间的相互转移为主。其中林地的转入类型主要为草地和未利用地，未利用地转变为林地可能是因为人工造林等生态工程的实施；草地的转入类型主要为未利用地；水域的转出类型主要为未利用地，这可能是因为气温上升导致冰川退缩、冰雪消融。

1 温煜华. 祁连山国家公园发展路径探析[J]. 西北民族大学学报（哲学社会科学版）, 2019(5): 12-19.

2 刘越, 李雨珊, 单姝瑶, 等. 甘肃祁连山国家级自然保护区水源涵养量的时空变化[J]. 草业科学, 2021, 38(8): 1420-1431.

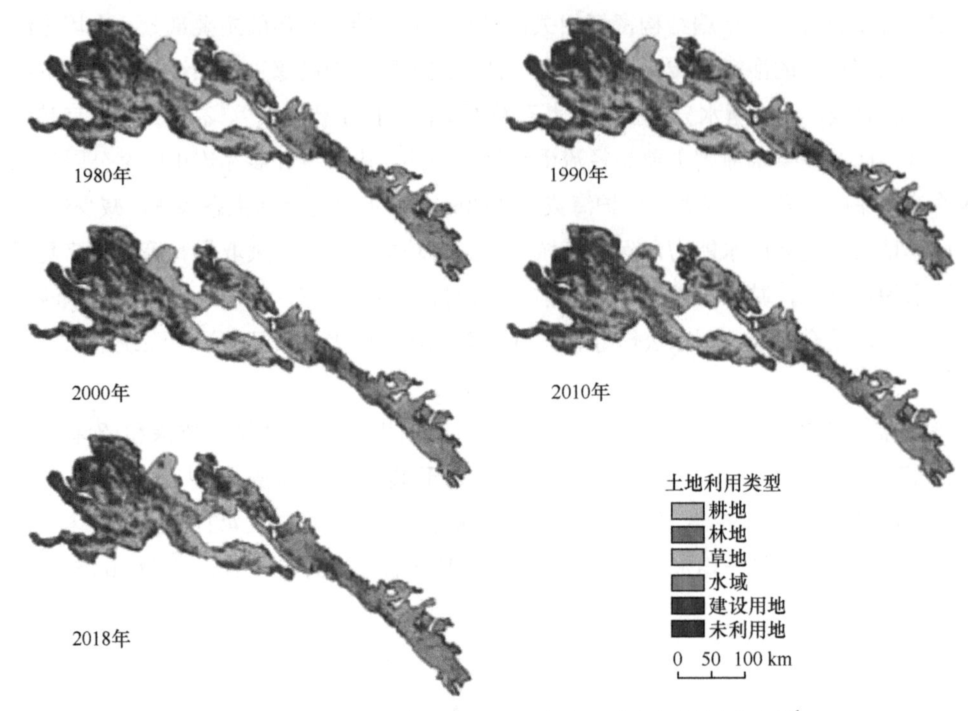

图7 1980—2018年祁连山国家公园界线内区域土地利用类型变化[1]

通过图 8 可知，祁连山国家公园界线内区域的耕地，主要分布在东部外围地带，面积较小，在行政区划上隶属于武威市天祝藏族自治县和张掖市肃南裕固族自治县。林地主要分布在中部及东部区域，西北部存在零星分布区，海拔范围大致为 2000 ～ 3600m。林地较其他土地利用类型对土壤水分条件要求更高，而这些区域邻近黄羊河、杂木河、西营河、西大河、洪水河以及黑河等河流，水资源丰富，更利于植被的生长发育。草地是祁连山国家公园中面积占比最大的土地利用类型，在整个研究区均有分布。其中高覆盖度草地的主要分布区为中部、东部区域，且往往邻近林地；中覆盖度草地的主要分布区为中部区域；低覆盖度草地的主要分布区为西部区域。研究区水域以高海拔地区的多年冰川雪地为主，主要分布在西部和中部地区。建设用地的二级类型仅包含农村居民点和其他建设用地，不包括建成区用地，其分布地点靠近耕地。未利用地为祁连山国家公园中面积占比第二大的土地利用类型，在整个研究区均有分布，在西部区域相对更加集中。

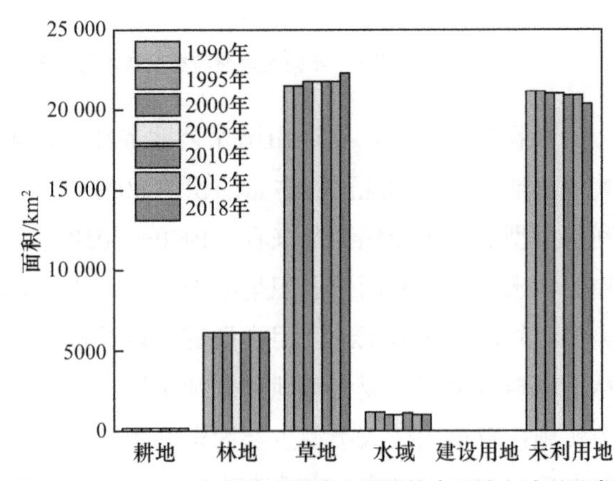

图8 1990—2018年祁连山国家公园界线内区域土地利用类型面积变化

已有研究表明，祁连山国家公园植被的生长发育受气候暖湿化的正向驱动作用。

1 刘越, 李雨珊, 单姝瑶, 等. 甘肃祁连山国家级自然保护区水源涵养量的时空变化[J]. 草业科学, 2021, 38(8): 1420-1431.

自 1985 年以来，祁连山国家公园界线内区域的气温呈升高趋势，降水量呈增多趋势，这可能是公园林地、草地面积增加的自然原因。此外，甘肃省积极响应国家号召，严格落实政策措施，启动并实施了退耕还林还草等多项生态治理工程，祁连山国家公园管理局更是下设了多个实施单位，通过加强管理、落实责任、宣传教育、夯实基础、封造结合、共同治理和打防并举、以防为主的方式方法，有效保护了祁连山的生态环境，这可能是公园林地和草地面积增加、生态质量趋好的人为原因。总体而言，祁连山国家公园土地利用类型呈现上述变化，其原因可概括为受到气候暖湿化等自然原因和实施生态保护与治理工程等人为原因的协同驱动作用。

年水源涵养深度较高的地区集中在肃南县中部和南部、民乐县南部、山丹县中部和南部等地，该地区年降水量高，土地覆盖类型以林地和草地为主。年水源涵养深度较低的地区主要分布在肃南县西北部和天祝县南部，该地区年降水量少，土地覆盖类型以低覆盖度草地和未利用地为主[1]。

（五）地下水状况

据 2021 年的相关资料，祁连山国家公园相关区域 51 个地下水国控点位中，Ⅱ类水质点位有 5 个，Ⅲ类水质点位有 23 个，Ⅳ类水质点位有 13 个，Ⅴ类水质点位有 10 个。积雪和冰川持续消融、降水入渗，为祁连山地区提供了较为丰沛的地下水资源。根据甘肃省科学院地质自然灾害防治研究所的资料，在疏勒河水系的地表径流中，冰雪融水占 37.6%，降水占 22.9%，地下水占 39.5%。降水是祁连山地区地表水和地下水的主要补给源，其中地下水主要以基岩裂隙水的形式存在。受地理位置、地形地貌等的差异的影响，祁连山中、东段区域和西段区域的水文、地质特征表现出明显差异，对地下水资源储量的探测通常以上述两个区域为对象分别展开。祁连山中、东段地下水受多年冻土结构性的影响，可分为冻结层地下水及非冻结区地下水两类，前者又包括冻结层上水、冻结层下承压水和基岩区冻结层上水，后者则包括第四系松散堆积层空隙潜水和基岩裂隙水。冻结层上水由大气降水补给，季节性动态变化明显，分布广泛，水量丰富，水质较好，是夏季牧场的主要水资源。祁连山西段是河西走廊地下水的主要形成带。山区基岩裂隙水的补给源是降水及冰雪融水，排泄途径是流入盆地、泉水溢出及蒸发，其水循环主要发生在多年冻土层之上，并具有夏季畅流、冬季固结的季节性活动特点。盆地地下水的主要补给源为山区地表径流的垂直入渗和基岩裂隙水的侧向流入，其次为降水入渗，排泄途径是通过主干河流流向区外和蒸发蒸腾[2]。

根据兰州大学 2016—2019 年的监测结果，祁连山国家公园流域每年 5—8 月的平均流量为 $0.54m^3/s$。按照流域在不同情景下的土壤保持量转换研究成果，与现状相比，在草地完全代替林地的情景下，流域土壤保持量减少 1678.53t；在林地完全代替草地的情景下，流域土壤保持量增加 1331.61t。这说明监测区的森林生态系统结构稳定，具有强大的水土保持功能，林区水源涵养功能明显。

1　刘越, 李雨珊, 单姝瑶, 等.甘肃祁连山国家级自然保护区水源涵养量的时空变化[J]. 草业科学, 2021, 38(8): 1420-1431.

2　董艳辉, 符韵梅, 王礼恒, 等. 甘肃北山—河西走廊—祁连山区域地下水循环模式[J]. 地质科技通报, 2022, 41(1): 79-89.

目前而言，多数研究还是以观测数据为主，将各个生态系统的水分收支特征进行了量化与分析。后续研究需要进一步把祁连山国家公园森林、草甸、草原、农田、沙地、河流和湖泊各生态系统视作一个整体，定量分析不同生态系统中的植被、土壤、水分的三维空间结构与水储量格局的关系，解析不同生态系统结构对水循环和能量分配的影响，探讨“山水林田湖草沙”的景观配置结构、相互作用及其与水分的协同响应关系，进而揭示祁连山多生态系统协同变化的涵养水源机理。考虑到气候变化及人类活动的影响，我们需要进一步评估祁连山水源涵养功能变化及其对区域水资源的影响，以期为祁连山生态恢复及善治对策的制定提供基础理论支撑。

二、“山水林田湖草沙”系统固碳功能分析

研究祁连山国家公园碳储量及其时空分布，分析土地利用变化对陆地生态系统碳储量的影响，评估“山水林田湖草沙”系统固碳功能的完整性，能为提升国家公园生态价值、调整生态工程及碳交易政策提供科学依据。本报告结合土地利用变化动态指数和土地转移矩阵分析祁连山国家公园区域生态恢复前后的土地利用变化，然后基于 InVEST 模型中的 Carbon 模块，以土地利用遥感影像和碳密度构建模型运行数据，分析土地利用变化导致的碳储量变化。

（一）植被净初级生产功能分析

植被净初级生产力（Net Primary Productivity，NPP）是绿色植物在单位面积、单位时间内所累积的有机物数量，表现为从光合作用固定的有机碳中扣除植物本身呼吸消耗的部分后所剩余的。它作为植物与受人类干扰而承受着巨大压力的生态环境相互作用的结果表征，不仅反映了绿色植物群落在自然环境条件下的生产能力，也体现了生态系统对人类活动与气候变化等的响应。同时，植被 NPP 作为生态系统中能量流动与物质循环（碳循环）的关键参数，在研究全球气候变化的过程中扮演着重要的角色。本报告梳理了当前学术界的相关研究成果，在采用改进的 CASA 模型以及趋势分析法和相关性分析法等方法的基础上，对祁连山国家公园的植被 NPP 的时空演变及涉及地形、气候和人类活动等因子的植被 NPP 驱动因素进行了分析。

王莉娜等基于 2000—2018 年的 MODISNDVI 遥感数据、气象数据及人类活动数据，采用植被 NPP 估算模型——CASA 模型计算了植被 NPP，并借助一元线性回归法与相关性分析法，分析了研究区植被 NPP 的时空变化特征以及其与地形、气候和人类活动等驱动因素的耦合关系[1]。

2000—2018 年祁连山国家公园界线内区域的植被年均 NPP 整体呈波动上升的趋势（见图 9），范围为 141.41 ～ 195.13g/(m^2 • a)，多年均值为 167.35g/(m^2 • a)，植被 NPP 低于多年均值的年份为 2000 年、2001 年、2002 年、2003 年、2004 年、2006 年、2007 年、2008 年及 2013 年，而其他年份的植被 NPP 均高于多年均值。此外，植被 NPP 的谷值出现在 2001 年，峰值出现在 2015 年，二者之间相差 53.72g/(m^2 • a)。

1 王莉娜, 宋伟宏, 张金龙, 等. 祁连山国家公园植被净初级生产力时空演变及驱动因素分析[J]. 草业科学, 2020, 37(8): 1458-1474.

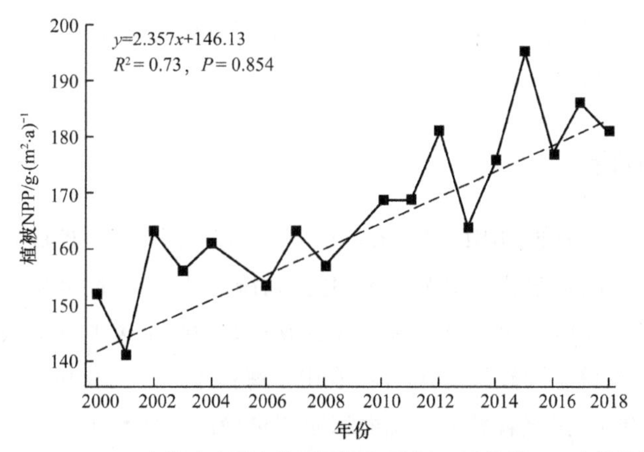

图9　2000—2018年祁连山国家公园界线内区域年尺度植被NPP变化趋势[1]

全区植被平均NPP和各生态系统植被平均NPP均有一定的升高。各生态系统植被NPP随海拔变化而变化，森林生态系统在海拔800～3500m能维持较高的植被NPP，这是该类生态系统的适宜分布区；草地生态系统在海拔1000～4500m能维持较高的植被NPP；湿地生态系统植被NPP波动较大；裸地在整个区域都有分布，但明显存在两个峰值，即在海拔2400m左右和4500m左右具有较高的植被NPP[2]。

由图10可知，2000—2019年祁连山国家公园界线内区域植被NPP提高区域的面积远远大于降低区域的面积。NPP提高区域面积占总面积的87.29%，降低区域面积占总面积的0.41%，稳定不变区域面积占总面积的12.30%，NPP总体呈上升趋势。

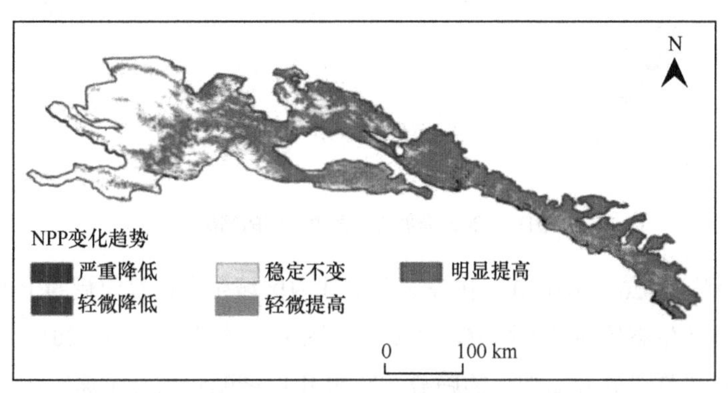

图10　2000—2019年祁连山国家公园界线内区域NPP变化趋势

结合祁连山国家公园界线内区域2000—2018年植被NPP与降水、气温的相关性来看，祁连山国家公园植被NPP与降水的相关性较高，且从空间上看，祁连山国家公园（甘肃片区）的植被NPP与降水普遍呈显著正相关关系；植被NPP与气温的相关性明显低于植被NPP与降水的相

1　何旭洋, 张福平, 李玲, 等. 气候变化与人类活动对中国西北内陆河流域植被净初级生产力影响的定量分析[J]. 兰州大学学报（自然科学版）, 2022, 58(5): 650-669.

2　王莉娜, 宋伟宏, 张金龙, 等. 祁连山国家公园植被净初级生产力时空演变及驱动因素分析[J]. 草业科学, 2020, 37(8): 1458-1474.

关性，二者仅在祁连山国家公园西北角部分区域呈显著负相关关系。从整体来看，气候因子中，国家公园主要受降水影响。

（二）碳储量分析

从各生态系统在不同海拔的固碳量来看，裸地（荒漠 / 高山稀疏植被）在海拔 700 ～ 2100m 和 4000 ～ 5000m 的固碳量最大，分别占该生态系统总固碳量的 56% 和 18%；草地在海拔 3000 ～ 4200m 的固碳量最大，占该生态系统总固碳量的 70%；森林在海拔 1400 ～ 3400m 的固碳量最大，占该生态系统总固碳量的 93%；农田在海拔 1100 ～ 2000m 的固碳量最大，占该生态系统总固碳量的 70%。虽然森林的单位面积固碳量最高，裸地（荒漠 / 高山稀疏植被）的单位面积固碳量最低（见图 11），但由于裸地（荒漠 / 高山稀疏植被）在祁连山国家公园区域内所占面积最大（约 73%），所以其年固碳总量在不同生态系统中最高，其固碳功能不容小觑[1]。

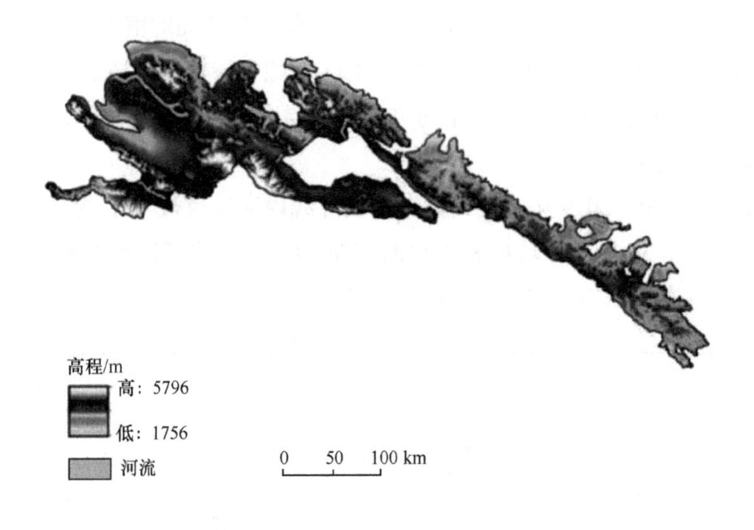

图11　2021年祁连山国家公园的固碳量

有研究按照 1980—2018 年祁连山国家公园界线内区域生态恢复前后的土地利用变化，评估土地利用变化对陆地生态碳储量的影响，结果（见图 12）表明，1980—2018 年祁连山国家公园界线内区域碳储量呈现“先减后增”的趋势，2000 年后增幅较大且增速较快，这在一定程度上反映了国家公园区域的生态恢复措施有利于碳储量的积累，区域生态系统功能逐步增强。自 20 世纪 80 年代起，甘肃省陆续实施“草原承包政策”“草原禁牧与草畜平衡制度”“草原生态保护补助奖励机制”“退耕还林”“退牧还草”“天然林保护工程”“三北防护林”等一系列生态工程和土地管理政策，促进生态系统的正向演变（耕地、草地和未利用地转为林地，耕地和未利用地转为草地，未利用地转为水域），使碳密度较低的土地利用类型转为碳密度较高的土地利用类型，增加植被覆盖面积，从而增加区域碳储量。

1　邓喆, 丁文广, 蒲晓婷, 等. 基于InVEST模型的祁连山国家公园碳储量时空分布研究[J]. 水土保持通报, 2022, 42(3): 324-334+396.

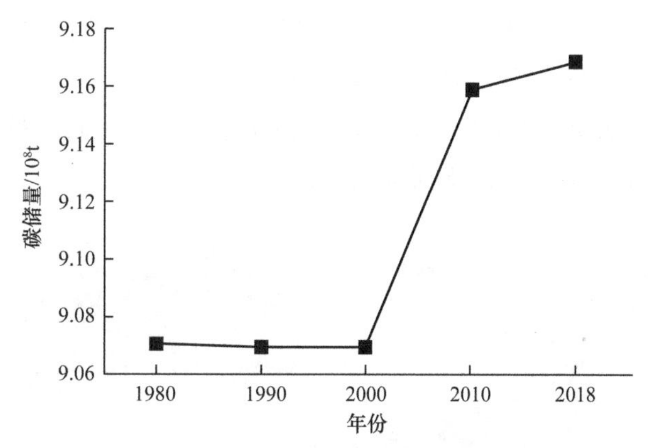

图12　1980—2018年祁连山国家公园界线内区域碳储量变化趋势

本报告基于 InVEST 模型中的 Carbon 模块，以土地利用遥感影像和碳密度构建模型运行数据，计算土地利用变化导致的碳储量变化。祁连山国家公园界线内区域的碳储量呈现“先减后增”的趋势，整体累计增加 9.86×10^{8}t。碳储量空间分布与土地利用类型有一定联系。碳储量较高的地区主要集中在国家公园东段和中段东侧，以林地为主；碳储量较低的地区主要集中在国家公园西段和中段西侧，以未利用地为主[1]。

由土地利用类型可知，草地是最主要的碳库，其碳储量约占区域总碳储量的 37.02%，其次是林地（32.41%）、未利用地（26.87%）、水域（3.57%）和耕地（小于 1%）[2]。由图 13 可知，1980—2018 年土地利用类型的碳储量比例结构总体上未发生明显变化，但 2000 年后各类型的碳储量比例变化趋势略有不同，其中水域的碳储量比例增加，而林地、草地和未利用地的碳储量比例有所下降。统计结果表明，虽然未利用地的碳储量比例与草地的碳储量比例相差 8.16%，其具有较弱的固碳能力，但因占地面积较大，仍是祁连山国家公园重要的碳库之一。

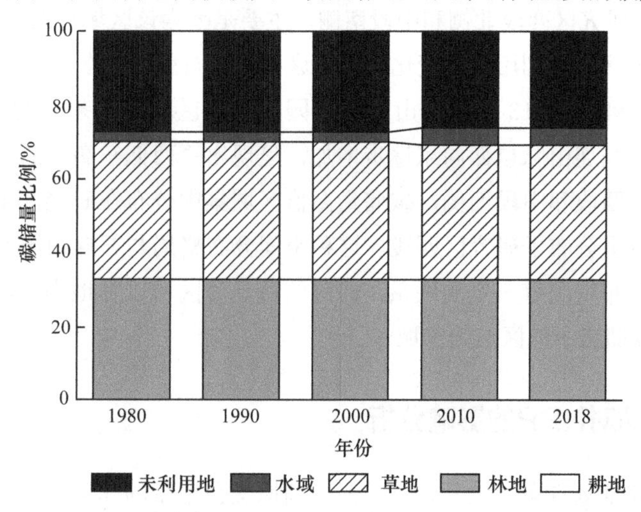

图13　1980—2018年祁连山国家公园界线内区域各土地利用类型碳储量比例

1　邓喆, 丁文广, 蒲晓婷, 等. 基于InVEST模型的祁连山国家公园碳储量时空分布研究[J]. 水土保持通报, 2022, 42(3): 324-334+396.

2　邓喆, 丁文广, 蒲晓婷, 等. 基于InVEST模型的祁连山国家公园碳储量时空分布研究[J]. 水土保持通报, 2022, 42(3): 324-334+396.

由图 14 可知，耕地、草地和未利用地转为林地，耕地和未利用地转为草地，未利用地转为水域，这是祁连山国家公园界线内区域碳储量增加的主要原因。因此，实施生态工程、着重保护草地资源、调整土地管理政策等方式能够有效促进生态系统正向演变，优化土地利用结构，有利于祁连山国家公园陆地生态系统碳储量的增加。

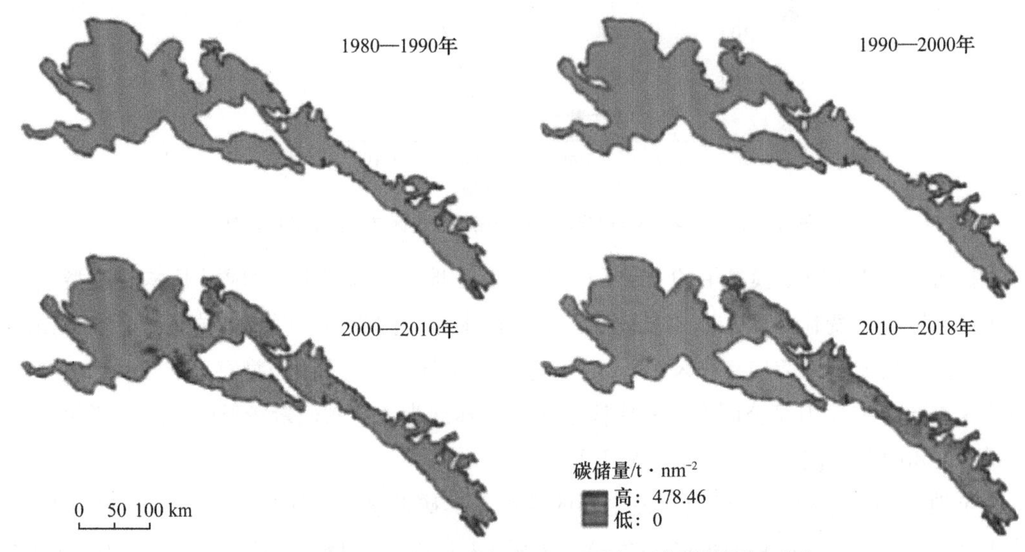

图14　1980—2018年祁连山国家公园界线内区域碳储量时空变化

由图 14 可知，1980—2000 年祁连山国家公园界线内区域碳储量的空间格局变化不大。2000—2010 年，碳储量变化区域具有零星分布的特点，碳储量显著增加的区域主要分布在研究区西段东南侧和中段北侧，这一时期水域扩张剧烈，大面积的未利用地转为水域；而碳储量显著减少的区域分布在研究区西段北侧和中段南侧，主要是因为该区域草地退化并转为未利用地。2010—2018 年，研究区土地利用情况变化剧烈，这导致碳储量空间格局整体波动变化[1]。

由图 14 可知，1980—2018 年祁连山国家公园界线内区域碳储量空间分布格局大致不变，具体表现为碳储量沿祁连山脉自西向东逐步增加，呈现出“西低东高”的格局。碳储量低值区域集中分布在研究区西段和中段西侧，碳储量高值区域集中分布在研究区东段和中段东侧，而碳储量中值区域则零星分布于研究区西段。这种空间分布格局与祁连山国家公园界线内区域土地利用类型及植被分布状况有一定的联系，即碳储量高值区域以林地为主，碳储量低值区域主要为未利用地，而碳储量中值区域为水域。

（三）人类活动对NPP的影响分析

祁连山国家公园地处青藏、蒙新、黄土三大高原交会地带的祁连山北麓，作为国家公园体制试点之一，是我国重要的生态功能区、水源涵养地和生物多样性保护优先区域，其生态功能不可忽视。本报告以已有研究的 2000—2019 年祁连山国家公园界线内区域 NVDI 和 NPP 数据

1　邓喆, 丁文广, 蒲晓婷, 等. 基于InVEST模型的祁连山国家公园碳储量时空分布研究[J]. 水土保持通报, 2022, 42(3): 324-334+396.

为基础，结合气温、降水、土地利用、矿产开采和旅游发展数据，凭借趋势分析、显著性检验、土地转移概率矩阵和多元残差分析方法，分析该区域的植被时空分布特征、变化趋势特征及其对气候变化和人类活动的响应。

有研究结果表明，2000—2019年祁连山国家公园界线内区域NVDI和植被NPP在空间上呈现出东南高、西北低，由东南向西北递减的格局，在时间上呈现上升趋势，上升速率分别为0.0053和0.0014。祁连山国家公园内植被NPP提高、降低和稳定区域的面积分别占总面积的87.29%、0.41%和12.30%[1]。降低区域零星分布于整个国家公园，在走廊南山和冷龙岭交会处和甘青两省交界处边缘最为集中；提高区域分布广泛，尤其以国家公园东部最为明显。祁连山国家公园内NDVI与气温呈显著正相关关系的区域约占40.18%，与降水呈正相关关系的区域约占25.7%。气温上升、降水增多促进了国家公园内植被的生长，适宜的水热组合对植被生长更有利。人类活动对植被变化的影响具有两面性：约28.91%的矿场、旅游景区和水电站整改、规范之后，植被生长状况仍较差，生态环境没有明显恢复；退耕还林还草工程、生态林建设工程成效显著，近25年来林地、草地面积增加。祁连山国家公园大部分植被覆盖变化是由气候变化和人类活动共同导致的[2]。

从祁连山国家公园2016年和2018年植被NPP与人类活动强度的相关系数可以看出，总体上祁连山国家公园大部分区域的植被NPP与人类活动强度之间的相关性不明显，只有少部分区域的植被NPP与人类活动强度呈负相关或正相关关系。2000年、2006年、2010年、2016年和2018年，随着人类活动强度等级的增加，植被NPP呈现出先增后减的趋势。其中，在低等级的人类活动强度（<20%）下，植被NPP随着人类活动强度的增加呈现出增加的趋势；而在高等级的人类活动强度（≥ 20%）下，植被NPP随着人类活动强度的增加呈现出减少的趋势，且其减少的幅度较大[3]。以祁连山国家公园中部边缘的肃南裕固族自治县北部为例，其达到了0.05%的显著性水平，植被NPP与人类活动强度呈现出明显的负相关关系，该区域的人类活动强度等级属于高等级。这说明，在一定区域内，当人类活动强度达到一定程度（>20%）时，人类活动强度会成为影响该区域植被NPP的重要因素，且二者之间呈明显的负相关关系。

1　邓喆, 丁文广, 蒲晓婷, 等. 基于InVEST模型的祁连山国家公园碳储量时空分布研究[J]. 水土保持通报, 2022, 42(3): 324-334+396.

2　李玉辰, 李宗省, 张小平, 等. 祁连山国家公园植被时空变化及对人类活动的响应研究[J]. 生态学报, 2023(1): 1-15.

3　何旭洋, 张福平, 李玲, 等. 气候变化与人类活动对中国西北内陆河流域植被净初级生产力影响的定量分析[J]. 兰州大学学报（自然科学版）, 2022, 58(5): 650-660.

第二十三章　甘肃省国家公园自然、文化景观与文化生态原真性评价——以祁连山国家公园为例

摘要：祁连山国家公园作为国家公园体制试点之一，地处蒙新、黄土、青藏三大高原交会地带的祁连山，是我国重要的生物多样性保护优先区域、水源涵养地和生态功能区，其生态功能不可忽视。《建立国家公园体制总体方案》提出“建立国家公园的目的是保护自然生态系统的原真性、完整性”，该文件是国家公园体制试点建设和践行“生态保护第一”原则的重要指引。本章明确了国家公园原真性概念，从自然、文化景观与文化生态 3 个方面评价甘肃省国家公园的原真性。在祁连山国家公园建设过程中，因受生态保护与治理工程实施和气候暖湿化的影响，国家公园内草地、林地面积逐渐增加。此外，作为西部重要的多民族文化交会地和生态安全屏障，祁连山国家公园在具备丰富的自然资源的同时，也体现了多民族文化交融的景观特征。本章针对祁连山国家公园内少数民族生活领域的原真性生态文化实例进行重点描述，展现了园区内少数民族在住宅、服饰、饮食、丧葬等方面表现出的生态伦理思想，探究了少数民族传统文化在祁连山国家公园中的生态保护作用及其原真性。本文提出了国家公园的生态保护和发展要以探究和继承民族传统生态文化为基础，并在此基础上进行建设和转变，实现人与自然的新平衡，充分发挥其在保护生态文明、生态环境中的作用。

关键词：祁连山国家公园　生态系统　原真性　完整性

一、国家公园原真性概述

我国国家公园保护管理的首要目标就是保护国家公园的原真性。“健全国家公园保护制度”是党的十九届四中全会提出的推进国家治理体系和治理能力现代化的重要内容。国家治理能力充分体现为如何将国家公园所代表的我国国土上生物多样性最富集、自然景观最精华、生态系统最重要的部分原真地、完整地保护好[1]。维持自然生态系统的原真性是保护生态环境、建设生态文明的重要内容。原真性在生态学上通常用于恢复生态学领域的讨论。在此基础上，科学家提出了“自然原真性”与“历史原真性”。“自然原真性”是指生态系统回到健康状态，但是不考虑生态系统是否精确地反映出它的历史结构和组成；“历史原真性”是指生态恢复需要让恢复后的生态系统与其历史参考状态相匹配。通常认为，经历过恢复过程的生态系统可以获得自然原真性，可以进行自我更新并运用自然过程进行自组织；这个更新机制一旦建立，恢复工作便宣告完成，在不受人为干扰的情况下，生态系统继续自行恢复。相对而言，历史原真性是我们

1　赵智聪, 杨锐. 中国国家公园原真性与完整性概念及其评价框架[J]. 生物多样性, 2021, 29(10): 1271-1278.

无法了解的。若以保护历史原真性为目标，就必须提供一个参考生态系统用于对照，但是寻找一个未受干扰、原初的生态系统是非常困难的，大多时候需要我们选择历史上某个阶段的生态系统作为参考。这种观点认为历史原真性在很多时候已经无法实现，我们应重点恢复自然原真性，即生态系统的自组织能力。因此，当前我国国家公园保护实践对原真性的保护主要着眼于在当下特定空间里保护一个健康的生态系统，对于其是否恢复到过去某个时期的状态没有过多要求。在中国，国家公园原真性是指国家公园内生态系统及构成国家公园价值或与国家公园价值紧密联系的自然与文化要素保持原生状态。原真性概念强调“不受损”，对于自然生态系统而言，人类干扰程度受到严格控制，自然干扰维持其原本状态，生态系统本身具有自组织能力。与自然生态系统相关的非生物要素和文化要素对自然生态系统维持其原本的能力具有重要作用，因此也成为原真性保护的对象。非生物要素通常包括地质地貌、光、气温、水、土壤等，文化要素包括人们对自然的认识、与自然相关的行为，以及与自然相互作用产生的结果，如基于自然崇拜或禁忌行为而产生的建筑物或有明确传统边界的自然地域，传统生计中对于自然资源的可持续利用行为，等等。原真性是国家公园的首要特征，是建立我国国家公园的科学依据。自然生态系统的原真性的保持是践行人与自然生命共同体理念的重要标志，有助于保护生物多样性。

目前，我国正加快构建以国家公园为主体的自然保护地体系，逐渐把生物多样性最富集、自然景观最独特、自然生态系统最重要、自然遗产最精华的区域纳入国家公园体系。山水林田湖草沙是相互依存、紧密联系的生命共同体。保护山水生态的原真性需要加强顶层设计、强调系统思维，从全局视野和系统工程角度寻求治理之道。这需要我们遵循生态系统的内在规律，对山水林田湖草沙进行整合保护和系统治理。同时，我们需要秉持正确的发展观和生态观，协调生态环境保护和经济发展之间的关系，针对不同地区采取对应的精准措施，以改进自然保护地分类治理工作。我们最终的目标是让人们能够看到山、看到水、记住家乡，并实现自然生态美景永驻人间，让自然呈现宁静、和谐和美丽的状态，推动人与自然和谐共生[1]。

二、祁连山国家公园自然原真性评价

祁连山国家公园从西北向东南跨度较大，海拔梯度差明显，气候、植被、土壤、水文、地质地貌等具有明显的三向地带性变化特征。各类自然生态系统相互交错、镶嵌，形成了复杂多样的祁连山国家公园复合生态系统：随着海拔从高到低变化，依次有冰川生态系统、草原（草甸）生态系统、森林生态系统、湿地生态系统、荒漠生态系统。这些生态系统为雪豹、白唇鹿、黑颈鹤等珍稀濒危动物提供了栖息环境，是具有重要生态意义的寒温带山地针叶林、温带荒漠草原、高寒草甸复合生态系统的代表。

但自 20 世纪 70 年代以来，甘肃省的自然原真性遭到了严重的破坏，这主要是由于过度放牧、森林砍伐、矿产资源开发、水电站建设和旅游开发等人类活动的干扰。这些活动导致土地利用结构、利用方式、利用类型和空间分布特征都发生了巨大的变化，对该地区的生态安全和

1　林震. 保持山水生态的原真性和完整性[J]. 理论实践, 2021: 38-39.

可持续发展构成了威胁。

根据图 1 所示的统计结果，1990—2018 年，祁连山国家公园界线内各土地利用类型的面积发生了不同程度的变化，整体上呈现出“三增三减”的特征，即林地、水域、建设用地的面积增加，而耕地、草地、未利用地的面积减少。

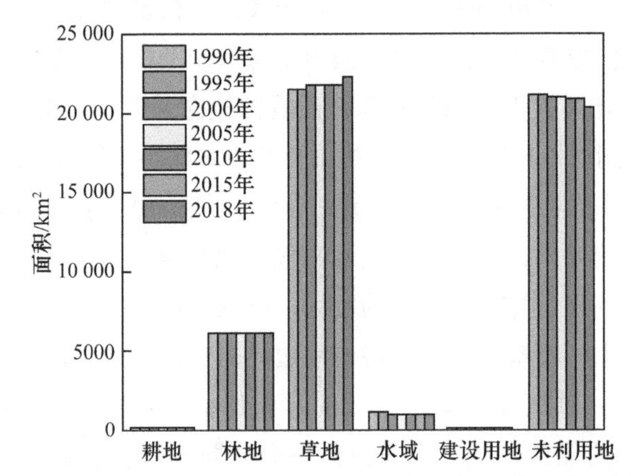

图1　1990—2018年祁连山国家公园界线内土地利用类型面积变化

1990—2018 年，耕地面积减少 43.83hm²，转为林地和草地是其面积减少的主要原因，转为林地和草地的面积分别占耕地转出量的 32.13% 和 62.34%；林地面积共计增加 2469.87hm²，主要由草地和未利用地转入，二者转入林地的面积分别占林地转入量的 78.15% 和 17.61%；草地面积减少 19 626.03hm²，减少的草地主要转为林地和未利用地，转为林地和未利用地的面积分别占草地转出量的 30.61% 和 65.52%，这表明草地处于退化状态，趋于荒漠化、石漠化和盐渍化；水域面积增加 78 021.54hm²，主要由未利用地转入，转入的未利用地面积占水域转入量的 91.24%；建设用地面积增加 108.36hm²，主要由耕地、草地和林地转入，三者转入建设用地的面积分别占建设用地转入量的 18.67%、16.33% 和 50.59%，这表明研究区内部分项目建设以侵占耕地、破坏林地和草地为代价；未利用地减少 66 170.52hm²，主要转为林地、草地和水域，同时，林地和草地是转为未利用地的主要土地利用类型，但未利用地转出为林地和草地的面积小于林地和草地转入未利用地的面积，这表明林地、草地和未利用地之间的相互转化较为频繁，且植被覆盖面积逐渐增加[1]。

土地利用变化驱动力主要包括自然因素和社会经济因素，研究土地利用变化驱动力有助于人们分析区域土地利用的变化原因和变化过程，实现对土地利用变化的预测和调控。目前，植被是受人类活动影响较大的自然因子，不同方式或不同强度的人类活动可以促使区域植被格局发生改变，进而改变其生态环境。根据祁连山国家公园 NDVI 变化趋势及土地利用类型变化情况，可以分析祁连山国家公园内各种人类活动对生态环境的影响。在建设和运行过程中，约 1/3 的采矿区、旅游区、水电站和探矿区对植被生长造成了一定程度的破坏[2]。

1　邓喆. 基于土地利用变化的祁连山国家公园碳储量时空演变及预测[D]. 兰州: 兰州大学, 2022.

2　刘越, 李雨珊, 单姝瑶, 等. 甘肃祁连山国家级自然保护区水源涵养量的时空变化[J]. 草业科学, 2021, 38(8): 1420-1431.

自1999年以来，甘肃省积极响应国家号召，严格落实政策措施，启动并实施了退耕还林还草等多项生态治理工程。祁连山国家公园管理局更是下设了多个实施单位，通过加强管理、落实责任、宣传教育、夯实基础、封造结合、共同治理和打防并举、以防为主的方式方法，有效保护了祁连山国家公园的自然原真性。现阶段祁连山国家公园内的河流、沼泽草甸、高山草甸、森林、灌丛等生态系统大部分保持自然特征，并处于演替状态，这种自然演替能够维系其生态系统的特征，并使其进行正常的物质能量自然循环。调查显示，区域内的草原、森林、湿地和冰川面积占区域总面积的77.69%，且大部分处于自然状态。对于部分退化草场和退化林分，近年来保护管理机构通过实施保护恢复项目，取得了一定成效。该区域处于自然状态且具有恢复潜力的部分在80%以上。区域内有大面积集中连片的草原生态系统（占地100hm^{2}以上），其在区域的面积中占比不低于30%。

三、祁连山国家公园文化景观原真性评价

祁连山位于河西走廊南侧，全长约600km，是10多个少数民族的聚居地。这些民族在发展过程中形成了独特的文化。这些富有浓郁民族风格的文化成为祁连山国家公园生态旅游的一大特色，吸引了众多游客。祁连山国家公园各生态旅游景区提供给游客藏族、哈萨克族以及裕固族居所、饮食、歌舞、体育运动等文化体验。藏族、哈萨克族、裕固族独特的服饰、歌舞、习俗、饮食文化在祁连山国家公园生态旅游、文化景观中占有不可替代的地位[1]。

裕固族是甘肃省3个特有的少数民族之一，主要生活在祁连山北麓。其中，接近90%的裕固族人聚居在甘肃省张掖地区肃南裕固族自治县，少部分人生活在酒泉市黄泥堡裕固族乡，其余散居在新疆哈密、兰州和昌吉等地。裕固族起源于唐代游牧在鄂尔浑河流域的回鹘。9世纪中叶，其中一支迁至甘肃河西走廊一带，明初陆续迁至祁连山一带，逐渐形成了裕固族。裕固族自称“尧呼尔”“西喇玉固尔”，元、明时称“撒里畏兀”“撒里畏兀儿”，现代称“锡喇伟古尔”“西喇古儿黄番”等。1953年，结合该民族意愿，我国确定以同“尧呼尔”音近的“裕固”（也取“富裕巩固”之意）为其名称。裕固族有自己的民族语言，没有本民族文字，一般通用汉语。裕固语主要有两种：一种称东部裕固语（也称恩格尔语），属于阿尔泰语系蒙古语族，主要分布在肃南裕固族自治县的东部；一种称西部裕固语（也称尧乎尔语），属于阿尔泰语系突厥语族东匈语支，主要分布在肃南裕固族自治县的西部，而居住在肃南裕固族自治县明花区前滩和酒泉黄泥堡等地的裕固族人则讲汉语。东部和西部的裕固语虽有差异，但也有一些相同的词汇，这些词汇或源于蒙古语，或源于突厥语，并融合了大量藏语借词和汉语。在历史上，裕固族是以畜牧业为主的民族，其生活和生产大多依赖畜牧产品。随着历史的发展，受农耕文化的影响，裕固族人的生活也发生了很多变化，其中已有一部分人改为主要从事农业生产，这使得这个民族有了更加独特的文化和习俗[2]。

1 蒋志仁, 蒋志成. 民族文化在祁连山国家公园生态旅游中的价值实现途径[J]. 现代园艺, 2023, 46(3): 191-193.

2 邢海燕. 祁连山下的裕固族及其民间舞蹈[J]. 中国土族, 2008(3): 48-52.

如今，天祝藏族自治县位于甘肃省祁连山国家公园的东门，占据了祁连山东麓的大部分地区。它是探索祁连山国家公园制度的重要试点地区，也是公众了解藏区景观特征、历史文化和生活习俗的重要窗口。其中，入口社区是主要发展自然教育和生态旅游、提供特色接待服务的区域，在国家公园中发挥着重要作用。该社区还承担着推动社区居民生产方式转变和经济转型的重要任务。社区中的文化景观是展示生态智慧和严密文化结构的关键。然而，随着城镇的发展和时代的变迁，藏族与其他民族的交往日益频繁，汉藏文化交叉融合，民族文化特性逐渐弱化。国家公园的建立为民族文化提供了新的机遇，有助于保留民族符号、发挥民族文化的内在优势。天祝藏区共有汉族、土族、回族、藏族、蒙古族等28个民族，其中，藏族人口占该区域少数民族人口的97.14%。藏族住宅区分为农区和牧区。农区多为土房，一般坐落于山脚下，少占土地而向高空延伸，独院庄廓且院落较小，房屋通常有两层，上层住人，下层养牲畜。院墙基由石块砌成，其上为用泥土筑的墙，建筑材料多用土壤、石料，不会产生建筑垃圾，对环境影响较小；对于废弃不用的土房，可将其土石归还给大地或重复利用，这样不会对环境造成破坏和污染。牧区多为牦牛帐房，其与蒙古包类似，取材于牦牛毛和灌丛木材等自然材料，对森林并无破坏。藏族的服饰以藏袍为主，质料多为棉布、羊皮、氆氇。由于高寒地区的自然环境和牧业、农业、半牧半农的生产方式，藏袍具有大襟、长袖无扣、肥腰、袍身较长等特点，既可防寒又便于散热。藏袍结构肥大，人在白天穿着时可袒露右臂或双臂并将袖系于腰间，夜间可以将藏袍当被，和衣而眠。由于袍身较长，穿着时，需将袍子提至一定高度（一般女性提至脚面，男性提至膝）再用腰带扎紧，放下衣领，把提起部分垂悬于腰部，形成一个自然的宽大的囊袋——用于存放日常用品，外出时还可存放茶叶、饭碗、酥油，甚至可以放幼儿，具有方便劳作、调节体温等多种优点。藏袍特别适应高原气候多变的自然条件，以及“逐水草而居”的生活方式。藏帽种类多、形状相异，不仅具有防寒的功能，更有装饰等作用。藏靴为直楦鞋，鞋尖向上翘起，不分男女且左右可以换穿。藏靴一般用耐磨的牛皮制成，靴腰通常采用灯芯绒或条绒布，有长短之分，鞋底采用厚质牛皮，其根据季节分为棉靴和单靴两种。

哈萨克族主要分布在河西走廊祁连山的中、西段地区，其吃、穿、住、行都具有鲜明的游牧生活特点。早在公元前100多年，汉细君公主的《悲秋歌》中就有相关记载：“吾家嫁我兮天一方，远托异国兮乌孙王。穹庐为室兮旃为墙，以肉为食兮酪为浆……”穹庐即毡房，旃即毡。由于哈萨克族需要随季节在4个牧场间不停地迁徙，只有易于搭卸的房屋，才能满足生产和生活的需要，而毡房正符合上述要求。最简易的毡房在哈萨克语中被称为“阔斯”，而牧场转场途中最常用的毡房为基于四扇格构架搭建的毡房，名叫“哈拉夏”，主要用作生活住房。最具文化内涵的毡房是“白宫”。这种毡房使用空间较大，浓缩着哈萨克族人对大地及生灵的崇拜意识，那些朴素美观的图案纹饰很有民族特色。哈萨克族人的饮食习惯在很大程度上与牲畜和放牧有关，由于大多数哈萨克族牧民过着随季节转场的游牧生活，日常饮食以肉食为主，蔬菜相对较少。哈萨克族的饮茶习俗具有鲜明的本民族特色，茶是哈萨克族人的必需品，由于茶叶富含微量元素，能溶解脂肪，有助于消化和提神，所以哈萨克族人中流传着“宁可一日无食，不可一日无茶”的说法。

肃北地区的蒙古族被称为雪山蒙古族，多居住在祁连山脚下。他们依赖、敬畏、顺应并保护自然，通过长期的游牧生活，形成了独特的雪山蒙古族文化，并逐渐探索出了一条人与自然和谐共生的道路。蒙古包是蒙古族居住的帐篷，其骨架由白桦、柳条或松木制成，不会对森林造成破坏。覆盖帐篷的毡子和毛绳取自牛皮、马鬃尾或白羊毛、筋，具有结构稳固，有利于通风、采光和保温等特点，能够适应草原气候。此外，蒙古包非常轻便、易于拆装，只需两辆牛车即可拉走，适合游牧搬迁，对草场的压力极小。搬迁时，牧民需要清扫包址、垃圾和掩埋灰烬，以防荒火。到了第二年，包址所在地的草便会重新长出，人们很难找到原来的包址，这对草原的休养生息有积极作用。祁连山蒙古族服饰具有别样的特点。由于长期与藏族等交错居住，其服饰不同于内蒙古蒙古族。男子的服饰为蒙古式样长袄，领口大而圆，袖子呈马蹄形，通身宽大，袖子宽且长；女子的袍子腰身较窄，大襟，领子为小圆领。祁连山蒙古族夏季穿着“拉吾谢格”夹袍，其常用布、平绒或绸缎制成；冬季穿着“德吾里”长皮袍，其常用老羊皮制成，是一种光板羊皮袍，或以布为面，或不做面而镶边。蒙靴用牛皮制成，靴尖上翘，样式与藏靴相似[1]。

裕固族、藏族、汉族、土族、蒙古族、哈萨克族等多个民族为祁连山国家公园生态旅游带来了富有浓郁民族风格的文化，向公众提供特色访客接待服务，在保护文化景观原真性的同时，促进了祁连山国家公园自然教育与生态旅游的发展。祁连山国家公园承担着促进社区居民生产方式转变、经济转型的重要任务，完整地展示了区域内严密的文化结构、生态智慧和多民族文化景观。

四、祁连山国家公园文化生态原真性评价

随着生态修复治理的全面开展和生态保护长效机制的建立，祁连山国家公园在新时代背景下应运而生。在该公园的建设过程中，当地各民族的生产和生活方式发生了变化。这促使各族人民的文化生态与祁连山生态系统有机结合，同时保持文化生态的原真性成为建设该公园重点考虑的内容。

祁连山国家公园建设过程中，当地裕固族牧民的生活急剧变化，牧民们不仅要面对生态移民、易地搬迁等问题，还要选择新的生产方式和经济生活。生态系统是文化形成的重要条件和前提，祁连山区的草场分布和地理特征促成了该区域的游牧传统。在较长的历史时期中，裕固族与祁连山生态系统之间构建起相依相存、和谐共生的关系，这使得祁连山成为裕固族等少数民族世代繁衍的美好家园。裕固族作为祁连山世居民族，经过长期的历史积累和生产生活实践，在祁连山区独特而复杂的生态系统中，形成一整套与该系统相适应的，涵盖生产、生活各个层面的游牧文化体系。

裕固族在祁连山区的生活方式逐渐从游牧转变为轮牧，并逐渐向定居过渡，这是他们对自然环境的选择和适应所致。祁连山国家公园的建设加速了这一进程，使得核心保护区内禁牧后的牧民基本实现了定居。这意味着牧民的居住方式也从原来的居无定所逐渐

1　卜静, 姜英, 姜文婷. 浅谈祁连山国家公园青海片区少数民族生活领域的生态文化[J]. 陕西林业科技, 2020, 48(6): 98-102.

变为半定居和定居，即随着祁连山国家公园的建立，他们对草原环境的认知也逐渐发生改变[1]。

天祝藏区中的少数民族尤其注重对自然的守护，多把自己看作自然的一部分，其“万物一体，众生平等，顺从自然，按自然习性行事”的保护理念与“人与自然和谐共处、保持生态平衡和可持续发展”不谋而合，体现了良好的生态观念。与此同时，他们在长期的生活中积累了丰富的生态保护经验和生态智慧，这些不仅表现在图腾崇拜、原始宗教、自然崇拜、野生动物文化元素与精神象征等方面，更是深深融入他们的生产生活，对现实具有指导意义。几乎每个民族都有一些有关环保的习惯、习俗、禁忌等，这些都无一例外地体现了其生活方面的生态智慧。在祁连山国家公园内，这些生态文化起到了保护生态环境和物种多样性的作用[2]。例如，高寒草原的藏族牧民的饮食十分简单，仅用于满足生存的需要。藏族基本食物包括青稞炒面、羊肉、牛肉，酥油糌粑是他们长年食用的主要食物，牛羊肉及内脏杂碎常作为节日或来客时的饭菜，用牛奶煮成的奶茶为基本的饮料。由于游牧民族的自食牛羊数量极为有限，拥有300只羊的藏族牧民每年宰杀5～6只羊食用已是很奢侈了。而藏族人在宰杀、食用牛羊的过程中也极为谨慎、虔诚，在选好食用牛羊后，用“捂”的办法使其死亡，避免采用割、宰、戳等手段。由此可见，藏族人会将食物数量限制在合理的范围内，不会为满足个人的欲望而大吃大喝，所食用的食物多为自己饲养或种植的，其在保证自身生存的同时，避免了大量厨余垃圾，尽量不让所食剩余物污染环境。

蒙古族的饮食习惯和藏族基本相同，即以酸奶、奶茶、手抓牛羊肉和青稞炒面为主。除此之外，蒙古族还具有节水习俗。在古代，蒙古族就有盛水必用器皿，禁止徒手汲水的规定，是其在水资源稀缺的条件下形成的习惯。改革开放后，牧区生活改善，但节约用水的习惯仍然延续着。在丧葬方面，蒙古族重生轻葬，常采用火葬、野葬或土葬等方式，死者旧衣随身而去。但无论采用哪种方式，均不修坟冢，基本上不使用树木，不占用土地，对环境影响较小。

回族的饮食文化往往具有积极的生态维持效应，认为任何东西只要本身纯净并对人有益处，就可以被人适量取用，且都是可食可饮的；相反，任何本身不纯净且对人无益甚至有害的东西，在通常情况下都是不可食不可饮的。生活在祁连山的穆斯林往往严格按照伊斯兰教的规定，沿袭并传承了伊斯兰教独特的饮食文化习俗，不是从“是否有营养”的角度而是从“是否清洁”的角度来选择食物，从而减少了对野生动物的猎杀。回族可食之物一般属于食物链中的较低等级、数量较多，而不可食之物多属于食物链中的较高等级、数量较少，因此回族的饮食习惯在保护自然资源、维持生态平衡等方面有着重要的作用。回族的丧葬习俗为“实行土葬、葬不用棺、葬必从俭”。在回族人的观念中，人是真主用土创造的。土葬形式与亡者精神归宿之间的完美统一，符合生态学理念；葬不用棺，将尸体直接放在土上，返本还原，复归于土，避免伐木，有利于节约和保护森林资源；殓不重衣，崇尚白布裹身，忌给亡人穿华丽服饰，出殡时不用乐

2　安冬萨娜. 裕固族游牧文化及其在国家公园建设中的意义研究[D]. 兰州: 兰州大学, 2020.

1　罗彤. 祁连山国家公园天祝藏区入口社区的文化景观特征阐释与建设策略研究[D]. 兰州: 兰州理工大学, 2021.

器和仪仗，不扔纸钱，防止污染环境[1]。

祁连山国家公园的各民族居民把自己视为祁连山生态系统的一部分，他们秉持“人与自然和谐共处”的理念，致力于保护自然。这些民族居民运用自己的生态智慧，在祁连山国家公园内寻找生产生活和保护生态环境及物种多样性之间的平衡点，从而维护了国家公园的文化和生态原真性。

1　卜姜, 姜英, 龚文婷. 浅谈祁连山国家公园青海片区少数民族生活领域的生态文化[J]. 陕西林业科技, 2020, 48(6): 98-102.

第二十四章　甘肃省国家公园共建共享途径与实践系统性评价——以大熊猫国家公园为例

摘要：生态文明建设是中国特色社会主义事业的重要内容，关系人民福祉，关乎民族未来。党中央、国务院高度重视生态文明建设，先后出台了一系列重大决策。本章围绕甘肃省国家公园共建共享途径与实践，涉及生态移民、社区共管、公众参与、入口社区等相关内容。

关键词：生态移民　社区共管　公众参与　入口社区

一、生态移民安置工作情况评价

甘肃省要求大熊猫国家公园所在地县级以上人民政府加快推进基础设施建设、生态移民搬迁、入口社区建设，做好村镇规划建设、共建共管、防灾减灾救灾等工作[1]。近年来，大熊猫国家公园甘肃省管理局裕河分局结合国家公园体制试点工作，在生态移民安置工作中做了大量尝试，取得了一定成效，有力推动了大熊猫国家公园重点工作的落实。

（一）科学制定搬迁安置规划

一是由当地政府主导，在充分调查、村民愿意的基础上，制定社区居民搬迁安置专项规划，准确评估搬迁的必要性，合理划定需要搬迁的社区和人口，明确搬迁安置地点、补偿方式。统筹易地扶贫搬迁、地质灾害避险搬迁、生态搬迁和农村危房改造等政策和项目，将居住在核心保护区和生态修复区的居民分批次全部迁出。

为更好地将大熊猫国家公园体制试点建设和精准扶贫工作有机结合，武都区将大熊猫国家公园甘肃省管理局裕河分局辖区（不包括文县岷堡沟林场区域）内 3 个乡镇、4 个村、10 个社、177 户 710 人（其中，建档立卡贫困户 45 户 197 人，非建档立卡户 132 户 513 人）纳入“十三五”易地扶贫搬迁规划中。

二是依托相关政策，强化移民搬迁安置点基础设施、公共服务配套建设，改善生产生活条件。为搬迁居民提供安置补助，解决宅基地相关问题，妥善解决搬迁居民的住房问题，让搬迁居民有房住、住得起。为有效开展国家公园体制试点建设，武都区委、区政府高度重视相关工作，辖区乡镇党委、政府和裕河自然保护区管理局及相关职能部门紧密配合，依托地方扶贫搬迁项目，将裕河镇的范家坪村和庙坝村居民搬迁到裕河镇政府所在地赵钱坝村；将五马镇观音崖村居

1　甘肃省人民代表大会常务委员会关于加强大熊猫国家公园协同保护管理的决定[N]. 甘肃日报, 2023-08-01(008).

民搬迁到五马镇政府所在地五马街村；将洛塘镇宁杏沟村李家山社居民搬迁到交通方便的宁杏沟村；共计搬迁158户627人（其中，裕河镇86户378人，五马镇48户160人，洛塘镇24户89人）。

三是通过设立生态公益岗位、产业扶持、技能培训等手段，妥善解决搬迁居民的生产生活问题，提高搬迁居民的综合发展能力。

（二）完善移民搬迁机制

一是加强组织领导，确保搬迁项目有序推进。安排专门负责人开展扶贫搬迁工作，相关基层站站长配合当地政府抓落实，局机关领导督查指导，项目所在乡镇和相关部门安排专人蹲点跟进，搬迁村群众代表积极参与，确保了片区易地扶贫搬迁项目的顺利推进。

二是完善工作机制，确保搬迁项目“推得开”。分管领导不定期听取工作进展情况汇报，及时协调解决移民搬迁过程中遇到的问题。开辟用地、招投标等的绿色通道，简化项目审批程序，严格落实项目法人制、招投标制、监理制、合同管理制等各项管理规定。坚持编制问题整改清单、措施推进清单，定任务、定人员、定时间、定措施，有力地促进了各项工作的落实，为实施易地扶贫搬迁项目提供了政策保障。

三是做好项目前期工作，确保搬迁居民“搬得出”。在项目实施前期，安排区、乡、村3级干部进村入户调查摸底，讲解宣传易地搬迁政策，征求搬迁意愿，确保易地扶贫搬迁工作精准到户、到人。结合乡镇人多地少的实际，充分考虑搬迁居民的后续生活和节约土地等因素，优先考虑在镇选址。将易地扶贫搬迁与城镇化、产业开发和美丽乡村建设结合起来，采取建安置楼等灵活方式，实现了经济效益与生态效益的有机统一。

二、社区共管工作实践情况评价

社区共管是甘肃省国家公园运营和管理的重要组成部分。近年来，大熊猫国家公园白水江分局大力开展社区共管项目，提倡使保护自然资源成为自觉行动。

（一）开展社区共管项目

大熊猫国家公园白水江分局向保护区社区村民捐赠液化气灶具达1867套，电磁炉40台，涵盖全县6个乡镇、13个村社，受益群众近5100人（见图1）；开展经济林病虫害防治，向种植户赠送病虫害防治药品，提供技术服务；实施大熊猫栖息地水源保护项目，在碧口镇李子坝村开展太阳能灭虫灯和黏虫板安装、水源地垃圾回收设施建设、水源地管理培训等活动，减少人类生态足迹对大熊猫栖息地水源造成的污染。

图1　捐赠液化气灶具

（二）提供“白水江方案”

2020年，大熊猫国家公园白水江分局编制了《白水江分局社区共建共管方案》《大熊猫祁连山国家公园白水江分局社会参与机制实施方案》，探索建立了社区共建共管委员会工作机制，制定了《大熊猫国家公园白水江分局社区共管方案》；与当地政府、有关机构、企业和社会团体协商组建了白水江分局—保护站—村3级社区共管委员会，制定了局—站—村3级社区共管委员会社区共管机制；编写了《大熊猫祁连山国家公园甘肃省管理局白水江分局社区共管委员会章程》，社区共管机制于2020年7月6日正式运行；在碧口镇李子坝村开展“协议保护项目”，探索以社区为主体的森林资源管理机制。2021年10月，在联合国《生物多样性公约》缔约方大会第十五次会议（CBD Cop15）的非政府组织平行论坛上，甘肃白水江国家级自然保护区管理局申报的案例从全球26个国家258个申报案例中脱颖而出，被评选为“生物多样性100+全球典型案例”（见图2），其为探索实现人与自然和谐共生提供了“白水江方案”。

图2 生物多样性100+全球典型案例

（三）健全运行体系

大熊猫国家公园在社区基层的管理与自治和社区共管体系的建立等方面的工作尚需进一步完善。为提高社区参与治理的能力，国家公园管理机构应组织社区学习小组定期开设培训课程，对社区居民进行必要的知识教育和技能培训。在知识教育方面，主要介绍与国家公园有关的知识，包括国家公园建设理念与管理模式、自然文化遗产的价值与意义、生态系统的组成及相关概念等；在技能培训方面，主要培训国际语言学习、资源保护、游客接待等技能。管理机构设置课程考核与评估办法，鼓励和支持社区居民参加社区代表的选举。

一方面，引导社区居民参与生态保护，体现社区共管共建成效。结合乡村振兴战略、森林生态效益补偿等政策，设置生态管护岗位，吸纳当地居民担任生态管护员，参与建设国家公园，为国家公园建设提供必要的支撑；成立社区共管委员会，每年定期召开社区发展管理会议，为社区发展出谋划策。另一方面，促进绿色产业升级，建设服务型社区。积极争取项目和资金，开展社区支援与扶持项目，依托社区的资源优势，鼓励发展特色农林产业，推进国家公园绿色品牌认证，拓宽特色农产品的销售渠道，帮助社区改善经济状况，助力乡村振兴、服务群众增收。

三、公众参与实践探索评价

（一）自然教育

为加强与第三方机构的合作，相关机构在碧口镇李子坝村开展大熊猫国家公园白水江园区自然教育和生态体验规划，以及公众自然教育、生态体验、特许经营规划编制工作，对珍稀动植物分布、自然教育和生态体验线路设计、茶园、服务功能等内容进行了参与式调查并开展了社区自然教育培训（见图3）。

图3 社区自然教育培训

大熊猫国家公园白水江分局以白水江自然博物馆、白马河公众自然教育中心和碧口李子坝生态体验区为依托，选择具有典型性和代表性的内容组织开展特色自然教育活动，开设自然教育课堂，制定自然教育和户外体验教案，针对社区居民、访客、学生等开展自然教育和体验活动。充分利用野外监测、巡护资料，开展线上自然教育，宣传大熊猫国家公园的保护管理工作。探索在指定线路开展巡护体验。加快推进解说系统建设，逐步完善自然教育基础设施。规划建设生态体验小区，合理设计体验路径，精心打造体验节点。积极开发生态体验项目，不断创造具有自身特色的自然教育活动品牌。自然教育在大熊猫国家公园的持续发展中发挥着重要作用，大熊猫国家公园白水江分局在此领域做了大量有益工作并取得了良好效果，被大熊猫国家公园评定为大熊猫国家公园白水江分局自然教育基地[1]。

1 张会文, 刘兴明, 杨文赟. 自然教育成效与思考: 以大熊猫祁连山国家公园甘肃省管理局白水江分局为例[J]. 甘肃林业, 2021, (5), 19-21.

（二）生态体验

积极推进生态体验，通过完善大熊猫国家公园周边基础设施，鼓励原住民开办农家客栈、民宿（见图4），为游客提供集休闲养生、茶园观光、住宿餐饮、绿色体验于一体的乡村生态体验，有力带动当地社区居民致富。实现生态补偿"应偿尽偿"，按要求严格下达落实农民管护补助资金。2018年，甘肃公益林区划落界完成后，园区内符合公益林区划界定标准的公益林已全部纳入森林生态效益补偿补助范围。

图4　大熊猫国家公园社区民宿

四、入口社区建设途径评价

随着我国旅游业的快速发展和人民生活水平的提高，生态旅游已成为旅游业的主要发展方向之一。而甘肃省国家公园是生态旅游的重要组成部分，其中入口社区又是国家公园重要的组成部分。入口社区通常指靠近甘肃省国家公园入口的居民社区，以及向游客提供服务的商业社区。甘肃省是中国国家公园的重要分布地区，甘肃省国家公园入口社区具有得天独厚的自然环境和丰富的人文资源，对开发生态旅游资源具有重要的战略意义。

然而，甘肃省国家公园入口社区生态旅游的发展还存在一些问题，如旅游业单一化、服务水平低和旅游开发不可持续等。

（一）特色入口社区

甘肃省在国家公园入口社区开发中注重发掘当地的特色亮点，以激发游客的兴趣和提升吸引力。例如，甘肃省将在大熊猫国家公园白水江片区重要入口规划建设李子坝（碧口）、上丹堡、碧峰沟3个入口社区，以展示白水江片区社区的魅力。其中具有代表性的就是陇南白马藏族村寨（见图5），这里充满浓郁的民俗文化气息。游客可以在这里体验到藏族、回族等少数民族的传统文化，如制作手工艺品、欣赏歌舞表演等。此外，该区域还有许多有特色的住宿和餐饮企业，以及美丽的自然景观，如山水画廊、白龙江等，吸引了大量的游客前来旅游观光。

图5　陇南白马藏族村寨

此外，文县碧口镇李子坝村位于甘肃白水江国家级自然保护区的最南端，是远近闻名的茶乡，其茂密的森林中栖息着大熊猫、羚牛、金丝猴、金猫、雉鹑、文县疣螈等珍稀动物，生长着南方红豆杉、香果树、珙桐等珍稀植物，该区域有着较高的生态保护价值。

（二）入口社区设计策略

以李子坝村为例，2009—2013 年，因为频繁的洪涝灾害，李子坝村的经济严重受损，房屋和道路被破坏，这影响了村民的正常生活。为了帮助李子坝村更好地适应气候变化，相关部门开展了各种社区项目。

一是大熊猫国家公园白水江分局将协议保护理念引入李子坝村社区，协议包含制止和举报偷猎盗伐行为，避免对自然资源造成人为干扰，保护水生生物栖息地，开展区域内巡护监测活动，减少社区薪柴使用，在当地推广节能灶与节能灯，鼓励村民用电炒茶机等取代木材，降低碳排放；对河道进行疏通，对河道两岸树木进行补植，建设人工湿地，治理河流和污水；帮助茶农开辟有机茶销售渠道，鼓励种植有机茶，减少化肥、农药对生态环境的污染等内容。这些措施的实施使李子坝社区居民有了更多的收入来源，增强了社区适应气候变化的能力，使水源污染减少、土壤活力恢复，保证了农业生产的可持续。

二是自碧口镇李子坝社区协议保护项目实施以来，辖区自然资源得到有效保护，社区生存环境得到明显改善，为巩固取得的保护成效，提高护林队巡护监测的业务技能和社区工作能力，李子坝村社区委制定了《文县碧口镇李子坝社区共管委员会规章制度》，并根据协议保护地的实际情况，针对李子坝社区存在的问题，定期组织护林队进行培训学习和研讨，使护林队队员的工作能力不断提高，涌现出一批社会认可的优秀护林队队员。

三是为进一步缓解社区居民日常生产生活及经济产业发展对林区环境造成的压力，大熊猫国家公园白水江分局在协议保护中积极筹措资金，用于清洁能源示范村建设，先后组织推广实施了节能灶改造和液化气灶具捐赠等项目，据不完全统计，截至 2010 年，全区实施节能灶改造 1043 户，发放电炒茶机 32 台。截至 2022 年，白水江分局为社区免费提供液化气灶具 975 套。

综上所述，甘肃省可以将相关理念运用于其他国家公园入口社区的设计策略制定。

后 记

在这份报告中，我们全面梳理了甘肃省国家公园的发展历程、重点领域，介绍了其采取的措施、面临的挑战和对未来的展望。在报告的撰写过程中，我们深入调研、广泛征求意见，力求为甘肃省国家公园的可持续发展献上客观全面的研究成果。

甘肃省国家公园是中国国家公园体制的重要组成部分，也是保护生态环境、推动绿色发展的重要载体。通过对甘肃省国家公园的全面分析，我们深刻认识到，保护生态环境是保护生命之源、实现可持续发展的必由之路。只有坚决贯彻绿色发展理念，加强自然生态系统保护和修复，推动绿色产业发展，加强宣传教育和国际交流合作，才能在实现经济社会发展的同时，确保生态环境的良好状况。

甘肃省国家公园建设并不是一蹴而就的，而是一个不断完善和持续推进的过程。我们期待着各级政府、专家学者、社会组织和广大群众共同参与，以携手合作的力量，共同打造美丽中国的一张张名片。

在此，我们还要向参与报告撰写和研究的全体同仁表示衷心感谢。正是你们的辛勤努力和无私奉献，才有了这份报告的问世。同时，我们也要感谢各级政府和社会各界对甘肃省国家公园建设的大力支持和帮助。

最后，我们衷心希望《甘肃省国家公园建设发展报告》能够为推进甘肃省国家公园建设、促进生态文明建设贡献一份力量。让我们携手共进，为子孙后代留下更加绿色、美丽的家园！

编委会

2024 年 10 月